Linux
创新人才培养系列
微课版

Linux
系统管理 第3版

宁方明 李长忠 任清华 ◎ 编著

U0390270

人民邮电出版社

北 京

图书在版编目（CIP）数据

Linux系统管理：微课版 / 宁方明，李长忠，任清华编著. -- 3版. -- 北京：人民邮电出版社，2022.1
（Linux创新人才培养系列）
ISBN 978-7-115-56977-6

Ⅰ. ①L… Ⅱ. ①宁… ②李… ③任… Ⅲ. ①Linux操作系统－教材 Ⅳ. ①TP316.89

中国版本图书馆CIP数据核字(2021)第142248号

内 容 提 要

本书以 Red Hat Enterprise Linux 8（RHEL 8）操作系统进行实例教学，全面介绍了 Linux 操作系统的使用及配置。通过学习本书，读者可以掌握 Red Hat Enterprise Linux 8 的基本安装、基本使用、系统配置、网络配置、安全设置、网络服务等知识。

本书内容详尽，实例丰富，结构清晰，通俗易懂，使用了大量的截图进行讲解和说明，对重点内容给出了详细的操作步骤，便于读者学习和查阅，具有很强的实用性和参考性。

本书不仅可以作为高等院校相关专业的授课教材，还可以作为RHCSA（红帽认证系统管理员）的培训教材，同时也可供广大 Linux 爱好者自学使用。

◆ 编　著　宁方明　李长忠　任清华
　　责任编辑　刘　博
　　责任印制　王　郁　马振武
◆ 人民邮电出版社出版发行　　北京市丰台区成寿寺路 11 号
　　邮编 100164　电子邮件 315@ptpress.com.cn
　　网址 https://www.ptpress.com.cn
　　固安县铭成印刷有限公司印刷
◆ 开本：787×1092　1/16
　　印张：16.5　　　　　　　　　　2022 年 1 月第 3 版
　　字数：430 千字　　　　　　　2024 年 12 月河北第 9 次印刷

定价：59.80 元

读者服务热线：(010)81055256　印装质量热线：(010)81055316
反盗版热线：(010)81055315
广告经营许可证：京东市监广登字 20170147 号

本书编委会

济南大学：荆　山　黄艺美　隋丽媛

济南工程职业技术学院：任清华

济南职业学院：刘洪海　张焕琪

济南博赛网络技术有限公司：马敬贺　赵玉华　董　飞

临沂职业学院：杨德超　赵儒林

泰山医学院：张兆臣　张希学

泰山职业技术学院：朱元凯

通辽职业学院：魏　涛

烟台职业学院：于　洋　刘彩凤

鄂尔多斯职业学院：郑　兴　郝晓飞

聊城职业技术学院：于　伟　赵　科

淄博职业学院：史　娟　张世民　李　强

滨州职业学院：单　杰

潍坊科技学院：房　玮　武珍珍　郭建利

潍坊职业学院：刘德强　郭广鹏　徐希炜

德州科技职业学院：孙中诺　张宝峰　邵淑华

前　言

　　Linux 是由 Linus Torvalds 于 1991 年开发的，基于 UNIX 发展而来的多用户、多任务的网络操作系统。经过十几年的发展，目前 Linux 已经成为全球最受欢迎的操作系统之一。它不仅稳定、可靠，而且具有良好的兼容性和可移植性。由于 Linux 具有免费、开源的特性，其市场竞争力日渐增强，现在已发展成为主流的网络操作系统之一。

　　Red Hat（红帽）公司作为曾经全球最大的 Linux 产品服务提供商，为了满足企业用户的需求，特别开发了 Red Hat Enterprise Linux（RHEL）这个版本。Red Hat 公司于 2019 年 5 月 7 日发布了 Red Hat Enterprise Linux 8（RHEL 8），增加了更多的新特性，具体如下。

　　1. 更加丰富的内核和 CPU 架构支持。

　　2. 更新的桌面环境 GNOME。

　　3. 基于 YUM v4 版本的软件管理 DNF，更加稳定，性能更高。

　　4. 基于 TCP 网络堆栈 4.16 版本发布，网络性能更高，扩展性、稳定性更好。

　　5. 使用图形界面的网络管理平台 Cockpit，使用 Web 界面进行资源管理。

　　6. 使用 Podman 进行容器管理，相对于 Docker 容器，安全性更高，无须守护进程。

　　7. 支持更新的 KVM 虚拟化技术，支持 Ceph 存储，支持 VDO 存储技术。

　　本书以 RHEL 8 为基础，详细介绍了 Linux 操作系统的使用及配置。同时，Red Hat 公司具备从初级到架构及安全的全套认证体系。Red Hat 公司在认证体系中，专门针对院校教学规律开发了"红帽学院"课程，这是一套基于应用能力的教学、评估及测试体系，同时保证了学生的实践和动手能力的培养。本书也可以作为 RHCSA（红帽认证系统管理员）培训的参考书籍。

　　本书在前两版的基础上，根据使用前两版作为教材的各所合作高校的意见和建议，以及 Linux 爱好者的新需求，进行了很多改进，增加了在 RHEL 8 版本基础上的新技术内容，如 Podman 容器技术的介绍和使用、VDO 的部署和使用、Cockpit 图形界面管理平台的使用、DNF 软件管理的使用等；同时，对于整个 RHCSA（红帽认证系统管理员）课程的内容进行了重新梳理，删除了之前书中一些不常用的技术，增加了更多与企业项目相关的技术，比如说 Shell 编程等；增加了项目实战部分的内容，并通过微课的形式，呈现给广大的读者。

　　本书是由 Red Hat 公司的中国区合作伙伴济南博赛网络技术有限公司携国内各大高校教师共同编著的。本书由宁方明、李长忠、任清华等老师执笔，其中宁方明负责全书规划、统稿、校对和在线资源创作，并编写第 1～4 章内容，李长忠负责编写第 5～10 章内容，任清华老师负责编写第 11～14 章内容。同时在编写过程中，编者得到了张宝峰、郭建利、朱勇等各高校一线 Linux 教师（名单请见编委会）的帮助和指导，在此，向这些老师的辛勤工作表示衷心的感谢。

济南博赛网络技术有限公司是一家集产品研发、销售、高端 IT 技术服务、技术培训为一体的综合性高新技术企业，经过十几年的发展，现拥有业界权威的专家讲师和一线工程师 200 余人。公司在技术创新和业务发展的过程中，与企事业单位和高校等机构进行深入合作、互惠共赢，得到了政府、行业企业和学术界的广泛支持和认可。公司践行企业责任，用心反哺社会，以"产业报国，回报社会，善待民众"为宗旨，在校企合作、产教融合领域深耕细作，为 ICT 行业培养了众多卓越人才。

本书提供全书的电子课件、实验文档、授课视频、项目案例文档等资源，可登录人邮教育社区（www.ryjiaoyu.com）下载，也可以通过电子邮件到 superthink@superthinknet.com 获取，还可以通过济南博赛网络在线云教育网站获取。授课视频还可通过扫描书中二维码观看。

由于编写时间仓促和笔者水平有限，疏漏之处在所难免，恳请广大读者批评指正。

编　者

2021 年 10 月

目 录

第一部分 Linux 的基础知识

第二部分　Linux 的系统管理

第一部分
Linux 的基础知识

第1章
Linux 概述

Linux 是一款日益成熟的操作系统，它安全、高效、功能强大，目前已经被越来越多的人了解和使用。Linux 是一种开源的操作系统，任何人都可以自由地对其进行复制、修改。

本章为 Linux 概述，主要介绍 Linux 系统的产生、主要应用、特点、组成及版本发布。最后，还介绍了 Red Hat 公司的 Linux 发行版本 Red Hat Enterprise Linux 8（简称 RHEL 8）。

1.1　Linux 简介

1.1.1　Linux 系统的产生

Linux 是一种自由、开源的类 UNIX 操作系统。Linux 系统最大的特色是源代码完全公开，在符合 GNU 通用公共许可证（GNU General Public License，GNU GPL）的原则下，任何人都可以自由取得、发布，甚至修改源代码。

Linux 简介

Linux 最初是由芬兰赫尔辛基技术大学计算机系学生林纳斯·托瓦兹（Linus Torvalds）开发出来的。在从 1990 年年底到 1991 年的几个月中，林纳斯利用特南鲍姆（Tanenbaum）教授自行设计的微型 UNIX 操作系统 MINIX 作为开发平台，在 Intel 386 PC 上进行他的操作系统课程实验。林纳斯说，刚开始的时候他根本没有想到要编写一个操作系统的内核，更是绝对没有想到这一举动会在计算机界产生如此重大的影响。最开始是一个进程切换器，然后是为他自己上网需要而自行编写的终端仿真程序，再后来是为他从网上下载文件的需要而自行编写的硬盘驱动程序和文件系统，这时他发现他已经实现了一个几乎完整的操作系统内核。出于对这个内核的信心和美好的奉献精神与发展希望，林纳斯希望这个内核能够免费扩散使用，但出于谨慎，他并没有在 MINIX 新闻组中公布它，而只是于 1991 年在赫尔辛基技术大学的一台 FTP 服务器上发了一则消息，说用户可以下载 Linux 的公开版本（基于 Intel 386 体系结构）和源代码。从此以后，奇迹开始发生了。

Linux 操作系统刚开始时并没有被称作 Linux，林纳斯给他的操作系统取名为 FREAX，其英文含义是怪诞、怪物、异想天开等意思。在他将新的操作系统上传到 FTP 服务器上时，管理员阿里·莱姆克（Ari Lemke）很不喜欢这个名称。他想，既然是林纳斯的操作系统就取其谐音 Linux 作为该操作系统的名字吧，于是 Linux 这个名称就流传至今。

Linux 的兴起可以说是 Internet 创造的一个奇迹。到 1992 年 1 月为止，全世界大约只有 100 个人在使用 Linux，但由于它是在 Internet 上发布的，网上的任何人在任何地方都可以得到 Linux 的基本文件，并可通过电子邮件发表评论或者上传修正代码。这些 Linux 的热心支持者中有将它作为学习和研究对象的大专院校的学生及科研机构的科研人员，也有网络黑客等，他们所提供的所有初期上传代码和评论，后来证明对 Linux 的发展至关重要。正是在众多热心支持者的努力下，Linux 在不到 3 年的时间里成为了一个功能完善、稳定、可靠的操作系统。

1.1.2　Linux 系统的发展历程

提起 Linux，一定要提起 UNIX。

Linux 操作系统是 UNIX 操作系统的一个克隆系统。它诞生于 1991 年 10 月 5 日（这是第一次正式向外公布的时间），之后借助于 Internet，并在全世界各地计算机爱好者的共同努力下，现已成为世界上使用最多的一个类 UNIX 操作系统，并且使用人数还在迅猛增长。

Linux 操作系统的诞生、发展和成长过程始终依赖着 5 个重要支柱，即 UNIX 操作系统、MINIX 操作系统、GNU 计划、POSIX 标准和 Internet。

1. UNIX 操作系统的诞生

UNIX 操作系统是由美国贝尔实验室的肯·汤普逊（Ken Thompson）和丹尼斯·里奇（Dennis Ritchie）于 1969 年夏在 DEC PDP-7 小型计算机上开发的一个分时操作系统。当时，肯·汤普逊为了能在闲置不用的 PDP-7 计算机上运行他非常喜欢的星际旅行（Space Travel）游戏，在 1969 年夏天趁他夫人回家乡加利福尼亚度假之机，在一个月内开发出了 UNIX 操作系统的原型。当时使用的是 BCPL（基本组合程序设计语言），在 1972 年丹尼斯·里奇创立 C 语言后，他们两人又合力用 C 语言重写了 UNIX 操作系统，大幅增加其可移植性，然后 UNIX 操作系统开始蓬勃发展。

在 UNIX 发展的早期，任何感兴趣的机构或个人只需要向贝尔实验室支付一笔数额极小的名义上的费用就可以完全获得 UNIX 的使用权，并包含源代码和使用帮助手册。这些使用者主要来自一些大学和科研机构，他们对 UNIX 的源代码进行扩展和定制，以适合各自的需要。

2. MINIX 系统

MINIX 系统是由安德鲁·S·特南鲍姆（Andrew S. Tanenbaum，AST）开发的。他在荷兰阿姆斯特丹自由大学数学与计算机科学系工作，是 ACM 和 IEEE 的资深会员，共发表了 100 多篇文章，出版了 5 本计算机书籍。他虽出生在美国纽约，但是是荷兰侨民。MINIX 是他于 1987 年编制的，主要用于教授学生操作系统原理。该操作系统是免费使用的，可以从许多 FTP 上下载。

对于 Linux 系统，安德鲁·S·特南鲍姆表示出对其开发者 Linus 的称赞。但他认为，Linux 的发展有很大原因是由于自己为了保持 MINIX 的小型化，以便让学生在一个学期内就能学完，而没有接纳全世界许多人对 MINIX 的扩展要求，因此激发了 Linus 编写 Linux，Linus 正好抓住了这个好时机。

作为一个操作系统，MINIX 并不优秀，但它同时提供了用 C 语言和汇编语言写的系统源代码。这是第一次有抱负的程序员或黑客能够阅读操作系统的源代码，在当时这种源代码一直被软件商作为商业机密。

3. GNU 计划

GNU 计划和自由软件基金会（Free Software Foundation，FSF）是由理查德·M·斯托尔曼（Richard M. Stallman）于 1984 年一手创办的，旨在开发一个类似 UNIX 并且可作为自由软件的完整操作系统，即 GNU 系统。各种使用 Linux 作为核心的 GNU 操作系统正在被广泛使用。虽然这些系统通常被称作 Linux，但是严格地说，它们应该被称为 GNU/Linux 系统。

到 20 世纪 90 年代初，GNU 计划已经开发出许多高质量的自由软件，其中包括有名的 Emacs 编辑系统、BASH Shell 程序、GCC 系列编译程序、GDB 调试程序等。这些软件为 Linux 操作系统的开发创造了一个合适的环境，是 Linux 能够执行的基础之一。目前许多人都将 Linux 操作系统称为 GNU/Linux 操作系统。

4. POSIX 标准

POSIX 表示可移植操作系统接口（Portable Operating System Interface of UNIX）是由 IEEE 和 ISO/IEC 开发的一系列标准。该标准基于现有的 UNIX 实践和经验，描述了操作系统的调用服务接口，用于保证编制的应用程序可以在多种操作系统上移植运行。它是在 1980 年早期一个 UNIX 用户组（user/group）的早期工作的基础上发展而来的。该 UNIX 用户组原来试图将 AT&T 的系统 V 和 Berkeley CSRG 的 BSD 系统的调用接口之间的区别重新调和集成，从而于 1984 年产生了/user/group 标准。1985 年，IEEE 操作系统技术委员会标准小组委员会（TCOS-SS）开始在 ANSI 的支持下责成 IEEE 标准委员会制定有关程序源代码可移植性操作系统服务接口的正式标准。到了 1986 年 4 月，IEEE 就制定出了试用标准。第一个正式标准是在 1988 年 9 月批准的（IEEE 1003.1-1988），就是以后经常提到的 POSIX.1 标准。

1989 年，POSIX 的工作被转移至 ISO/IEC 社团，并由 15 个工作组继续将其制定成 ISO 标准。到 1990 年，POSIX.1 与已经通过的 C 语言标准联合，正式批准为 IEEE 1003.1-1990（也是 ANSI 标准）和 ISO/IEC 9945-1:1990 标准。

POSIX.1 仅规定了系统服务应用程序编程接口（API），仅概括了基本的系统服务标准，因此人们期望对系统的其他功能也制定出标准。于是 IEEE POSIX 的工作就开始展开了。在 1990 年年初，仅有 10 个批准的计划在进行，有 300 多人参加每季度为期一周的会议。相关的工作有命令与工具标准（POSIX.2）、测试方法标准（POSIX.3）、实时 API（POSIX.4）等。到了 1990 年上半年已经有 25 个计划在进行，并且有 16 个工作组参与了进来。与此同时，还有一些组织也在制定类似的标准，如 X/Open、AT&T、OSF 等。

在 20 世纪 90 年代初，POSIX 标准的制定处在了最后投票敲定的时候。此时正是 Linux 刚刚起步的时候，这个 UNIX 标准为 Linux 提供了极为重要的信息，使得 Linux 能够在标准的指导下进行开发，能够与绝大多数 UNIX 系统兼容。最初的 Linux 内核代码（0.01 版、0.11 版）就已经为 Linux 与 POSIX 标准的兼容做好了准备工作。

5. Internet 的传播

Linux 采用了市集（Bazaar）式的开发模式，欢迎任何人参与其开发工作及修正工作，吸引了大量黑客及计算机发烧友通过 Internet 使用及寄回自己对系统的改良或研发程序，这使得 Linux 的除错（Debug）及改版速度更快，稳定性和效率更高，并且资源充沛。这也是 Linux 比其他同样自由的操作系统（如 FreeBSD）发展得更快、更有活力、有更多人使用的主要原因。

1.1.3　Linux 系统的应用

过去，Linux 因其廉价、灵活性及 UNIX 背景，主要被用作服务器的操作系统。传统上，以 Linux 为基础的 LAMP（Linux、Apache、MySQL、Perl/PHP/Python 的组合）技术，除在开发者群体中广泛流行外，也是现在网站服务供应商最常使用的平台。

基于其低廉的成本与高度的可设置性，Linux 常常被应用于嵌入式系统，例如机顶盒、移动电话及其他移动装置等。在移动电话上，目前流行的 Android（安卓）手机操作系统，使用了经过定制后的 Linux 内核。此外，有不少硬件式的网络防火墙及路由器，例如部分 Linksys 的产品，其内部都是使用 Linux 来驱动的，并采用了操作系统提供的防火墙及路由功能。

采用 Linux 的超级计算机也越来越多，2019 年 6 月的超级计算机 TOP500 榜单中 500 套系统全部采用 Linux 作为操作系统。

2006 年开始发售的 SONY PlayStation 3 也使用 Linux 作为操作系统，它有一个能使其成为桌面系统的 Yellow Dog Linux 系统。之前，SONY 也曾为他们的 PlayStation 2 推出过一套名为 PS2 Linux 的 DIY 组件。Ubuntu 自 9.04 版本恢复了 PPC 支持（包括 PlayStation 3）。2013 年发售的 SONY PlayStation 4 运行的操作系统是 Orbis OS，这是一款修改版的 FreeBSD 9.0。

1998 年风靡全球的电影《泰坦尼克号》，在制作特效中使用的 160 台 Alpha 图形工作站中，有 105 台采用了 Linux 操作系统。《指环王 2》中使用 Linux 创建数字演员。

2021 年 2 月 24 日，成功着陆的"毅力号"火星车，第一次把 Linux 操作系统带上了火星。使用 Linux 系统的设备，正是进行史上首次火星飞行的无人机"机智号"（Ingenuity）。

1.2　Linux 的特点、组成和区别

1.2.1　Linux 的特点

Linux 操作系统在短短的几年之内得到了迅猛的发展，这样的成绩与其良好的特性是密不可分的。Linux 系统具有 UNIX 系统的很多功能和特点，主要包括以下 8 个方面。

Linux 的组成
和特点

1. 抢占式多任务

抢占式多任务（Preemptive Multitasking）是现代操作系统的一个主要特点，它允许计算机同时执行多道程序，各个程序的运行互相独立。Linux 系统有效地调度各个程序，使它们平等地访问处理器（CPU）。虽然在物理上是各个程序顺序地获得 CPU 运行周期，但由于 CPU 的处理速度非常快且切换程序运行的时间很短，因此感觉应用程序好像是在并行运行。

2. 多用户

多用户（Multiuser）是指计算机系统资源可以同时被不同用户使用。Linux 的多用户特性使得许多用户能够同时使用同一系统进行各种操作。例如，系统或者网络上的所有用户可以共享打印机或磁带驱动器这样的共享设备，也可以对个别的用户或者用户组进行资源限制，以保护临界系统资源不被滥用。

3. 设备无关性

设备无关性是指操作系统将所有外设统一视作文件来处理，只要安装了相应的驱动程序，任何用户都可以像使用文件一样操控和使用这些设备，而不必知道它们的具体存在形式。设备无关性的关键在于内核的适应能力。其他操作系统只允许一定数量或一定种类的外部设备连接，而具有设备无关性的操作系统能够容纳任意种类及任意数量的设备，因为每一个设备都是通过其与内核的驱动程序独立进行访问的。Linux 是具有设备无关性的操作系统，它的核心具有高度适应能力，随着越来越多的程序员加入 Linux 编程，会有更多硬件设备加入到各种 Linux 核心和发行版本中。另外，由于用户可以免费得到 Linux 的核心源码，因此，用户可以修改内核源码，以便适应新增加的外部设备。

4. 开放性

开放性是指系统遵循世界标准规范，特别是符合业界标准的强大的 TCP/IP，这意味着 Linux 主机可以很容易地和其他操作系统进行互相访问，同时还可以作为企业的服务器，提供重要的网络服务功能，如 NFS（远程文件访问）、E-mail、WWW、FTP、路由和防火墙（安全）服务。

5. 可扩展性、可维护性与开放源代码

可扩展性是指开发人员可以通过修改源代码来对标准的 Linux 实用程序进行功能扩展。可维护性是指 Linux 的用户界面与各个商业版本的 UNIX 非常相近，很多 IT 技术人员都了解其操作界面，此外，Linux 可以在各种硬件平台上运行，熟悉 Linux 的技术人员可以很容易地管理多种硬件平台上的应用。目前很多版本的 Linux（如 Red Hat 的用户界面）都在模仿 Windows 进行开发，以方便非 IT 技术人员使用。开放源代码则使得 Linux 系统与其他操作系统相比更具优势。由于全世界无数的技术人员都可以帮助 Linux 修改系统错误，提升性能，因此到目前为止，Linux 已经成为了一个相对健壮的操作系统，并且也越来越多地应用于各种关键业务之中。

6. 完善的网络功能

完善的网络功能是 Linux（也是 UNIX）的一大特点。Linux 在通信和网络功能方面的表现明显优于其他操作系统。Linux 通过免费提供大量 Internet 网络软件为用户提供完善而强大的网络功能，对 Internet 的支持是 Linux 操作系统的组成部分。

7. 可靠的系统安全

Linux 采取了许多安全技术措施，如对读写进行许可权控制、带保护的子系统、审计跟踪、核心授权等，这就为网络多用户环境中的用户提供了必要的安全保障。

8. 良好的可移植性

可移植性是指将操作系统从一个平台转移到另一个平台，使它仍然能正常运行的能力。Linux 是一种可移植的操作系统，从微型机到巨型机的许多硬件平台上都可以看到 Linux 的身影。以往，由于 PC 服务器大多数使用 Windows 操作系统，小型机、中型机和大型机往往使用厂商提供的专用系统（商业版的 UNIX），因此在不同平台之间的软件移植，可能会发生中间件软件的版本更换、应用软件的重新编译，甚至是应用软件源代码的修改，故可能需要比较大的人力、物力投入，而如果各平台采用了 Linux 操作系统，不同平台之间的软件移植就会容易得多。

1.2.2　Linux 系统的组成

Linux 系统一般由 4 个主要部分构成：内核、Shell、文件系统和应用程序。内核、Shell 和文件系统一起形成了基本的操作系统结构，它们使得用户可以运行程序、管理文件和使用系统。

（1）Linux 内核：内核是系统的"心脏"，是运行程序、管理磁盘和打印机等硬件设备的核心程序。

（2）Linux Shell：Shell 是系统的用户界面，提供了用户与内核进行交互操作的一种接口，它接收用户输入的命令并把这些命令送入内核去执行。实际上 Shell 是一个命令解释器，它解释由用户输入的命令并且把这些命令送到内核。另外，Shell 编程语言具有普通编程语言的很多特点，用这种编程语言编写的 Shell 程序与其他应用程序具有同样的效果。

（3）Linux 文件系统：文件系统是文件存放在磁盘等存储设备上的组织方法。Linux 能支持多种目前流行的文件系统，如 ext2、ext3、ext4、XFS、VFAT、ISO9660、NFS、SMB 等。

（4）Linux 应用程序：标准的 Linux 系统都有一套称为应用程序的程序集，其中包括文本编辑器、编程语言、X Window、办公套件、Internet 工具、数据库等。

1.2.3　Linux 与其他操作系统的区别

Linux 可以与 MS-DOS、OS/2、Windows 等其他操作系统共存于同一台计算机上。它们均为操作系统，具有一些共性，但是互相之间各有特色，有所区别。

目前运行在 PC 上的操作系统主要有 Microsoft 的 Windows 7、Windows 10、Windows Server 及 IBM 的 OS/2 等。早期的 PC 用户普遍使用 MS-DOS，因为这种操作系统对计算机的硬件配置要求不高，而随着计算机硬件技术的飞速发展，硬件设备价格越来越低，人们可以相对容易地提高计算机的硬件配置，于是开始使用 Windows 7、Windows 10 等具有图形界面的操作系统。Linux 是新近被人们所关注的操作系统，它正在逐渐被 PC 的用户所接受。那么，Linux 与其他操作系统的主要区别是什么呢？下面从两个方面加以论述。

首先看一下 Linux 与 MS-DOS 之间的区别。

在同一系统上运行 Linux 和 MS-DOS 已很普遍，就发挥处理器功能来说，MS-DOS 没有完全实现 x86 处理器的功能，而 Linux 完全在处理器保护模式下运行，并且开发了处理器的所有特性。Linux 可以直接访问计算机内的所有可用内存，提供完整的 UNIX 接口。而 MS-DOS 只支持部分 UNIX 的接口。

就使用费用而言，Linux 和 MS-DOS 是两种完全不同的实体。与其他商业操作系统相比，MS-DOS 价格比较便宜，而且在 PC 用户中有很大的占有率，任何其他 PC 操作系统都很难达到 MS-DOS 的普及程度，因为其他操作系统的费用对大多数 PC 用户来说都是一个不小的负担。Linux 是免费的，用户可以通过 Internet 或者其他途径获得它，而且可以任意使用，不用考虑费用问题。

就操作系统的功能来说，MS-DOS 是单任务的操作系统，一旦用户运行了一个 MS-DOS 的应用程序，它就独占了系统的资源，用户不可能再同时运行其他应用程序。而 Linux 是多任务的操作系统，用户可以同时运行多个应用程序。

再看一下 Linux 与 OS/2、Windows、Windows Server 之间的区别。

从发展背景看，Linux 与其他操作系统的区别是，Linux 是从一个比较成熟的操作系统发展而来的，而其他操作系统，如 Windows Server 等，都是自成体系，无对应的相依托的操作系统。这一区别使 Linux 的用户能从 UNIX 团体贡献中极大获利。因为 UNIX 是世界上使用最普遍、发展最成熟的操作系统之一，它是 20 世纪 70 年代中期发展起来的微机和巨型机的多任务系统，虽然有时接口比较混乱，并缺少相对集中的标准，但还是发展壮大成为最广泛使用的操作系统之一。无论是 UNIX 的制作者还是 UNIX 的用户，都认为只有 UNIX 才是一个真正的操作系统，许多计算机系统（从个人计算机到超级计算机）都存在 UNIX 版本，UNIX 的用户可以从很多方面得到支持和帮助。因此，Linux 作为 UNIX 的一个克隆，同样会得到相应的支持和帮助，直接拥有 UNIX 在用户中建立的牢固地位。

从使用费用上看，Linux 与其他操作系统的区别在于 Linux 是一种开放、免费的操作系统，而其他操作系统都是封闭的系统，需要有偿使用。这一区别使得我们能够不用花钱就能得到很多 Linux 的版本以及为其开发的应用软件。当我们访问 Internet 时，会发现几乎所有可用的自由软件都能够运行在 Linux 系统上。有来自很多软件商的多种 UNIX 实现，UNIX 的开发者、发展商以开放系统的方式推动其标准化，但却没有一个公司来控制这种设计。因此，任何一个软件商（或开发者）都能在某种 UNIX 实现中实现这些标准。OS/2 和 Windows Server 等操作系统是具有版权的产品，其接口和设计均由某一公司控制，而且只有这些公司才有权实现其设计，它们是在封闭的环境下发展的。

1.3 Linux 的版本介绍

1.3.1 Linux 内核的版本

Linux 的源代码是公开的，任何人都可以对其内核加以修改并发布给其他人使用，这就需要对内核版本编号进行一定的管理，否则可能会因为众多的修改，而导致使用者无法区分各版本。因此，对 Linux 内核的版本制定了一套规则，用户可以从其版本号加以识别。

Linux 的版本介绍

Linux 内核版本有两种：稳定版和开发版。

稳定版的内核具有很好的稳定性，可以广泛地应用和部署。新的稳定版内核一般都是对较早的稳定版本进行一些修正，或加入一些新的驱动程序。

由名字可看出，开发版内核是处于开发实验阶段的，由于要试验各种解决方案，因此版本变化很快。一般不建议初学者使用开发版，当然，在实际应用中也不应该使用开发版。

Linux 内核版本号的格式如下：

a.bb.cc

其中，各部分的含义如下。

a 是主版本号，取数字 0～9 的一个数，目前最高为 5。

bb 是次版本号，取值为 00～99。

cc 是修订版本号。

通常意义上，各部分的数字越大，则表示版本越高。如果次版本号是偶数，则该内核是稳定版；若是奇数，则该内核是开发版。

用户可以通过 Linux 内核下载最新版的 Linux 内核版本，具体步骤如下。

（1）在浏览器中输入官网网址，打开的网站页面如图 1-1 所示。主页上方显示可通过 3 种方式下载内核，下面显示了最新的稳定版本号（图 1-1 中显示的最新稳定版的版本号是 5.14，是 2021 年 9 月 22 日发布的）。单击版本号右侧的链接可下载完整的软件包。

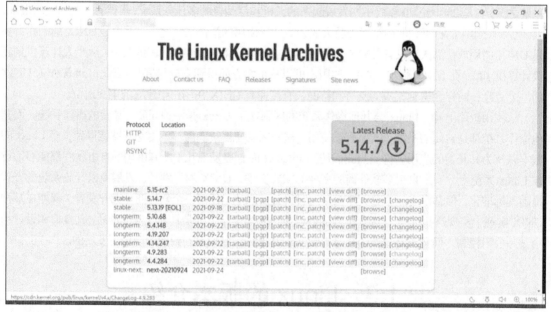

图 1-1　打开 Linux 内核网站

（2）从图 1-1 所示网页中可知，用户可通过 HTTP、GIT、RSYNC 等方式进入内核下载网页下载 Linux 的各版本源码。当然也可通过 FTP 下载，如图 1-2 所示。

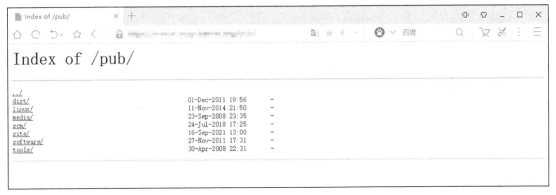

图 1-2　FTP 下载窗口

（3）进入 linux 文件夹，然后找到并进入 kernel 文件夹，可以发现 Linux 内核的各版本分别保存在不同的文件夹中，如图 1-3 所示。

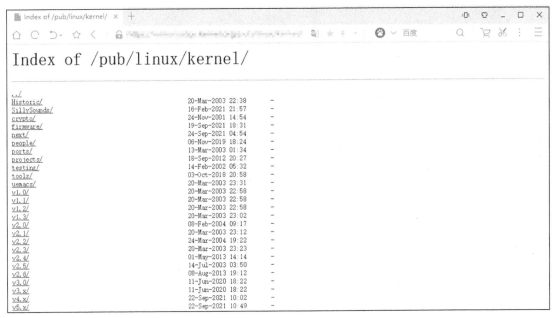

图 1-3　显示各版本内核

（4）在 v5.x 文件夹中找到最新版的文件，将其下载到本地计算机即可，如图 1-4 所示。

提示

　　　　在下载文件夹中，Linux 对于同一版本号的内核提供了两种下载包：一种是包含全部源文件的版本，这种文件比较大，一般都是几十 MB 到一百多 MB 不等，其名称类似于"linux-5.0.1.tar.bz2"或"linux-5.0.1.tar.gz"（bz2 和 gz 是两种不同的压缩格式）；另一种是 Patch 文件（即补丁文件），这种文件较小，一般只有几十 KB，但是需要针对已有的特定版本进行 Patch 操作，因此在下载时需要按已有版本号去查找。

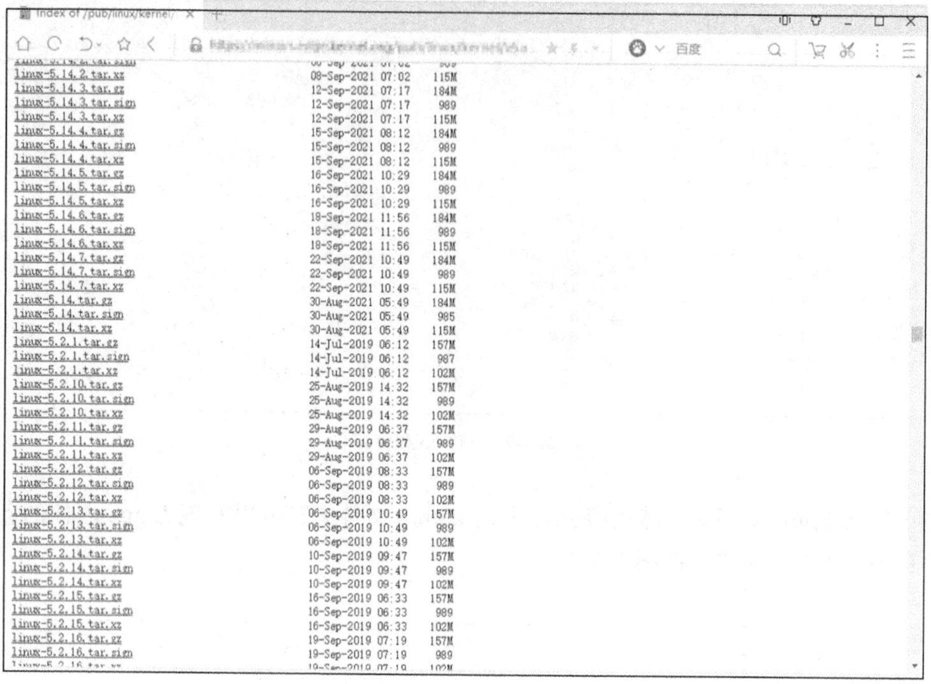

图 1-4　下载最新版内核

1.3.2　Linux 发行版本

前面已经提到，通常所说的 Linux 只是指一个内核版本。若需要构建一个完整的操作系统，还需要配置很多的工具。因此，许多个人、组织和企业开发了基于 GNU/Linux 的 Linux 发行版。一个典型的 Linux 发行版包括 Linux 内核、一些 GNU 程序库和工具、命令行 Shell、图形界面的 X Window 系统和相应的桌面环境（如 KDE 或 GNOME），并包含数量众多的办公套件、编译器、文本编辑器、科学计算工具等应用软件。下面简单介绍目前常见的几种 Linux 发行版本。

1. 老牌的 Red Hat

Red Hat 声称是"全球的开源领导厂商"，2018 年 10 月，被 IBM 公司以 334 亿美元收购。其产品 Red Hat Linux 也是全世界应用最广泛的 Linux。Red Hat 公司的总部位于美国北卡罗来纳州，该公司在全球拥有 22 个分部。

2004 年 4 月 30 日，Red Hat 公司正式停止对 Red Hat Linux 9.0 版本的支持，标志着 Red Hat Linux 的正式完结。原本的桌面版 Red Hat Linux 发行包则与来自民间的 Fedora 计划合并，成为 Fedora Core 发行版本。Red Hat 公司不再开发桌面版的 Linux 发行包，而将全部力量集中在服务器版的开发上，也就是 RHEL 版本。2010 年 12 月发布 RHEL 6，2019 年 5 月发布 RHEL 8。

2. 锐意的 Fedora

Fedora 项目是由 Red Hat 赞助，由开源社区与 Red Hat 工程师合作开发的项目，是一套从 Red Hat Linux 发展而来的免费 Linux 系统。截至 2021 年 9 月，Fedora 最新的版本是 Fedora 34。

对于 Linux 用户来说，Red Hat Linux 应该是最熟悉的发行版。Red Hat 最早由 Bob Young 和 Marc Ewing 在 1995 年创建。Red Hat 的发行版到 Red Hat Linux 9.0 后就已停止技术支持。因此，目前 Red Hat 分为两个系列：由 Red Hat 公司提供收费技术支持和更新的 RHEL，以及由社区开发的免费的 Fedora Core。Fedora Core 自第 5 版起直接更名为 Fedora。

Fedora 从 2003 年推出第一个发行版 Fedora Core 1 开始，到 2021 年 4 月推出 Fedora 34，其更新速度很快。

3. 自由的 Debian

Debian 是一个致力于开发自由操作系统的合作组织，由 Ian Murdock 于 1993 年创建。该组织开发的操作系统为 Debian GNU/Linux，简称为 Debian。这是一款免费的 Linux 系统，拥有许多用户。Debian 的主要特点如下。

（1）简单、方便的安装过程：可以通过光盘、DOS 系统、软盘、网络来进行安装。

（2）数量众多的软件包：Debian 拥有超过 18733 个软件包。

（3）软件包的高度集成：Debian 软件包都是由同一个团体所包装，其.deb 格式具有某些超越.rpm 格式的优点，正是这种软件包之间的集成性让 Debian 成为更稳定、强健的系统。

（4）简单、实用的升级程序：由于 Debian 的包装系统升级到新的版本非常轻松，只需要运行 apt-get update 和 apt-get dist-upgrade，就可以在几分钟内通过光盘实现升级（或者将 apt 指向 Debian 映射站点，通过网络来升级）。

Debian GNU/Linux 不单是一款操作系统，它也包含 1 万多个软件包。它们是一些已经过编译的软件，并包装成一种容易安装的格式。

读者可从其官方网站上下载 Debian 最新版本进行安装。

4. 大众的 Ubuntu

Ubuntu 基于 Debian，包括了大量来自 Debian 发行版的软件包，保留了 Debian 强大的软件包管理系统，以便简易地安装或彻底删除程序。与大多数发行版附带数量巨大的可用和可不用的软件不同，Ubuntu 的软件包清单只包含那些高质量的重要应用程序。

Ubuntu 具有以下特色。

（1）使用 GNOME 桌面环境：Ubuntu 的开发者与 Debian 和 GNOME 开源社区互相协作，因此其桌面环境采用了 GNOME 的最新版本，并且与 GNOME 项目同步发布。

（2）安全性：Ubuntu 十分注重系统的安全性，采用 sudo 工具，所有与系统相关的任务均需使用此指令，并输入密码，比起传统的登录系统管理员账号进行管理工作，有更好的安全性。

（3）可用性：Ubuntu 也十分注重系统的可用性，在标准安装完成后即可使用操作系统。例如，完成系统安装后，用户不需要另外安装网页浏览器、多媒体软件、绘图软件和其他办公软件等日常应用软件，因为这些软件已被安装，并可随时使用。

读者可从其官方网站上免费下载需要的版本进行安装，也可在国内的镜像站点进行下载。

5. 国产操作系统中标麒麟

中标麒麟可信操作系统是中标软件有限公司研制并推出的国内首款自主可控和高安全等级的可信操作系统软件产品，能够满足政府、国防、金融、电力、机要、保密等领域对操作系统的高安全性需求，它是使用了 CentOS 发行版构成克隆再现的一个 Linux 发行版本。

结合可信计算技术和操作系统安全技术，中标麒麟可信操作系统通过信任链的建立及传递实现对平台软硬件的完整性度量；提供基于三权分立机制的多项安全功能（身份鉴别、访问控制、数据保护、安全标记、可信路径、安全审计等）和统一的安全控制中心；全面支持国内外可信计算规范（TCM/TPCM、TPM2.0）；产品支持国家密码管理部门发布的 SM2、SM3、SM4 等国密算法；兼容主流的软硬件和自主 CPU 平台；提供可持续性的安全保障，防止软硬件被篡改和信息被窃取，系统免受攻击；为业务应用平台提供全方位的安全保护，保障关键应用安全、可信和稳定的对外提供服务。

6. 国产开源社区版本 openEuler

openEuler 是以华为公司的 EulerOS 为核心构建的一个开源、免费的 Linux 发行版平台，将通过开放的社区形式与全球的开发者共同构建一个开放、多元和架构包容的软件生态体系。同时，openEuler 也是一个创新的平台，鼓励任何人在该平台上提出新想法，开拓新思路，实践新方案。它支持传统的 x86 架构平台和华为自主研发的鲲鹏芯片 ARM 架构平台。

读者可从其官方网站上免费下载需要的版本进行安装。

1.3.3　RHEL 8 简介

Red Hat 公司为了满足企业用户的需求，特别开发了 RHEL 这个软件发行版，提供给企业用户使用。2018 年 10 月，被 IBM 公司以 334 亿美元收购后，Red Hat 于 2019 年 5 月发布了 RHEL 8，增加了更多的新特性。该版本为用户提供了跨混合云和数据中心部署的安全、稳定和一致的基础，以及支持所有级别工作负载所需的工具。

本书采用了 RHEL 8 作为基础，详细介绍了 Linux 操作系统的使用及配置。

RHEL 8 在裸服务器、虚拟机、IaaS 和 PaaS 方面都得到了加强，更可靠及更强大的数据中心环境可满足各种商业的要求。利用 RHEL 8 可以在数据中心部署云计算，降低复杂性，提高效率，最大限度地减少管理开销，同时充分利用各种技能。RHEL 8 是将当前和未来的技术创新转化为 IT 解决方案的最佳价值和规模的平台。

对比之前的版本，RHEL 8 中添加了以企业和数据为中心的特性，具体如下。

1. 内核和支持 CPU 架构

RHEL 8 基于 Fedora 28 和上游 Linux 内核 4.18 版本，为用户提供了跨混合云和数据中心部署的安全、稳定和一致的基础，以及支持所有级别工作负载所需的工具。

2. 内容分发

RHEL 8 有两种内容分发模式，只需要启用两个存储库。

BaseOS 存储库：BaseOS 存储库以传统 RPM 包的形式提供底层核心 OS 内容，BaseOS 组件的生命周期与之前的 RHEL 版本中的内容相同。

AppStream 存储库：Application Stream 存储库提供用户可能希望在给定用户空间中运行的所有应用程序，具有特殊许可的其他软件可在 Supplemental 存储库中获得。

3. 桌面环境

RHEL 默认桌面环境是 GNOME，GNOME 项目由 GNOME Foundation 支持，RHEL 8 中提供的 GNOME 版本是 3.28 版本，它可以自动下载 Boxes 中的操作系统。

4. 软件管理

RHEL 8 YUM 软件包管理器基于 DNF 技术，它提供对模块化内容的支持、更高的性能及与工具集成的精心设计的稳定 API，RPM 的版本是 4.14.2，它在开始安装之前验证整个包的内容。

5. 联网

RHEL 8 与 TCP 网络堆栈 4.16 版本一起发布，提供更高的性能、更好的可扩展性和更高的稳定性。

6. 网络管理 Cockpit

RHEL 8 自动安装了 Cockpit，Cockpit 所需的防火墙端口会自动打开，Cockpit 界面可用于将基于策略的解密（PBD）规则应用于受管系统上的磁盘，可以从 Cockpit Web 界面创建和管理虚拟机。

7. Linux containers

RHEL 8 通过基于开放标准的容器工具包为 Linux 容器提供企业支持，使用 Podman 而不是 Docker 运行容器。

8. 虚拟化

RHEL 8 与 qemu-kvm 2.12 一起发布，其支持 Q35 客户机类型、UEFI 客户机模式、vCPU 热插拔和热插拔、NUMA 调优和客户 I/O 线程中的固定，在 Red Hat 支持的所有 CPU 架构上，KVM 虚拟化支持 Ceph 存储。

9. 存储和文件系统

Stratis 是 RHEL 8 的新本地存储管理器，它在存储池之上提供托管文件系统功能，并为用户提供附加功能，Stratis 通过集成 Linux 的 devicemapper 子系统和 XFS 文件系统来提供 ZFS/Btrfs 风格的功能。Stratis 支持 LUKSv2 磁盘加密和网络绑定磁盘加密（NBDE），以实现更强大的数据安全性。RHEL 8 包含虚拟数据优化器（VDO）驱动程序，可以优化块设备上数据的空间占用。

10. 安全

RHEL 8 支持 OpenSSL 1.1.1 和 TLS 1.3，这使用户能够使用最新的加密保护标准保护数据。RHEL 8 自带了系统范围的加密策略，可帮助用户管理加密合规性，无须修改和调整特定应用程序。

综上所述，RHEL 8 从整体架构上，相对于之前的版本有了大幅度的改进，更加适用于现有的以云计算、虚拟化、大数据为基础的 IT 架构体系，是更加优秀的网络操作系统。

第2章
Linux 系统的安装

要想学会 Linux 操作系统，需要先把系统安装到计算机中。安装与升级 Linux 对于一名优秀的管理者来说，是最重要也是最基础的工作之一。在安装前做好正确的安装计划，可以让以后的管理工作更加轻松和方便。

本章将介绍安装与升级 RHEL 8 必备的概念与技术——使用光盘镜像安装 RHEL 8 系统和安装系统后的基础配置。

2.1 安装 RHEL 8

2.1.1 使用 Anaconda 安装

在本小节中，RHEL 的安装程序名为 Anaconda。用户可以用它来安装 RHEL 8 系统，或者将已安装的系统升级为新的发行版，还可以使用 Kickstart 脚本和网络来为大量计算机自动安装操作系统。

Anaconda 使用的是 Python 语言，Red Hat 也将其原始程序代码开放，供广大社区用户自由使用。Anaconda 几乎成为各种 Linux 发行版的安装程序，它支持图形界面安装和文本界面安装。

目前的 Anaconda 提供下列 3 种执行模式。

（1）Update 模式：用于安装与更新 RHEL。

（2）Kickstart 模式：用于自动安装 RHEL。

（3）Rescue 模式：用于修复与救援 RHEL 系统。

用户可以利用 Anaconda 不同的执行模式来进行安装与更新、自动安装或者修复与救援 RHEL 系统。

2.1.2 获取 Linux 的安装软件

RHEL 8 是开放源代码的操作系统，所以获得 RHEL 8 的安装软件是很方便的，用户可以从提供安装软件的站点上下载，如 Red Hat 公司官网等。用户可以直接下载格式为 ISO 的镜像文件，把它制作成安装光盘，再安装到计算机，也可以支付少量的费用从销售商那里获得安装光盘。

本书所使用的是 RHEL 8 的试用版本，读者可以到 Red Hat 公司的 FTP 服务器上免费下载。

现在官网提供 64 位的版本下载。

2.1.3　确定安装硬件

安装 RHEL 8 操作系统，需要满足一定的基本硬件需求，检查的重点应包含以下 4 项内容。

1. 中央处理器（CPU）

目前市面上大多数 CPU 都可以在 RHEL 8 上使用。所有的 RHEL 产品都支持对称式多处理器架构（Symmetrical Multi-Processing，SMP），包含多内核的中央处理器，但并非每一种 RHEL 产品都支持所有中央处理器。请在选购 RHEL 时，详细请教经销商代表。

如果需要安装 KVM（Kernel-based Virtual Machine，基于内核的虚拟机）（64 位系统默认安装），需要 CPU 内核支持虚拟化，AMD 的 64 位 CPU 默认支持 AMD-V 虚拟化，Intel 的 64 位 CPU 支持 VT 虚拟化（部分型号不支持 VT 虚拟化指令集），i3 以上型号的 CPU 完全支持 VT 虚拟化。

2. 随机读取内存（RAM）

对于善于利用内存的 RHEL 8 系统来说，内存越多越好。为了能顺利安装 RHEL 8，用户需准备至少 1GB 的内存。如果想要安装图形界面，建议准备至少 2GB 内存。

3. 硬盘（Hard Disk）

Linux 支持 SATA、IDE、EIDE、SAS 与 SCSI 等硬盘，允许容量上限为 500TB。安装 Linux 所需空间视安装软件包而定，完全安装需要 9GB 空间；若需安装额外应用，需要额外空间。

4. 网络适配卡（Network Interface Card）

如果打算通过网络进行安装，应先确认 RHEL 8 是否支持网络适配卡（简称网卡）。如果不支持，则恐怕无法进行网络安装。

如果是进行本地安装，那么 RHEL 8 是否支持网卡就不那么重要了。用户可以在安装好后，再手动配置网卡。

为了帮助用户挑选可用的硬件设备，Red Hat 提供了一组名为硬件兼容性清单（Hardware Compatibility List，HCL）的数据。硬件兼容性清单会整理可在 RHEL 中正常使用的硬件设备，用户可以从官网取得 RHEL 8 硬件兼容性清单的详细信息。

2.1.4　使用本地光盘安装 RHEL 8

1. 从光驱启动计算机

设置系统从光盘引导，启动计算机，出现图 2-1 所示的安装界面。

开机界面包括以下 3 个选项。

（1）Install Red Hat Enterprise Linux 8.0.0（安装 RHEL 8）。

（2）Test this media & install Red Hat Enterprise Linux 8.0.0（测试介质并安装 RHEL 8）。

安装 RHEL 8

（3）Troubleshooting（修复故障）。

2. 测试光盘

默认选项（即第二个选项）先验证安装介质文件的合法性，然后开始安装，如图 2-2 所示。如果跳过验证，则按 Esc 键。

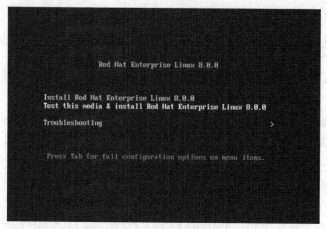

图 2-1　开始安装 Linux 操作系统

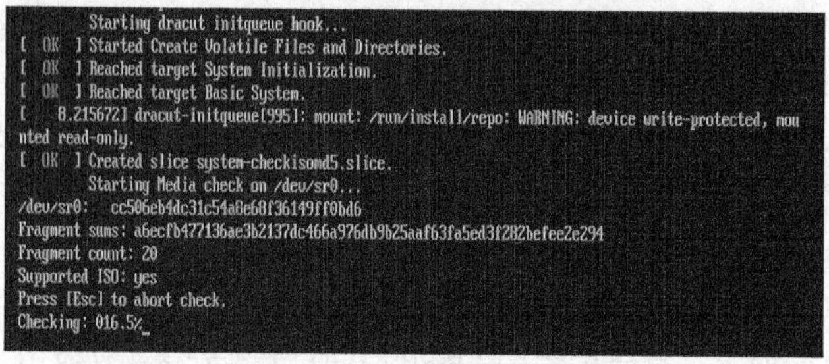

图 2-2　介质检测

3.　RHEL 8 的欢迎界面和语言选择

系统自动检测完成后开始初始化安装，出现欢迎界面。

在欢迎界面中选择安装中使用的语言，这里选择"简体中文"，单击"继续"按钮后进入"安装信息摘要"界面，如图 2-3 所示。

图 2-3　RHEL 8 的"安装信息摘要"界面

4.　设置时间和日期

在"安装信息摘要"界面中选择"时间和日期"选项，设置完成后单击"完成"按钮返回。

5.　设置键盘

在"安装信息摘要"界面中选择"键盘"选项，在打开的界面中可以手工添加多个键盘布局，设置后单击"完成"按钮返回，如图 2-4 所示。

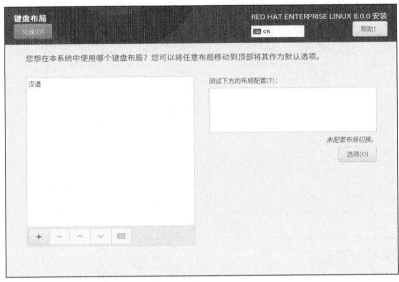

图 2-4　设置键盘布局

6. 设置语言支持

若需要设置其他语言支持，在"安装信息摘要"界面中选择"语言支持"选项，在打开的界面中选择相应的语言，设置完成后单击"完成"按钮返回。如果前面已经设置了安装语言，这里可以忽略。

7. 设置安装源

在"安装信息摘要"界面中选择"安装源"选项，在打开的界面中指定安装文件或位置，我们可以选择本地介质，也可以选择网络安装位置，如图 2-5 所示。

图 2-5　设置安装源

8. 软件选择

在"安装信息摘要"界面中选择"软件选择"选项选择软件包，在打开的界面中软件包以基本预置环境的方式管理，每个环境中都有附加的软件包可供用户选择，这里选择"带 GUI 的服务器"，即带图形界面的服务器环境，如图 2-6 所示。

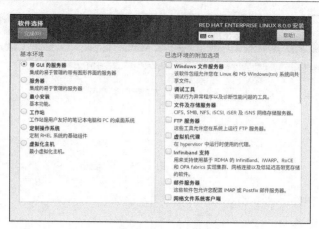

图 2-6 软件选择

9. 设置网络和主机名

在"安装信息摘要"界面中选择"网络和主机名"选项，在打开界面的"主机名"处输入这台计算机的主机名，如图 2-7 所示；选择"以太网（ens160）"，单击"配置"按钮，进入"正在编辑 ens160"界面，在其中用户可以手工配置 TCP/IP 网络基本信息，如图 2-8 所示。建议初学者在这里进行上述两项的设置。

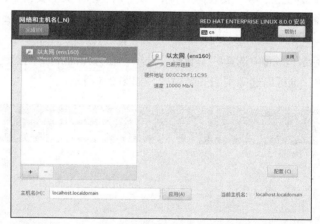

图 2-7 设置主机名

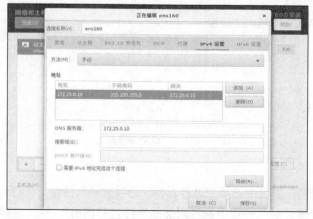

图 2-8 配置网络信息

10. 设置安装目的地

在"安装信息摘要"界面中选择"安装目的地"选项，进入"安装目标位置"界面，如果有多块硬盘，需要选择在哪块硬盘上安装，同时用户可以在存储配置中选择"自定义"，进行手工分区。这里默认使用系统创建的分区，如图 2-9 所示。

图 2-9　选择磁盘分区方式

11. 开始安装

完成"安装信息摘要"界面中的设置项目后，界面底部的警告信息就会消失，如图 2-10 所示，单击"开始安装"按钮进行安装。

图 2-10　警告信息消失

12. 设置 root 密码

开始安装后，单击"根密码"并在打开的界面中进行 root 账户密码设置，设置完后单击"完成"按钮返回，如图 2-11 所示。

13. 系统安装完成，重启计算机

系统安装完成后，界面如图 2-12 所示。单击"重启"按钮，重启计算机。

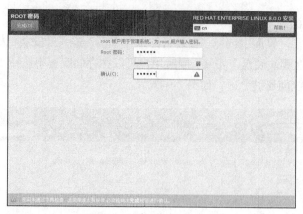

图 2-11　设置 root 账户密码

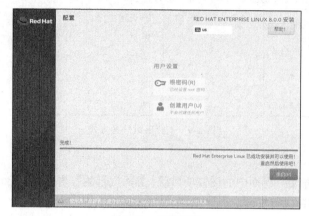

图 2-12　安装完成

2.2　安装后的初始化配置——firstboot 服务

安装完成后，RHEL 8 会提供一个名为 firstboot 的服务。firstboot
服务负责协助配置 RHEL 的一些重要参数。

值得注意的是，firstboot 服务仅会在安装后第一次开机时执行。
如果是升级以后开机或者安装完毕第二次开机，都不会启动
firstboot 服务。因此，如果希望利用 firstboot 服务来配置 RHEL，用
户需把握第一次启动的机会。

Linux 系统
安装实验 1　　Linux 系统
安装实验 2

以下是 firstboot 服务引导配置项目的详细介绍。

1．Kdump 管理

Kdump 是一个内核崩溃转储机制。在系统崩溃的时候，Kdump 将捕获系统信息，这样对于诊
断崩溃的原因非常有用，但是启动该管理机制会占用部分系统内存。这部分内存对于其他用户是
不可用的。建议内核开发者启用该机制（见图 2-10），一般环境下关闭该机制，如图 2-13 所示。

2．许可协议和注册

阅读 RHEL 的许可协议（见图 2-14），同意后单击"完成"按钮，用户可以继续进行配置，如进
行订阅管理和注册等。

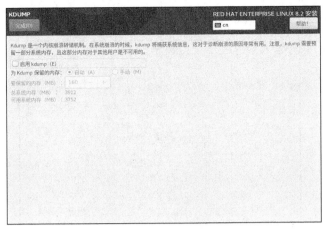

图 2-13　关闭 Kdump 内存转储机制

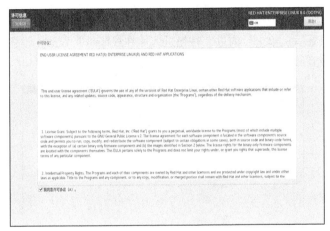

图 2-14　阅读许可协议

3. 首次登录配置界面

系统安装后，首次登录会进入一个"欢迎"界面，如图 2-15 所示。

图 2-15　"欢迎"界面

单击"前进"按钮进入"隐私"界面，进行隐私设置，如图 2-16 所示。

图 2-16　隐私设置

完成"隐私"设置后，单击"前进"按钮进入"在线账号"界面，设置该账号，用户可以选择将该账号无缝连接到照片、邮件等云服务，如图 2-17 所示。

图 2-17　在线账号设置

设置账号后，单击"前进"按钮进入"关于您"界面，设置本地用户，这里设置为 student，如图 2-18 所示。

图 2-18　本地用户设置

完成本地用户设置后，单击"前进"按钮进入"密码"界面，设置该账号登录到 RHEL 8 系统的密码，如图 2-19 所示。

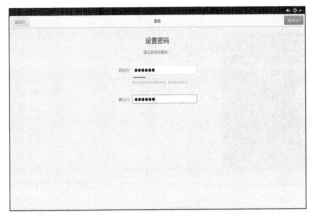

图 2-19 密码设置

完成密码设置后单击"前进"按钮，进入服务器并结束设置。

4. 登录界面

正确输入用户名和密码就可以登录到 RHEL 8。但是首次进入系统时，无须登录。这里默认以创建的 student 用户身份登录，登录界面如图 2-20 所示。

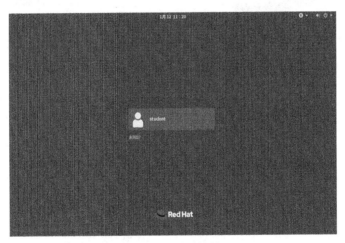

图 2-20 登录界面

一般用户会直接在登录界面列出，而管理员 root 用户并未列出，若想登录 root 账号需要单击"未列出"按钮并手动输入 root 账号用户名及密码。

另外，当长时间待机不做任何操作时，系统会进入锁屏界面。此时，按空格键或者按住鼠标左键上拉，即可进入登录界面，如图 2-21 所示。

5. 帮助界面

首次进入系统，会打开图 2-22 所示的帮助界面，在该界面中常见任务的操作方法都以视频方式进行演示。

6. 系统界面

该系统界面是一个名叫 GNOME 的界面，如图 2-23 所示。GNOME 桌面将在下一章详细描述。

图 2-21　锁屏界面

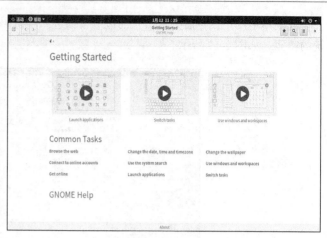

图 2-22　帮助界面

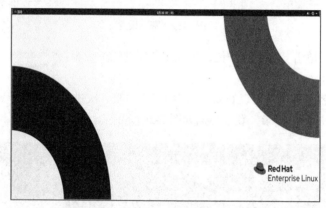

图 2-23　系统界面

第3章
X Window 图形用户界面和应用软件

本章主要讲述 X Window 的桌面环境和常用的应用程序,详细介绍 GNOME 桌面环境的组成、Nautilus 文件管理器和 GNOME 系统设置,简要介绍 LibreOffice 办公软件中的常用软件和其他常用的应用工具,如图像处理软件 GIMP、图像查看器 Eye of GNOME Image Viewer、文件查看器 Document Viewer 和网页浏览器 Firefox 等,最后介绍图形管理工具 Cockpit 的使用。

3.1　X Window 简介

X Window
简介

3.1.1　X Window 工作原理

在完成 RHEL 8 系统的安装后,用户可以选择进入两种操作环境:一种是字符命令界面,另一种是图形化界面 X Window。

X Window 与 Microsoft Windows 虽然在操作及外观上有许多相似之处,但两者的工作原理却有着本质的不同,Microsoft Windows 的图形用户界面是与 Microsoft 操作系统紧密相关的,X Window 则不同,它只是运行在内核上的应用程序。

X Window 采用的是 Client/Server 的运行机制,即参与运行的主体划分为客户端(X Client)和服务端(X Server)。X Server 负责跟踪用户终端的输入/输出设备(如键盘、鼠标等),并提供显示功能,而 X Client 则使用 X Server 所提供的功能来显示其运行的结果(界面)。这与常规的 Client/ Server 模式(即由服务端提供处理功能,客户端负责显示结果)有所不同。

X Window 属于分布式的窗口操作环境,它的运行分为以下 4 个层次。

(1)底层的 X Server。X Server 是一种应用程序,它提供图形界面的驱动,即负责跟踪终端的硬件设备(如鼠标、键盘及监视器等输入/输出设备)。

(2)X 协议。X 协议是位于 X Server 层之上的用于网络通信的标准,主要负责 X Client 和 X Server 之间的通信。X 协议可以使用户在远程运行 X Window。

(3)Xlib 函数接口。它位于 X 协议层之上,是 X Window 的程序界面,即 X Window 应用程序的功能实现是通过调用该层函数实现的。

(4)窗口管理器(Window Manager,WM)。它是面向终端用户的操作界面,位于 Xlib 函数接口的上层。

X Window 的这种工作方式为用户提供了两个重要特性:平台无关性和网络透明性。平台无关性是指运行在任何体系结构上的应用程序，可以在任何其他体系结构或同一体系结构的 X Server 上显示其界面，如 i386 体系结构的 X Server 能够轻松地显示来自 Sun 或 IBM 主机的 X 应用程序，客户机与服务器均不知道双方平台之间有区别。网络透明性是指只要通过网络连接了 X Server 和 X Client，那么 X 应用程序就能够在其中一台上运行，并在另一台上显示该应用程序的界面，应用程序并不知道有何区别，仿佛 X Server 与 X Client 就是同在本地运行，而不是处在异地运行。

3.1.2　X Window 桌面环境

为了让图形化用户界面更具整体感、功能更完善，众多程序员基于 X Window 技术标准开发出直接面向用户的桌面环境。桌面环境为用户管理系统、配置系统、运行应用程序等提供统一的操作平台，令 Linux 在视觉表现和功能方面更加出色。

目前，Linux 操作系统上常用的桌面环境有两个：GNU 网络对象模型环境（GNU Network Object Model Environment，GNOME）和 K 桌面环境（K Desktop Environment，KDE）。

GNOME 源自美国，它是 GNU 计划的重要组成部分。它基于 GTK＋图形库，采用 C 语言开发完成。而 KDE 源自德国，基于 Qt 3 图形库，采用 C++语言开发完成。众多程序员基于这两大桌面环境还开发出大量的应用程序。这些应用程序的名称有一定的规律，通常以"G"开头的应用程序是在 GNOME 桌面环境下开发的，如 Gedit、GIMP，而以"K"开头的应用程序是在 KDE 桌面环境下开发的，如 Kmail、Konqueror。但所有应用程序即使开发于不同的桌面环境，只要没有相互冲突都可以在这两种桌面环境下运行。

目前大多数 Linux 的发行版本都同时包括上述两种桌面环境，以供用户选择。Red Hat 公司推出的所有 Linux 发行版本都以 GNOME 作为默认的桌面环境，用户也可选择使用 KDE 桌面环境。在 RHEL 6 中使用的 GNOME 桌面环境为 GNOME 2，在 RHEL 8 中使用的 GNOME 桌面环境为 GNOME 3。

3.2　GNOME 桌面环境

3.2.1　GNOME 桌面环境简介

这里的桌面环境是指 Linux 系统上的图形用户界面。RHEL 8 中的默认桌面环境由 GNOME 3 提供，如图 3-1 所示。它在由 Wayland（默认）或传统 X Window System 提供的图形框架基础上，为用户提供了集成桌面和统一开发平台。

GNOME 桌面
环境

GNOME Shell 为 GNOME 桌面环境提供核心用户界面功能，GNOME Shell 应用可高度自定义。RHEL 8 中 GNOME Shell 的外观默认为本节中使用的"标准"主题，它与旧版 GNOME 的外观较为接近。各个主题始终都可在登录时进行选择，只需单击"SignIn"按钮旁边的齿轮图标即可，该按钮在选择账户之后、输入密码之前显示。

第一次作为新用户登录时，系统将运行一个初始设置程序，以辅助用户配置基本的账户信息。完成后，Getting Started with GNOME 屏幕上将启动 GNOME Help；此屏幕包含视频和文档，帮助指导新用户熟悉 GNOME 3 环境。快速启动 GNOME Help 的方法是单击顶栏左侧的"活动"按钮，在屏幕左侧显示的仪表板中，单击救生圈图标，如图 3-2 所示。

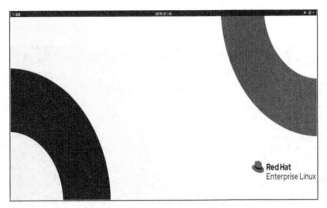

图 3-1　GNOME 桌面环境

在 RHEL 8 中，默认的 GNOME 桌面使用了活动模式，帮助用户整理窗口和启动应用。"活动概览"可以通过单击"活动"按钮来启动，也可以使用 Super 键（Windows 键）快速打开。"活动概览"有 4 个主要区域：左侧的仪表板、中央的窗口概览、消息托盘，以及右侧的工作区选择器。图 3-2 显示的是"活动概览"的典型界面。

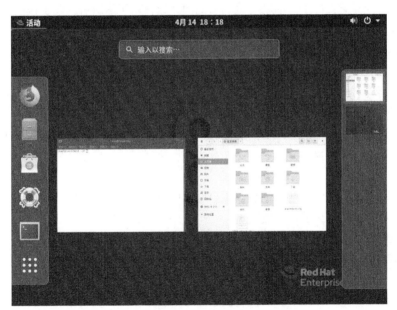

图 3-2　"活动概览"界面

（1）仪表板：这是一个可配置的图标列表，其中包含用户收藏的应用、当前正在运行的应用，以及可用于选择任意应用、位于仪表板底部的网格图标等。单击其中一个图标可以启动应用，也可使用网格图标查找较不常用的应用。仪表板有时也称为停靠台。

（2）窗口概览：位于"活动概览"界面中心的区域，用于显示当前工作区中所有活动窗口的缩略图。这种设计使得窗口更容易在杂乱的工作区中转到前台，或者移动到另一个工作区。

（3）消息托盘：消息托盘可用于查看应用或系统组件向 GNOME 发送的通知。出现通知时，通常会先以一行的形式在屏幕的顶部短暂显示该通知，然后在顶栏中部的时钟旁边会出现一个永久指示器，告知用户最近收到了通知。用户可以打开消息托盘来查看这些通知（见图 3-3），具体操作为单击顶栏上的时钟或者按 Super+M 组合键。单击顶栏上的时钟、按 Esc 键或再次按 Super+M

组合键可以关闭消息托盘。

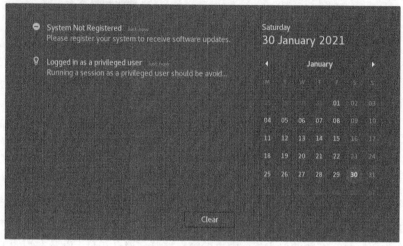

图 3-3　打开的消息托盘

（4）工作区选择器：位于"活动概览"右侧的区域，用于示所有活动工作区的缩略图，并允许选择工作区，用户可以将窗口从一个工作区移动到另一个工作区。

1. 工作区

工作区是拥有不同应用窗口的独立桌面屏幕。它们可以用来按任务将打开的应用窗口分组，从而整理工作环境。例如，用于执行特定系统维护活动（如设置新的远程服务器）的窗口可分组到一个工作区中，电子邮件和其他通信类应用窗口则可分组到另一工作区中。

用户可以通过两种简单的方式切换工作区：一种方式是按 Ctrl+Alt+↑/↓组合键，可以按顺序切换工作区，这或许是最快的方式；另一种方式是切换到"活动概览"界面，然后单击所需的工作区。

使用"活动概览"界面有一个优点，用户可以单击窗口并在工作区之间拖动（使用屏幕右侧的工作区选择器和屏幕中央的窗口概览）。

2. 启动终端

要在 GNOME 中显示 Shell 提示符，可启动 GNOME 终端等图形终端程序。执行此操作有多种方法，下面列出了两种最常用的方法。

（1）在"活动概览"界面中，从仪表板选择 Terminal（可以从收藏的区域选择，或单击网格图标在 Utilities 分组中选择，抑或在窗口概览顶部的搜索栏进行查找、选择）。

（2）按 Alt+F2 组合键，以打开 Enter a Command，再输入 gnome-terminal 命令。

当终端窗口打开后，将为启动该图形终端程序的用户显示 Shell 提示符。Shell 提示符和终端窗口的标题栏将指示当前用户名、主机名和工作目录。

3. 锁定屏幕或注销

用户可以通过顶栏最右侧的系统菜单，执行锁定屏幕或彻底注销操作。

要锁定屏幕，在右上角的系统菜单中单击菜单底部的锁定按钮，或按 Super+L（记作 Windows+L 可能更加简单）组合键即可。图形会话闲置几分钟后，屏幕也会锁定。

屏幕锁定后，系统将显示锁屏幕布，其中显示系统时间和已登录用户的名称。要解锁屏幕，用户可按 Enter 键或空格键拉起锁屏幕布，然后在锁定屏幕中输入用户密码。

要注销并结束当前图形登录会话，用户可在顶栏右上角的系统菜单中选择"User"→"Log Out"。此时，系统会显示一个界面，提供确认注销操作和取消该操作的选项。

4. 关机或重启系统

要关闭系统，在右上角的系统菜单中单击菜单底部的电源按钮或按 Ctrl+Alt+Del 组合键，在显示的界面中可以选择关机、重启系统，或者取消该操作。如果不做出选择，则系统会在 60 秒后自动关机。

3.2.2 Nautilus 文件管理器

Nautilus 文件管理器的主要作用是以图形界面方式显示文件，方便用户对文件或目录进行操作，其功能类似 Windows 中的资源管理器。

1. Nautilus 文件管理器的启动

Nautilus 文件管理器的启动方式很多，常见的有以下两种。

（1）单击仪表盘中"文件"图标。

（2）按 Alt+F2 组合键，输入"nautilus"。

2. 窗口的组成

图 3-4 显示的是 Nautilus 的典型界面，其窗口主要由菜单栏、侧边栏、窗口和状态栏组成。

（1）菜单栏：包括对文件和文件夹进行基本操作的相关菜单命令及设置。

（2）侧边栏：进行位置、设备及网络功能的选择。

（3）窗口：显示指定目录中的文件及文件夹。当用户指定显示方式为列表时，在位置栏下出现一排文件属性按钮：文件名、大小、类型和修改日期。系统默认按照文件名排序显示，用户也可以根据需要单击这些属性按钮改变显示时的排列方式。

（4）状态栏：显示当前用户选中的文件及其属性（一般位于左下角）。

3. 浏览设置

单击菜单栏中的 ☰ 按钮，弹出图 3-5 所示的下拉菜单，在该下拉菜单中也可以进行大小、类型、修改时间等浏览方式的设置。

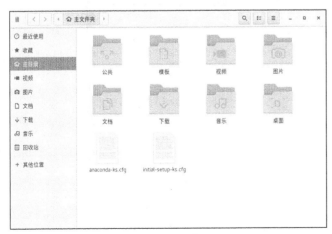

图 3-4 Nautilus 的典型界面

图 3-5 Nautilus 菜单

3.2.3 GNOME 系统设置

GNOME 系统设置是 RHEL 系统中配置系统功能的一个重要工具，其大多数操作功能只有

root 用户才有权限使用。单击"活动"按钮，找到"设置"图标，如图 3-6 所示，打开"设置"界面，在其中可看到具体的系统设置选项，如图 3-7 所示。

图 3-6 "设置"图标

图 3-7 "设置"界面

3.3 Linux 下的常用应用软件

3.3.1 文本编辑器 Gedit

Gedit 是一个自由软件，它是 GNOME 桌面环境下兼容 UTF-8 的文本编辑器，类似于 Windows 下的 Notepad 编辑器。Gedit 使用 GTK+编写而成，因此它十分简单易用，有良好的语法高亮提示，对中文支持很好，支持包括 GB2312、GBK 在内的多种字符编码。用户可以单击"活动"按钮，搜索"Gedit"，打开 Gedit 文本编辑器，如图 3-8 所示。

Linux 下的常用应用软件

图 3-8 Gedit 文本编辑器

3.3.2 LibreOffice 简介

LibreOffice 是 OpenOffice 办公套件衍生版，同样自由开源，以 Mozilla Public License V2.0 许可证分发源代码，但相比 OpenOffice 增加了很多特色功能。LibreOffice 拥有强大的数据导入和导出功能，能直接导入 PDF 文档、微软 Word（.doc）文档、Lotus Word 文档，支持主要的 OpenXML 格式。软件本身并不局限于 Linux 平台，现已持 Windows、macOS 和其他 Linux 发行版等多个系统平台。

LibreOffice 的界面没有 Microsoft Office 那么华丽，但非常简单、实用。它的六大组件对应 Microsoft Office 组件丝毫不差，而且对系统配置要求较低，占用资源很少。

1. 文字处理组件 Writer

Writer 近似于 Microsoft Office 中的 Word，可以编辑文字内容、处理段落格式、设置项目符号、绘制表格、插入图片等。同 Word 相比，Writer 加强了脚注支持，改进了目录中的超级链接支持。另外，Writer 还可以将文档设置为不同的区域，并可以对区域进行锁定、隐藏和密码保护。在多人同时编辑同一个文档时，可显示不同用户的修改部分。其工作界面如图 3-9 所示。

图 3-9　Writer 工作界面

2. 电子表格组件 Calc

Calc 近似于 Microsoft Office 中的 Excel，可以完成数学运算、创建统计图表、创建数据透视表和设计公式，还可以进行数据筛选、分类汇总等数据管理操作。在 Calc 中，输入及输出图表可以使用位图、材质或阴影格式的 Excel 文档。其工作界面如图 3-10 所示。

图 3-10　Calc 工作界面

3. 演示文稿组件 Impress

Impress 近似于 Microsoft Office 中的 PowerPoint，该组件用于制作演示文稿，用户在演示文稿中可以插入图表、图片、动画和音效，还可以加入备注信息。其工作界面如图 3-11 所示。

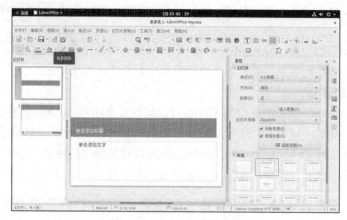

图 3-11　Impress 工作界面

4. 数据库组件 Base

Base 近似于 Microsoft Office 中的 Access，主要进行数据表的管理。用户可以使用该组件完成数据的输入、增加、删除和查询等操作。Base 支持多种流行的数据库，例如 MySQL 等，用户也可以通过 ODBC 和 JDBC 的驱动来访问所有支持这两项工业标准的数据库。

5. 绘图组件 Draw

Draw 可以绘制二维图形、三维图形、线条及流程图，也可以插入文字对象、编辑字体及样式。Draw 可以实现二维图形向三维图形的转换，以及位图图像向三维图像的转换，还可以进行图形的分组、合并和融合等操作。

6. 公式编辑组件 Math

Math 中包含许多特殊的数学符号，可编辑各类公式。

3.3.3　图像处理软件 GIMP

RHEL 中提供了一个非常优秀的图像处理软件 GIMP（GNU Image Manipulation Program），被称作 Linux 中的 Photoshop。RHEL 默认不安装 GIMP，root 用户在桌面环境下单击"活动"按钮，搜索"GIMP"即可，其工作界面如图 3-12 所示。

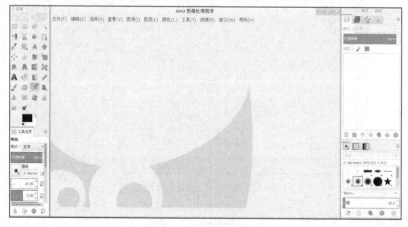

图 3-12　GIMP 工作界面

3.3.4　图像查看器 Eye of GNOME Image Viewer

RHEL 提供了功能强大且简单易用的浏览图片软件 Eye of GNOME Image Viewer。在安装 RHEL 时，只要选择了图像，默认就包含了 Eye of GNOME Image Viewer；如果没有安装该软件，用户可在 RHEL 下使用软件包工具添加图像软件包。

Eye of GNOME Image Viewer 支持常用的图片格式，如.jpg、.jpeg、.bmp、.gif、.png、.xpm、.xbm、.tif 及.pcx 等。其工作界面如图 3-13 所示。

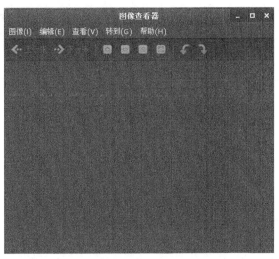

图 3-13　Eye of GNOME Image Viewer 工作界面

3.3.5　文件查看器 Document Viewer

PostScript 文件是由 Adobe 公司开发的 PostScript 页面描述语言生成的文件，其扩展名为.ps。这种文件在制作时可以将文字根据需要产生各种不同的变化，并可以绘图。由于输出时字形不失真，所以该文件适合于出版印刷或直接用打印机输出。

在 RHEL 中可以使用内置的 Document Viewer 软件来查看 PostScript 文件。在图形界面下直接双击 PostScript 文件，就可以打开 Document Viewer，或者在终端中执行 evince 命令，同样可以打开，如图 3-14 所示。单击"文件"→"打开"选项，在出现的"打开文件"对话框中选择 PostScript 文件，就可以使用 Document Viewer 进行查看了。

PDF（Portable Document Format）是一种可携式的文件格式。在 PDF 文件中包括所有排版所需要的数据，例如字体、段落格式及图形图像等，即使在不同的操作系统中也可以显示同样的效果。

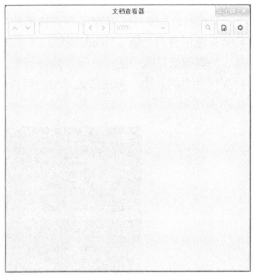

图 3-14　Document Viewer 工作界面

Document Viewer 软件可以查看 PDF 格式的文件，在打开 Document Viewer 后，单击"文件"→

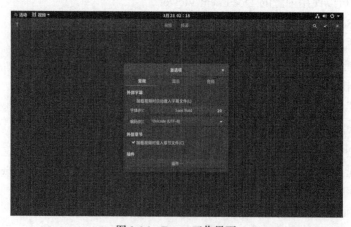

"打开"选项，选择 PDF 格式的文件即可。

3.3.6　网页浏览器 Firefox

用户要访问万维网（World Wide Web，WWW）上的信息，就要使用浏览器软件。在 Windows 下常用的浏览网页的软件有 IE（Internet Explorer）、Chrome 和 Opera 等。在 RHEL 中默认安装的是 Firefox。Firefox 不仅可以用于浏览网页，还可以用于编辑网页、收发电子邮件、阅读新闻组及聊天等。如图 3-15 所示，RHEL 8 默认安装的是 Firefox 68.6.0 版本。

图 3-15　Firefox 工作界面

3.3.7　多媒体播放器 Totem

Totem 是 GNOME 桌面的多媒体播放器，基于 GStreamer 多媒体框架和 Xine 库，用户可用它播放电影或者音乐。Totem 提供以下功能：支持多种视频/音频文件，支持播放列表，支持字幕、完整键盘导航功能、全面的插件设置，支持字幕下载、YouTube 浏览和 CD 刻录。如果想要支持更多的音频、视频格式，用户可自动从网络升级服务器上下载相应的插件，非常方便，如图 3-16 所示。

图 3-16　Totem 工作界面

3.4　使用 Cockpit 管理

RHEL 提供强大的 Web 管理功能，而且比起其他操作系统的管理功能，RHEL 的管理功能甚至更为强大。RHEL 中的 Web 管理功能是由 Cockpit 服务提供的。以下将简单介绍 Cockpit 服务及其管理页面。

3.4.1　Cockpit 简介

Cockpit 是一个免费且开源的基于 Web 的管理工具，系统管理员利用它可以执行诸如存储管理、网络配置、检查日志、管理容器等任务。其非常轻量级，Web 界面也非常简单易用。通过 Cockpit 提供的友好 Web 前端界面，用户可以轻松地管理 GNU/Linux 服务器。更重要的是通过 Cockpit，用户可以实现集中式管理。

Cockpit 使 GNU/Linux 可以被发现。用户在 Web 浏览器中查看服务器，然后用鼠标执行系统任务，十分容易。

Cockpit 功能特点如下。

（1）Cockpit 使用 System D 完成从运行守护进程到服务等几乎所有的功能。

（2）创建和管理 Docker 容器。

（3）创建和管理 KVM、oVirt 虚拟机。

（4）包括 LVM 在内的存储配置。

（5）基本的网络配置管理。

（6）用户账户管理。

（7）基于 Web 的终端使用 sosreport 收集系统配置和诊断信息。

（8）支持 Debian、RHEL、CentOS、Fedora、Atomic、Arch Linux 和 Ubuntu。

表 3-1 所示是 Cockpit 的一些软件模块，用户可以根据自己的需要选择性安装。

表 3-1　　　　　　　　　　　　　　Cockpit 软件模块

模块名	功能
cockpit-docker	管理 Docker 容器
cockpit-kubernetes	可视化和配置 Kubernetes 集群
cockpit-machines	管理 KVM 虚拟机
cockpit-sosreport	使用 sosreport 工具创建诊断报告
cockpit-selinux	SELinux 问题疑难解答
cockpit-kdump	配置内核崩溃转储
cockpit-subscriptions	管理系统订阅
cockpit-machines-ovirt	管理 oVirt 虚拟机
cockpit-pcp	读取 PCP 指标并加载 PCP 存档

3.4.2　Cockpit 的管理页面

如果 RHEL 没有安装 Cockpit 服务，那么 RHEL 的用户就无法享受 Cockpit 提供的强大 Web 管理功能。为了可以利用 Cockpit 更好地进行系统管理，用户要确认是否已经安装了 Cockpit。

系统默认安装了 Cockpit 服务，并在防火墙中默认允许 Cockpit 端口的访问。用户可以通过浏览器输入 http://127.0.0.1:9090 后，登录 Cockpit 管理页面，如图 3-17 所示。

图 3-17　登录 Cockpit 管理页面

输入用户名和登录密码，可进入 Cockpit 管理页面，如图 3-18 所示。

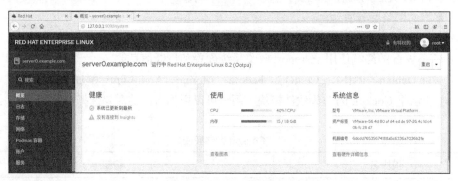

图 3-18　Cockpit 管理页面

单击"查看硬件详细信息"，可以查询系统的 cpu 和系统的 PCI 设备等硬件信息，如图 3-19 所示。

图 3-19　系统硬件详细信息

在日志页面中，Cockpit 将日志信息分为错误、警告、注意等不同分类，可以看出是按事件的级别来分类的，如图 3-20 所示。

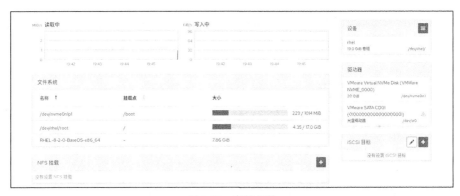

图 3-20　日志页面

在存储页面中，用户可以方便地查看硬盘的读写速度，也可以卸载、格式化、删除一块硬盘的某个分区。该页面中还有一个已用空间的可视化图，如图 3-21 所示。

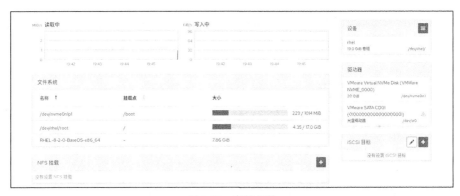

图 3-21　存储参数

在网络页面，用户可以看到两个可视化发送和接收速度的图，还可以看到可用网卡的列表，并可以对网卡进行绑定设置、桥接，以及配置 VLAN，如图 3-22 所示。

图 3-22　网络信息

Cockpit 也可以进行 Podman 容器的管理，如图 3-23 所示。

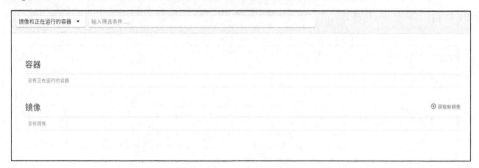

图 3-23　容器管理

在账号页面中，用户可以添加或删除系统账户，如图 3-24 所示。

图 3-24　用户账号管理

在服务页面中，服务被分成了 5 个类别：系统服务、目标、套接字、计时器和路径，如图 3-25 所示。

图 3-25　服务详细信息

单击服务名称，可以对其进行更多的管理操作，如重启、停止、不允许运行（掩盖）等，如图 3-26 所示。

图 3-26　服务配置信息

Cockpit 界面提供实时终端用于执行任务，这样我们可以根据需求在 Web 界面和终端之间自由切换，从而快速执行任务，操作起来非常方便。这是集中式管理的一个具体体现，如图 3-27 所示。

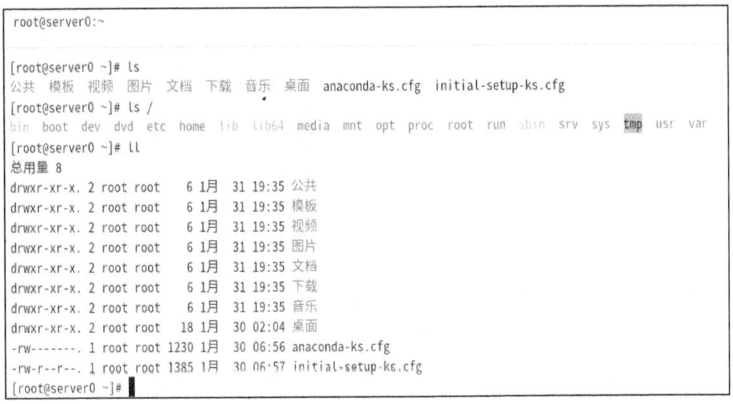

root@server0:~
[root@server0 ~]# ls
公共 模板 视频 图片 文档 下载 音乐 桌面 anaconda-ks.cfg initial-setup-ks.cfg
[root@server0 ~]# ls /
bin boot dev dvd etc home lib lib64 media mnt opt proc root run sbin srv sys tmp usr var
[root@server0 ~]# ll
总用量 8
drwxr-xr-x. 2 root root 6 1月 31 19:35 公共
drwxr-xr-x. 2 root root 6 1月 31 19:35 模板
drwxr-xr-x. 2 root root 6 1月 31 19:35 视频
drwxr-xr-x. 2 root root 6 1月 31 19:35 图片
drwxr-xr-x. 2 root root 6 1月 31 19:35 文档
drwxr-xr-x. 2 root root 6 1月 31 19:35 下载
drwxr-xr-x. 2 root root 6 1月 31 19:35 音乐
drwxr-xr-x. 2 root root 18 1月 30 02:04 桌面
-rw-------. 1 root root 1230 1月 30 06:56 anaconda-ks.cfg
-rw-r--r--. 1 root root 1385 1月 30 06:57 initial-setup-ks.cfg
[root@server0 ~]#

图 3-27 终端管理

通过 Cockpit 的诊断报告功能，可以快速地生成系统的 sosreport，并且可以下载到本地，如图 3-28 所示。

该工具会从该系统搜集系统配置和诊断信息用于诊断系统问题。
搜集的信息将保存在系统本地。
创建报表

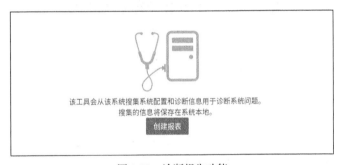

图 3-28 诊断报告功能

第4章
Shell 的基本应用

图形界面操作简单易学，是初学者的首选，但由于图形界面需要大量的系统资源，因此效率也相对较低。

本章主要介绍执行效率较高的 Linux 命令操作，其内容包括 Shell 的启动与退出等、Shell 命令的格式、常用的 Shell 命令及 Shell 的高级应用，同时还介绍一个功能强大的文本编辑器——Vim，最后介绍 Shell 脚本编程的基础知识。

4.1　Shell 命令概述

4.1.1　Shell 简介

Shell 命令
概述

Shell 是 Linux 的一个特殊程序，也是内核与用户的接口，它还是命令语言、命令解释程序及程序设计语言的统称。Shell 是一个命令语言解释器，它拥有内置的 Shell 命令集，Shell 也能被系统中其他应用程序所调用。

当用户成功登录 Linux 系统后，即开始了与 Shell 的对话交互过程，此时，不论何时输入一个命令，都会被 Shell 解释执行。有一些命令，比如改变工作目录命令 cd，是包含在 Shell 内部的，只要处在 Shell 命令行下就可以执行。还有一些命令，例如复制命令 cp 和移动命令 mv，是独立的应用程序，必须存放于文件系统中的某个目录下才能执行。对用户而言，不必关心一个命令是建立在 Shell 内部的还是一个单独的程序。

当用户输入并执行命令时，Shell 首先检查命令是否为内部命令，若不是再检查是否为一个应用程序，如 RHEL 本身的实用程序 ls 和 rm；或者是购买的商业程序，如 xv；还可以是自由软件，如 Emacs。然后 Shell 在一个能找到可执行程序的目录列表里寻找这些应用程序，这个列表称作搜索路径。如果输入的命令不是一个内部命令并且在路径里没有找到这个可执行文件，将会显示一条错误信息。如果能够成功找到命令，该内部命令或应用程序被分解为系统调用并传给 RHEL 内核执行。

例如，如果用户输入：

```
[root@localhost Desktop]# hello
```

屏幕显示：

```
bash: hello: C ommand notfound...
```

可以看到，用户得到了一条没有找到该命令的提示错误信息。用户输错命令后，系统一般会给出这样的提示错误信息。

Shell 的另一个重要特性是它自身就是一个解释型的程序设计语言。Shell 程序设计语言支持绝大多数在高级语言中能见到的程序元素，如函数、变量、数组和程序控制结构。Shell 编程语言简单易学，任何在提示符下能输入的命令都能放到一个可执行的 Shell 程序中，以非交互的方式执行，这意味着用 Shell 语言能简单地重复执行某一任务。例如，可以把一些要执行的命令预先存放在文本文件中（称作 Shell 脚本），然后执行该文件。这一做法类似于 DOS 的批处理文件做法，但其功能要比批处理文件强大得多。

RHEL 中的 Shell 有多种类型，其中最常用的几种是 Bourne Shell（BSH）和 C Shell（CSH），两种 Shell 各有优缺点。Bourne Shell 是 UNIX 最初使用的 Shell，并且在每种 UNIX 上都可以使用。Bourne Shell 在 Shell 编程方面相当优秀，但在处理与用户的交互方面做得不如其他几种 Shell。RHEL 操作系统默认的 Shell 是 Bourne Again Shell，它是 Bourne Shell 的扩展，简称 BASH，与 Bourne Shell 完全向后兼容，并且在 Bourne Shell 的基础上增加了很多特性。

BASH 被放在/bin/bash 中，它有许多特色，可以提供命令补全、命令编辑和命令历史表等功能，还包含了很多 C Shell 中的优点，有灵活和强大的编程接口，同时又有很友好的用户界面。

C Shell 是一种比 Bourne Shell 更适于编程的 Shell，它的语法与 C 语言很相似。RHEL 为喜欢使用 C Shell 的用户提供了 TCSH。TCSH 是 C Shell 的一个扩展版本，其包括命令行编辑、可编程单词补全、拼写校正、历史命令替换、作业控制等功能和类似 C 语言的语法；它不仅和 BASH 提示符兼容，而且提供比 BASH 更多的提示符参数。

检查系统当前运行的 Shell 版本，可以运行以下命令：

```
[root@localhost Desktop]# echo $SHELL
```
屏幕显示：
```
/bin/bash
```

显示/bin/bash 表示当前系统默认的 Shell 是 BASH。在命令中，echo 是屏幕显示命令，$表示扩展 SHELL 环境变量。如果系统中安装有其他类型的 Shell，如 TCSH，用户也可以通过以下命令将其启动：

```
[root@localhost ~]# tcsh
```
在 TCSH 下运行 exit 命令可以返回原来的 Shell。
```
[root@localhost ~]# exit
```

用户可以将任何版本的 Shell 设置为系统登录后默认的 Shell，方法是修改在文件/etc/passwd 中该用户文本行中的最后一个字段，将其内容替换为用户所需的 Shell 版本。

4.1.2　Shell 的启动与退出等

1. 终端的切换

RHEL 的字符界面也被称作虚拟终端（Virtual Terminal）或虚拟控制台（Virtual Console）。操作 Windows 系统的计算机时，用户使用的是真实的终端，而 RHEL 具有虚拟终端的功能，可为用户提供多个互不干扰、独立工作的界面。操作 RHEL 系统的计算机时，用户虽然面对的是一套物理终端设备，却仿佛在操作多个终端。

RHEL 8 的虚拟终端默认有 6 个，其中从第 2 个到第 6 个虚拟终端总是字符界面，而第 1 个虚拟终端默认是图形化用户界面。每个虚拟终端相互独立，用户可以使用相同或不同的账户登录各个虚拟终端，同时使用计算机。虚拟终端之间可以通过以下方法进行相互切换。

Ctrl + Alt + F1 组合键可以实现从字符界面的虚拟终端切换到图形化用户界面。

Ctrl + Alt + F2～F6 组合键可以实现从图形化用户界面切换到字符界面的虚拟终端。

默认情况下，RHEL 8 在安装时设置为启动后进入图形化的用户登录界面，用户输入正确的用户名和密码后，会直接进入图形操作环境 GNOME。此时，用户可以通过上述切换方式切换到字符界面。

2．终端的启动

在字符终端中，输入正确的用户名和密码，即可成功登录。需要注意的是，在 RHEL 字符界面下输入密码，将不进行任何显示，这种方法进一步提高了系统的安全性。用户登录后，系统将执行一个称为 Shell 的程序，正是 Shell 进程提供了命令行提示符。默认情况下，对普通用户用 "$" 作为提示符，对 root 用户用 "#" 作为提示符。一旦出现了 Shell 提示符，用户就可以输入命令名称及命令所需要的参数来执行命令。如果一条命令耗费了很长的时间来运行，或者在屏幕上产生了大量的输出，用户可以从键盘上按 Ctrl + C 组合键发出中断信号来中断此命令的运行。

3．系统的注销

已经登录的用户如果不再需要使用系统，则应该注销，退出登录状态。方法是在字符界面下输入 logout 命令、exit 命令或按 Ctrl + D 组合键。

4．系统的重启

当需要重新启动系统时，输入 reboot 或 shutdown - r now 命令即可。

5．关机

在当前的终端输入 halt 或 shutdown -h now 命令，会立即关闭计算机。

4.1.3　Shell 命令的格式

1．Shell 命令提示符

成功登录 RHEL 后将出现 Shell 命令提示符，如：

```
[root@localhost ~]#          #root 用户的命令提示符
[instructor@localhost ~]$    #普通用户 instructor 的命令提示符
```

其具体含义分别如下。

（1）[ ]以内@之前为已登录的用户名（如 root、instructor），[ ]以内@之后为计算机的主机名（如 localhost），如果没有设置过主机名，则默认为 localhost。其次为当前目录名（如 "～" 表示是用户的主目录）。

（2）[ ]外为 Shell 命令的提示符号，"#" 是 root 用户的提示符，而 "$" 是普通用户的提示符。

2．Shell 命令格式

在 Shell 命令提示符后，用户可输入相关的 Shell 命令。Shell 命令可由命令名、选项和参数三部分组成，其中方括号部分表示可选部分，其基本格式如下：

命令名 [选项] [参数]

具体说明如下。

（1）命令名是描述该命令功能的英文单词或缩写，如查看时间的 date 命令，切换目录的 cd 命令等。在 Shell 命令中，命令名必不可少，并且总是放在整个命令行的起始位置。

（2）选项是执行该命令的限定参数或者功能参数。同一命令采用不同的选项，其功能各不相同。选项可以有一个，也可以有多个，甚至还可能没有。选项通常以 "-" 开头，当有多个选项时，可以只使用一个 "-" 符号，如 ls -l -a 命令与 ls -la 命令功能完全相同。另外，部分选项以 "--" 开头，这些选项通常是一个单词，还有少数命令的选项不需要 "-" 符号。

（3）参数是执行该命令所必需的对象，如文件、目录等。根据命令的不同，参数可以有一个，也可以有多个，甚至还可能没有。

在 Shell 中，一行中可以输入多条命令，用";"分隔。在一行命令后加"\"表示另起一行继续输入。使用 Tab 键可以自动补齐。

4.1.4　常用 Shell 命令

1. 目录的创建与删除命令

（1）mkdir 命令

格式：mkdir [选项] 目录

功能：创建目录。

常用选项说明如下。

-m：创建目录的同时设置目录的访问权限。

-p：一次性创建多级目录。

【例 4-1】　创建名为 test 的目录，并在其下创建 file 目录。

```
[root@localhost ~]# mkdir -p test/file
[root@localhost ~]# ls test
```

（2）rmdir 命令

格式：rmdir [选项] 目录

功能：从一个目录中删除一个或多个子目录项，要求目录在被删除之前必须为空。

常用选项说明如下。

-p：递归删除目录，当子目录被删除后其父目录为空时，也一同被删除。

【例 4-2】　删除 test 目录下的 file 目录，同时将 test 目录一并删除。

```
[root@localhost ~]# rmdir -p test/file
[root@localhost ~]# ls
```

这时，目录为空，表示原有目录被删除了。

2. 改变工作目录命令 cd

格式：cd [目录]

功能：将当前目录改为指定的目录。若没有指定目录，则返回到用户的主目录，也可以使用"cd.."返回到系统的上一级目录。该命令可以使用通配符。

【例 4-3】　将用户目录切换到/home。

```
[root@localhost ~]# cd /home
```

运行后屏幕上显示的提示符变为如下形式，表明目录已经切换成功。

```
[root@localhost home]#
```

3. 显示路径的命令 pwd

格式：pwd

功能：显示当前目录的绝对路径。

【例 4-4】　显示当前工作路径。

```
[root@localhost ~]# pwd
/root
```

表示当前的工作目录为 root 用户的主目录/root。

4．显示目录内容命令 ls

格式：ls [选项] [文件 | 目录]

功能：显示指定目录中的文件和子目录信息。当不指定目录时，显示当前目录下的文件和子目录信息。

常用选项说明如下。

-a：显示所有文件和子目录（包括隐藏文件和隐藏子目录）。RHEL 中的隐藏文件和隐藏子目录以"."开头。

-l：显示文件和子目录的详细信息，如文件类型、权限、所有者和所属组群、文件大小、最后修改时间、文件名等。

-d：如果参数是目录，则只显示目录的信息，而不显示其中所包含文件的信息。

-t：按照时间顺序显示。

-R：不仅显示指定目录下的文件和子目录信息，而且递归地显示各子目录中的文件和子目录信息。

【例 4-5】 查看当前目录下的文件和子目录信息。

```
[root@localhost ~]# ls
```

【例 4-6】 查看/etc 目录下的所有文件和子目录的详细信息。

```
[root@localhost ~]# ls -al /etc
```

5．显示文件内容命令

用户要查看一个文件的内容时，可以根据不同的显示要求选用以下的命令。

（1）cat 命令

格式：cat [选项] 文件名

功能：依次读取其后所指文件的内容并将内容输出到标准输出设备上。另外，该命令还能够用来连接两个或多个文件，形成新的文件。

【例 4-7】 创建文本文件 f1，显示文件的内容。

```
[root@localhost ~]# cat >f1
```

按 Ctrl + D 组合键，在当前目录下保存文件 f1，之后输入如下命令查看文件内容。

```
[root@localhost ~]# cat f1
```

（2）more 命令

格式：more [选项] 文件名

功能：分屏显示文件的内容。在查看文件过程中，因为有的文本过于庞大，文本在屏幕上迅速闪过，用户来不及看清其内容，而该命令可以一次显示一屏文本，显示满之后，停下来，并在终端底部打印出"---more---"。同时，系统还将显示出已显示文本占全部文本的百分比，若要继续显示，按 Enter 键或空格键即可，按 b 键可以向前翻页，按 q 键退出该命令。

常用选项说明如下。

-p：显示下一屏之前先清屏。

-s：将文件中连续的空白行压缩成一个空白行显示。

【例 4-8】 分屏显示/etc 目录下的 passwd 文件的内容。

```
[root@localhost ~]# more /etc/passwd
```

（3）less 命令

less 命令与 more 命令非常相似，也能分屏显示文本文件的内容，不同之处在于 more 命令可以查看二进制文件，而 less 命令只能查看 ASCII 码文件。输入 less 命令后，首先显示的是第一屏文本，并在屏幕的底部显示文件名。用户可使用上/下方向键、Enter 键、空格键、PageDown 键或 PageUp 键前后翻阅文本内容，使用 q 键可退出 less 命令。

（4）head 命令

格式：head [选项] 文件名

功能：显示文件的前几行内容。

常用选项说明如下。

-n：指定显示文件的前 n 行，如果没有给出 n 值，默认设置为 10。

【例 4-9】 显示/etc/passwd 文件的前两行内容。

```
[root@localhost ~]# head -2 /etc/passwd
```

屏幕显示：

```
root:x:0:0:root:/root:/bin/bash
bin:x:1:1:bin:/bin:/sbin/nologin
```

（5）tail 命令

格式：tail [选项] 文件名

功能：与 head 命令的功能相对应，如果想查看文件的尾部，用户可以使用 tail 命令。该命令用于将一个文件从指定位置到文件结束处的内容显示在标准输出上。

常用选项说明如下。

+n：从第 n 行以后开始显示。

-n：从距文件尾 n 行处开始显示。如果省略 n，系统默认值为 10。

【例 4-10】 显示/etc/passwd 文件的最后 4 行内容。

```
[root@localhost ~]# tail -4 /etc/passwd
```

6. 文件内容查询命令 grep

格式：grep [选项] [查找模式] [文件名 1,文件名 2,…]

功能：以指定的查找模式搜索文件，通知用户在什么文件中搜索到与指定模式匹配的字符串，并且打印出所有包含该字符串的文本行，该文本行的最前面是该行所在的文件名。

常用选项说明如下。

-c：只显示匹配行的数量。

-v：反向查找，只显示不匹配的行。

-i：比较时不区分大小写。

-h：在查找多个文件时，不显示文件名。

【例 4-11】 在文件/etc/passwd 中查找"root"字符串。

```
[root@localhost ~]# grep root/etc/passwd
```

【例 4-12】 搜索出当前目录下所有文件中含有"data"字符串的行。

```
[root@localhost ~]# grep data *
```

7. 文件查找命令 find

格式：find [选项] 文件名

功能：从指定的目录开始，递归搜索其各个子目录，查找满足查询条件的文件并对其采取相关操作。此命令提供了相当多的查找条件，功能非常强大。

常用选项说明如下。

-name '字符串'：查找文件名与所给字符串匹配的所有文件，字符串内可用通配符 "*" "？" "[ ]"。

-group '字符串'：查找属主用户组名为所给字符串的所有文件。

-user '字符串'：查找属主用户名为所给字符串的所有文件。

-type '字符串'：根据文件的类型进行查找，这里的类型包括普通文件（f）、目录文件（d）、块设备文件（b）、字符设备文件（c）等。其中，块设备指的是成块读取数据的设备（如硬盘、内存等），而字符设备指的是按单个字符读取数据的设备（如键盘、鼠标等）。

find 命令提供的查询条件可以是一个用以下选项（相当于逻辑运算符 not、and、or）组成的复合条件。

!：逻辑非，该运算符表示查找不满足所给条件的文件。

-a：逻辑与，它是系统默认的选项，表示只有当所有的条件都满足时，查询条件才满足。

-o：逻辑或，它表示只要所给的条件中有一个满足时，查询条件就满足。

【例 4-13】 在根目录下查找文件名为'temp'或是匹配'install*'的所有文件。

```
[root@localhost ~]# find / -name'temp' -o -name'install*'
```

【例 4-14】 在根目录下查找文件名不是'temp'的所有文件。

```
[root@localhost ~]# find / !-name'temp'
```

8. 文件内容统计命令 wc

格式：wc [选项] 文件名

功能：统计给定文件中的字节数、字数、行数。

常用选项说明如下。

-c：统计字节数。

-l：统计行数。

-w：统计字数。

【例 4-15】 统计文件 f1 的字节数、行数和字数。

```
[root@localhost ~]# wc -lwc f1
```

屏幕显示：

```
1 1 3 f1
```

表示 f1 文件的行数为 1、单词数为 1、字节数为 3。

9. 文件的复制、移动和删除命令

（1）cp 命令

格式：cp [选项] 源文件或源目录 目标文件或目标目录

功能：将给出的文件或目录复制到另一个文件或目录中。

常用选项说明如下。

-b：若存在同名文件，覆盖前备份原来的文件。

-f：强制覆盖同名文件。

-r 或 -R：按递归方式，保留原目录结构复制文件。

【例 4-16】　将 f1 文件复制为 f2，若 f2 文件已存在，则备份原来的 f2 文件。

```
[root@localhost ~]# cat >f2
[root@localhost ~]# cp-b f1 f2
cp: 是否覆盖 'f2'? y
[root@localhost ~]# ls
```

屏幕显示：

```
f1    f2    f2~
```

备份文件名是在原文件名基础上加上"～"构成的。

（2）mv 命令

格式：mv [选项] 源文件或源目录目标文件或目标目录

功能：移动或重命名文件/目录。

常用选项说明如下。

-b：若存在同名文件，覆盖前备份原来的文件。

-f：强制覆盖同名文件。

【例 4-17】　将当前工作目录下的 f1 文件移动到/root/test 目录下。

```
[root@localhost ~]# mkdir test
[root@localhost ~]# mv f1 test
[root@localhost ~]# ls test
```

屏幕显示：

```
f1
```

【例 4-18】　将 test 目录改名为 mytest。

```
[root@localhost ~]# mv test mytest
[root@localhost ~]# ls
```

屏幕显示：

```
mytest
```

（3）rm 命令

格式：rm [选项] 文件或目录

功能：删除文件或目录。

常用选项说明如下。

-f：强制删除，不出现确认信息。

-r 或-R：按递归方式删除目录，默认只删除文件。

【例 4-19】　删除当前目录下的 f2 文件。

```
[root@localhost ~]# rm -f f2
```

【例 4-20】　删除 mytest 目录，连同其下的子目录一起删除。

```
[root@localhost ~]# rm -r mytest
```

10. 查看手册页命令 man

格式：man 命令名

功能：显示指定命令的手册页帮助信息。

【例 4-21】　显示 mkdir 命令的帮助信息。

```
[root@localhost ~]# man mkdir
```

屏幕显示该命令在 Shell 手册页的第一屏信息，用户可以使用上/下方向键、PageDown 键、PageUp 键前后翻阅帮助信息，按 q 键退出该命令。

11. 清屏命令 clear

格式：clear

功能：清除当前终端屏幕的内容。

4.2 BASH 的应用

4.2.1 命令自动补齐

RHEL 的 BASH 提供了一个很方便的功能：自动补齐。当用户输入命令时，不需要输入完整的命令，只需要输入前几个字符，利用 Tab 键，系统能自动找出匹配的命令或文件等。

1. 自动补齐命令

用户在输入命令时，只需要输入命令的开头字母，然后连续按两次 Tab 键，系统会列出符合条件的所有命令以供参考。

BASH 的应用

【例 4-22】 自动补齐以"mk"开头的命令。

在命令提示符下输入字母"mk"，然后连续按两次 Tab 键，屏幕就会显示所有以"mk"开头的 Shell 命令，用户输入命令的剩余部分后就可以执行相关的命令。

2. 自动补齐文件名或目录名

假定当前工作目录中包含以下个人创建的文件和子目录：

```
f1   f2   mytest   test
```

如果要进入 test 子目录，只要输入：

```
[root@localhost ~]# cd t
```

在输入字母"t"后按 Tab 键，系统将帮助用户补齐命令并显示在屏幕上，相当于输入了"cd test"。在按 Enter 键之前命令并没有执行，系统会让用户检验补齐的命令是否是真正需要的。在输入像这样短的命令时也许看不出命令自动补齐的价值所在，甚至在命令很短时还会减慢输入速度，但是当要输入的命令较长时，命令自动补齐将会十分有用。

如果目录中以字母"t"开头的目录不止一个，系统将不知用户到底想进入哪个子目录，这时需要在原来的基础上按两次 Tab 键，就会将以字母"t"开头的目录全部显示出来。

4.2.2 命令历史记录

BASH 支持命令历史记录，这意味着 BASH 保留了一定数量的、先前在 BASH 中输入过的命令。这个数量取决于一个名为 histsize 的变量。

BASH 将输入的命令文本保存在一个历史记录列表中。当用户登录后，历史记录列表将根据一个历史文件进行初始化。历史文件的文件名由名为 histfile 的 BASH 变量指定，历史文件的默认名是.bash_history，这个文件通常在用户目录中（注意该文件的文件名以"."开头，这意味着它是隐含的，仅当用-a 或-A 参数的 ls 命令列出目录时才可见）。

BASH 提供了几种方法来调用命令历史记录，但使用历史记录列表最简单的方法是用上方向键。方法是按上方向键后，最后输入的命令将出现在命令行上，再按一下则倒数第二条命令会出现，依此类推。如果上翻多了，用户也可以用下方向键来下翻。

另一个使用命令历史记录的方法是用 Shell 的内部命令 history 来显示和编辑历史命令。history 命令有以下两种使用方法。

格式一：history [n]

功能：查看 Shell 命令的历史记录。参数 n 的作用是仅列出最后 n 个历史命令；当不使用命令参数时，整个历史记录的内容都将显示出来。

【例 4-23】　显示最近执行过的 3 个历史命令。

```
[root@localhost ~]# history 3
1  ls -a
2  cd /home/user01
3  mkdir test
```

在每一个执行过的 Shell 命令行前均有一个编号，代表其在历史记录列表中的序号。如果想执行其中某一条命令，我们可以采用 "!序号" 的格式。

【例 4-24】　执行序号为 1 的命令。

```
[root@localhost ~]# !1
ls -a
```

格式二：history [-r | -w | -a | -n] [文件名]

功能：修改命令历史记录列表文件的内容。

常用选项说明如下。

-r：读出命令历史记录列表文件的内容，并且将它们当作当前的命令历史记录列表。

-w：将当前的命令历史记录写入文件，并覆盖文件原来的内容。

-a：将当前的命令历史记录追加到文件尾部。

-n [文件名]：读取文件中的内容，并加入当前命令历史记录列表中。如果没有指定文件名，history 命令将用变量 histfile 的值来代替。

4.2.3　命令别名

命令别名通常是命令的缩写，用户经常使用的命令如果被设置为别名命令将极大提高工作效率。

格式：alias [别名='标准 Shell 命令行']

功能：查看和设置别名。

1. 查看别名

无参数的 alias 命令用于查看用户可使用的所有别名命令，以及其对应的标准 Shell 命令。

【例 4-25】　查看当前用户可使用的别名命令。

```
[root@localhost ~]# alias
```

屏幕显示：

```
alias cp='cp -i'
alias 1.='ls -d .* --color=tty'
alias ls='ls -color=tty'
alias vi='vim'
```

2. 设置别名

使用带参数的 alias 命令可设定用户的别名命令。在设置别名时，"="的两边不能有空格，并在标准 Shell 命令行的两端使用单引号。

【例 4-26】 设置别名命令 pd，其功能是打开/etc/passwd 文件。

```
[root@localhost ~]# alias pd='vim /etc/passwd'
[root@localhost ~]# pd
```

设置此别名命令后，只要输入 pd 命令就将启动 Vim 文本编辑器，并打开/etc/passwd 文件。不过，利用 alias 命令设定的用户别名命令，其有效期限仅持续到用户退出登录为止，因此，当用户下一次登录到系统时，该别名命令已经无效。如果希望别名命令在每次登录时都有效，就应该将 alias 命令写入用户主目录下的.bashrc 文件中。

4.2.4　通配符

Shell 命令中可以使用通配符来同时引用多个文件以方便操作。RHEL 系统中的通配符主要有"*""?"和"[ ]"3 种。

1. "*"通配符

"*"通配符可以匹配任意数量的字符。

【例 4-27】 显示当前目录下以"f"开头的所有文件。

```
[root@localhost ~]# ls f*
```

需要注意的是，"*"不能与"."开头的文件相匹配。例如"*"不能与任何以"."开头的文件匹配，必须表示为".*"才可以。

2. "?"通配符

"?"通配符的功能是在相应位置上匹配任意单个字符。

【例 4-28】 显示当前目录下以"f"开头的、文件名为两个字符的所有文件。

```
[root@localhost ~]# ls f?
```

3. "[]"通配符

"[ ]"通配符可以匹配括号中给出的字符或字符范围。"[ ]"中的字符范围可以是几个字符的列表，也可以使用"-"给定一个取值范围，还可以用"!"表示不在指定字符范围内的其他字符。

【例 4-29】 显示当前目录下以"a""m""f"开头的文件名为 3 个字符的所有文件。

```
[root@localhost ~]# ls [amf]??
```

【例 4-30】 显示当前目录下以"a""b""c"开头的所有文件。

```
[root@localhost ~]# ls [a-c]*
```

【例 4-31】 显示当前目录下不是以"f""h""i"开头的所有文件。

```
[root@localhost ~]# ls [!fhi]*
```

4.3　正则表达式、管道与重定向

4.3.1　正则表达式

正则表达式（Regular Expression）就是用一个"字符串"来描述一个特征，然后去验证另一个"字符串"是否符合这个特征。比如，表达式"ab+"描述的特征是"一个 'a' 和任意多个 'b'"，那么"ab""abb""abbbbbbbbbb"都符合这个特征。

表达式有以下作用。

（1）验证字符串是否符合指定特征。比如，验证是否是合法的邮件地址。

（2）用来查找字符串。这种从一个长文本中查找符合指定特征字符串的方法比查找固定字符串的方法更加灵活、方便。

（3）用来替换。这种替换比普通替换的功能更强大。

表达式学习起来其实是很简单的，少数几个较为抽象的概念也很容易理解。下面是几种正则表达式的规则。

1. 普通字符

字母、数字、汉字、下画线，以及后边章节中没有特殊定义的标点符号都是"普通字符"。表达式中的普通字符在匹配一个字符串的时候，匹配与之相同的一个字符。

【例 4-32】　表达式"c"，在匹配字符串"abcde"时，匹配结果是：成功；匹配到的内容是："c"；匹配到的位置是：开始于 2，结束于 3（注：下标从 0 开始还是从 1 开始，因当前编程语言的不同而可能不同）。

【例 4-33】　表达式"bcd"在匹配字符串"abcde"时，匹配结果是：成功；匹配到的内容是："bcd"；匹配到的位置是：开始于 1，结束于 4。

2. 简单的转义字符

一些不便书写的字符可以采用在前面加"\"的方法，如表 4-1 所示。

其他一些在后边章节中有特殊用处的标点符号在前面加"\"后，就代表该符号本身。比如："^""$"都有特殊意义，如果要想匹配字符串中的"^"和"$"字符，则表达式就需要写成 "\^" 和"\$"，如表 4-2 所示。

表 4-1　　　　　转义字符

表达式	可匹配
\r, \n	分别代表回车符和换行符
\t	代表制表符
\\	代表"\"本身

表 4-2　　　　　特殊符号转义字符

表达式	可匹配
\^	匹配"^"符号本身
\$	匹配"$"符号本身
\.	匹配小数点"."本身

这些转义字符的匹配方法与普通字符的匹配方法是类似的，也是匹配与之相同的一个字符。

【例 4-34】　表达式"\$d"，在匹配字符串"abc$de" 时，匹配结果是：成功；匹配到的内容是："$d"；匹配到的位置是：开始于 3，结束于 5。

3. 能够与"多种字符"匹配的表达式

正则表达式中的一些表示方法可以匹配"多种字符"中的任意一个字符。比如，表达式"\d" 可以匹配任意一个数字，它虽然可以匹配其中任意字符，但只能是匹配一个，而不是多个。这就好比玩扑克时，大小王可以代替任意一张牌，但是只代替一张牌。能够与"多种字符"匹配的表达式如表 4-3 所示。

表 4-3　　　　　　　　　　能够与"多种字符"匹配的表达式

表达式	可匹配
\d	代表任意一个数字，0～9 中的任意一个
\w	代表任意一个字母、数字或下画线，也就是 A～Z、a～z、0～9、_中的任意一个
\s	代表空格、制表符、换页符等空白字符中的任意一个

【例 4-35】 表达式"\d\d"在匹配"abc123"时，匹配的结果是：成功；匹配到的内容是："12"；匹配到的位置是：开始于 3，结束于 5。

【例 4-36】 表达式"a.\d"在匹配"aaa100"时，匹配的结果是：成功；匹配到的内容是："aa1"；匹配到的位置是：开始于 1，结束于 4。

4. 自定义能够匹配"多种字符"的表达式

使用方括号"[ ]"包含一系列字符，能够匹配其中任意一个字符。用"[^]"包含一系列字符，则能够匹配其中字符之外的任意一个字符。同样的道理，虽然可以匹配其中任意一个，但是只能是一个，不是多个。自定义能够匹配"多种字符"的表达式如表 4-4 所示。

表 4-4　　　　　　　　　自定义能够匹配"多种字符"的表达式

表达式	可匹配
[ab5@]	匹配 "a" 或 "b" 或 "5" 或 "@"
[^abc]	匹配 "a" "b" "c" 之外的任意一个字符
[f-k]	匹配 "f"～"k" 之间的任意一个字母
[^A-F 0-3]	匹配 "A"～"F"和"0"～"3" 之外的任意一个字符

【例 4-37】 表达式"[bcd][bcd]"在匹配"abc123"时，匹配的结果是：成功；匹配到的内容是："bc"；匹配到的位置是：开始于 1，结束于 3。

【例 4-38】 表达式"[^abc]"在匹配"abc123"时，匹配的结果是：成功；匹配到的内容是："1"；匹配到的位置是：开始于 3，结束于 4。

5. 修饰匹配次数的特殊符号

前面章节中讲到的表达式，无论是只能匹配一种字符的表达式还是可以匹配多种字符中任意一个的表达式，都只能匹配一次。如果使用表达式再加上修饰匹配次数的特殊符号（见表 4-5），那么不用重复书写表达式就可以重复匹配。

表 4-5　　　　　　　　　修饰匹配次数的特殊符号

表达式	作用
{n}	表达式重复 n 次，比如："\w{2}" 相当于 "\w\w"；"a{5}" 相当于 "aaaaa"
{m,n}	表达式至少重复 m 次，最多重复 n 次，比如："ba{1,3}"可以匹配 "ba" "baa" "baaa"
{m,}	表达式至少重复 m 次，比如："\w\d{2,}"可以匹配 "a12" "_456" "M12344"
?	匹配表达式 0 次或者 1 次，相当于{0,1}，比如："a[cd]?"可以匹配 "a" "ac" "ad"
+	表达式至少出现 1 次，相当于{1,}，比如："a+b"可以匹配 "ab" "aab" "aaab"
*	表达式不出现或出现任意次，相当于{0,}，比如："\^*b"可以匹配 "b" "^^^b"

使用方法："次数修饰"放在"被修饰的表达式"后边。比如："[bcd][bcd]" 可以写成 "[bcd]{2}"。

【例 4-39】 表达式"\d+\.?\d*"在匹配"It costs $12.5"时，匹配的结果是：成功；匹配到的内容是："12.5"；匹配到的位置是：开始于 10，结束于 14。

【例 4-40】 表达式"go{2,8}gle"在匹配"Ads by goooooogle"时，匹配的结果是：成功；匹配

到的内容是："goooooogle"；匹配到的位置是：开始于 7，结束于 17。

6. 其他一些代表抽象意义的特殊符号

一些符号在表达式中代表抽象的特殊意义，如表 4-6 所示。

表 4-6　　　　　　　　　　　　其他一些代表抽象意义的特殊符号

表达式	作用
^	与字符串开始的地方匹配，不匹配任何字符
$	与字符串结束的地方匹配，不匹配任何字符
\b	匹配一个单词边界，也就是单词和空格之间的位置，不匹配任何字符

【例 4-41】　表达式"^aaa"在匹配"xxx aaa xxx"时，匹配结果是：失败。由于"^"要求与字符串开始的地方匹配，因此，只有当"aaa"位于字符串的开头的时候，"^aaa"才能匹配，比如："aaa xxx xxx"。

【例 4-42】　表达式"aaa$"在匹配"xxx aaa xxx"时，匹配结果是：失败。由于"$"要求与字符串结束的地方匹配，因此，只有当"aaa"位于字符串的结尾的时候，"aaa$"才能匹配，比如："xxx xxx aaa"。

【例 4-43】　表达式".\b."在匹配"@@@abc"时，匹配结果是：成功；匹配到的内容是："@a"；匹配到的位置是：开始于 2，结束于 4。

进一步说明："\b"与"^"和"$"类似，本身不匹配任何字符，但是"\b"要求它在匹配结果中所处位置的左右两边，一边是"\w"范围，另一边是非"\w"的范围。

【例 4-44】　表达式"\bend\b"在匹配"weekend, endfor, end"时，匹配结果是：成功；匹配到的内容是："end"；匹配到的位置是：开始于 15，结束于 18。

一些符号可以影响表达式内部子表达式之间的关系，如表 4-7 所示。

表 4-7　　　　　　　　　　　影响表达式内部子表达式之间关系的符号

表达式	作用
|	其左、右两边表达式之间为"或"关系，匹配左边或者右边均成立
()	（1）在被修饰匹配次数的时候，括号中的表达式可以作为整体被修饰 （2）在取匹配结果的时候，括号中的表达式匹配到的内容可以被单独得到

【例 4-45】　表达式"Tom\|Jack"在匹配字符串"I'm Tom, he is Jack"时，匹配结果是：成功；匹配到的内容是："Tom"；匹配到的位置是：开始于 4，结束于 7。匹配下一个时，匹配结果是：成功；匹配到的内容是："Jack"；匹配到的位置时：开始于 15，结束于 19。

【例 4-46】　表达式"(go\s*)+"在匹配"Let's go go go!"时，匹配结果是：成功；匹配到的内容是："go go go"；匹配到的位置是：开始于 6，结束于 14。

【例 4-47】　表达式"￥(\d+\.?\d*)"在匹配"$10.9，￥20.5"时，匹配的结果是：成功；匹配到的内容是："￥20.5"；匹配到的位置是：开始于 6，结束于 10。单独获取括号范围匹配的内容是："20.5"。

4.3.2　管道与重定向

RHEL 系统中标准的输入设备为键盘，输出设备为屏幕，但在某些情况下，希望能从键盘以外的其他设备读取数据，或者将数据传送到屏幕外的其他设备，这种情况称为重定向。Shell 中输入/输出重定向主要依靠重定向符号来实现，通常重定向到一个文件。

1. 输入重定向

输入重定向用于改变一个命令的输入源，这个输入源通常指文件，用 "<" 符号实现。

【例 4-48】 利用 wc 命令统计当前目录中 f1 文件的相关信息。

```
[root@localhost ~]# wc <f1
```

该命令中将 f1 文件的信息作为 wc 命令的输入，从而实现文件信息的统计。

输入重定向并不经常使用,因为大多数命令以参数的形式在命令行上指定输入文件的文件名。尽管如此，当使用一个不能接受的文件名为输入参数的命令，但需要的输入又是在一个已存在的文件里时，用户就可以用输入重定向解决问题。

2. 输出重定向

输出重定向比输入重定向更常用。输出重定向是将一个命令的输出重定向到一个文件中，而不是显示在屏幕上。

在很多情况下都可以使用这种功能。例如，某个命令的输出很多，在屏幕上不能完全显示，用户可以将其重定向到一个文件中，命令执行完后再用文本编辑器打开这个文件。当想保存一个命令的输出时也可以使用这种方法，输出重定向甚至可以将一个命令的输出当作另一个命令的输入。

输出重定向的使用方法与输入重定向很相似，但是输出重定向的符号是 ">"。需要注意的是，如果输出重定向的目标是一个文件，则每次使用重定向时应首先清除该文件的内容。如果想保留该文件的原内容，将新的重定向信息追加在一个文件的尾部，则使用 ">>" 作为输出重定向符号。

【例 4-49】 将当前目录中的所有文件夹和文件信息保存到 info 文件中。

```
[root@localhost ~]# ls -a >info
[root@localhost ~]# cat info
```

ls -a 命令是在屏幕上显示当前目录中的所有文件夹和文件信息，但由于使用了输出重定向，这些内容将直接输出到文件 info 中，屏幕上不显示任何信息；通过 cat info 命令可以查看 info 文件中的信息。

重定向符号 ">" 或 ">>" 与 cat 命令结合使用还可以实现如下功能。

（1）创建文本文件

格式：cat >文件名

功能：创建一个新的文本文件。输入此命令后，用户可以直接从屏幕输入文本内容，按 Ctrl+D 组合键结束文本输入。

（2）合并文本文件

格式：cat 文件列表 >文件名

功能：将文件列表中的所有文件内容合并到指定的新文件中。

【例 4-50】 在当前目录下创建文件 file1 和 file2，并将两个文件合并为新文件 newfile。

```
[root@localhost ~]# cat >file1
this is file1.
```

按 Ctrl+D 组合键结束文本输入。

```
[root@localhost ~]# cat >file2
this is file2.
```

按 Ctrl＋D 组合键结束文本输入。

```
[root@localhost ~]# cat file1 file2 >newfile
[root@localhost ~]# cat newfile
this is file1.
this is file2.
```

（3）向文本文件追加信息

格式：cat＞＞文件名

功能：向已有文件中追加文本信息。

【例 4-51】　向文件 newfile 中添加内容。

```
[root@localhost ~]# cat >>newfile
append to newfile
[root@localhost ~]# cat newfile
```

3．错误信息重定向

程序的输出设备分为标准输出设备和错误信息输出设备，当程序输出错误信息时使用的设备是错误信息输出设备。前面介绍的输出重定向方法只能重定向程序的标准输出，错误信息的重定向使用下面方法。

"2>"：程序的执行结果显示在屏幕上，而错误信息会被重定向到指定文件。

【例 4-52】　查看/test 目录中的文件夹和文件信息，当/test 目录不存在时，系统会将错误信息保存在 error 文件中。

```
[root@localhost ~]# ls /test 2>error
[root@localhost ~]# cat error
```

ls /test：执行该命令后，发现没有这个文件或目录。

4．管道

用户可以将第 1 个命令的输出通过管道传给第 2 个命令以作为第 2 个命令的输入，再将第 2 个命令的输出通过管道传给第 3 个命令以作为第 3 个命令的输入，依此类推，最后一个命令的输出才会显示在屏幕上。管道所使用的符号是"｜"。

【例 4-53】　假设当前目录下有文件 f1，且其内容为"this is file f1"，统计文件中含有"file"单词的行数。

```
[root@localhost ~]# cat f1|grep "file"|wc -l
```

cat f1 命令将文件 f1 的内容传给 grep 命令，grep 命令在 f1 中查找单词"file"，其输出为所有包含单词"file"的行，带-l 选项的 wc 命令将统计输入的行数，最后将结果显示在屏幕上，总共一行。

4.4　文本编辑器 Vim

4.4.1　Vim 简介

RHEL 中的文本编辑器有很多，比如图形模式的 Gedit、KWrite、OpenOffice 等，文本模式的 Vi、Vim 等。Vi 和 Vim 在 RHEL 中是最常用的编辑器，Vim 虽然没有图形界面编辑器那样支持鼠标，但 Vim 编辑器在系统管理、服务器管理方

文本编辑器 Vim

面的功能远比图形界面的编辑器强大。

Vim（Visual Interface Improved）是 RHEL 系统上的全屏幕交互式文本编辑器。它可以执行输出、删除、查找、替换、块操作等众多文本操作，而且用户可以根据自己的需要对其进行定制。Vim 不是一款排版软件，它不像 Microsoft Word 或 WPS 那样可以对字体、格式、段落等进行编排，它只是一款文本编辑软件。

Vim 没有菜单，只有较多的命令，且其命令简短、使用方便。Vim 是 RHEL 系统中最常用的编辑器，本节将介绍 Vim 编辑器的使用和其常用的命令。

4.4.2　Vim 的 3 种模式

Vim 有 3 种基本工作模式，分别是命令模式（Command Mode）、插入模式（Insert Mode）和末行模式（Last Line Mode）。

1. 命令模式

在系统提示符下输入 vim 和想要编辑的文件名后便可进入 Vim。进入 Vim 之后，默认处于命令模式下，如图 4-1 所示。在该模式下，用户可以输入各种 Vim 命令来管理自己的文件，例如控制屏幕光标的移动、字符/字/行的删除、移动/复制某区段等，此时从键盘上输入的任何字符都被看作编辑命令来解释。若输入的字符是合法的 Vim 命令，则 Vim 在接受用户命令之后完成相应的操作。若输入的字符不是 Vim 的合法命令，Vim 会响铃报警。但需注意的是，所输入的命令并不在屏幕上显示出来。不管当前处于何种模式，用户只要按 Esc 键，即可进入 Vim 命令模式。

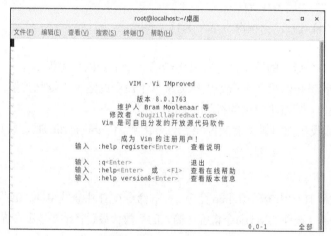

图 4-1　Vim 命令模式界面

2. 插入模式

在命令模式下，按 i、o、a 或 Insert 键可以切换到插入模式。插入模式下屏幕的底端会提示 "--插入 --" 字样，如图 4-2 所示。只有在插入模式下，用户才可以进行文字和数据的输入。按 Esc 键可返回到命令模式。

3. 末行模式

在命令模式下，用户按 ":" 键即可进入末行模式，此时 Vim 会在显示窗口的最后一行（通常也是屏幕的最后一行）显示一个 ":" 作为末行模式的提示符，等待用户输入命令，如图 4-3 所示。大多数文件管理命令都是在此模式下执行的，如保存文档、退出 Vim、设置编辑环境、查找字符串、列出行号、把编辑缓冲区的内容写到文件中等。末行命令执行完后，Vim 自动返回到命令模式，也可按 Esc 键返回到命令模式。

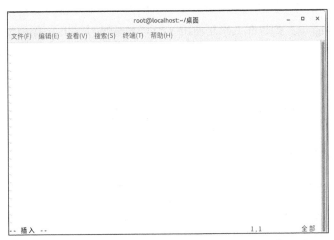

图 4-2　Vim 插入模式界面

图 4-4 中列出了 Vim 这 3 种工作模式的转换过程。但一般在使用时把 Vim 简化成两个模式，即命令模式和插入模式，就是将末行模式也当作命令模式。

图 4-3　Vim 末行模式界面

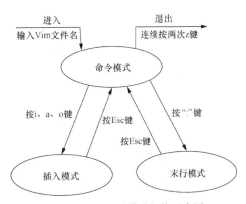

图 4-4　Vim 3 种模式切换示意图

4.4.3　Vim 的进入与退出

1. 进入 Vim

输入 vim 命令后，便进入全屏幕编辑环境，此时的工作模式为命令模式。进入 Vim 有以下 7 种命令方式。

（1）vim：进入 Vim 的一个临时缓冲区，鼠标光标定位在该缓冲区第 1 行第 1 列的位置上。

（2）vim file1：如果 file1 文件不存在，将建立此文件；如果该文件存在，则将其复制到一个临时缓冲区，鼠标光标定位在该缓冲区第 1 行第 1 列的位置上。

（3）vim + file1：如果 file1 文件不存在，将建立此文件；如果该文件存在，则将其复制到一个临时缓冲区，鼠标光标定位在文件最后 1 行第 1 列的位置上。

（4）vim + #file1（#为数字）：如果 file1 文件不存在，将建立此文件；如果该文件存在，则将其复制到一个临时缓冲区，鼠标光标定位在文件第#行第 1 列的位置上。

（5）vim＋/string file：如果 file1 文件不存在，将建立此文件；如果该文件存在，则将其复制到一个临时缓冲区，鼠标光标定位在文件中第一次出现字符串 string 的行首位置上。

（6）vim－r filename：如果在上次正使用 Vim 进行编辑时发生系统崩溃，则可以用该命令恢复 filename 文件。

（7）vim filename1 filename2…filename *n*：打开多个文件，依次进行编辑。

2．退出 Vim

在退出 Vim 前，先按 Esc 键，以确保当前 Vim 的工作模式为命令模式，然后输入下列命令，退出 Vim。

（1）:w：保存命令。将编辑缓冲区的内容写入文件，原始文件被新的内容替代。这时并没有退出 Vim。

（2）:q：退出 Vim。若文件被修改过，则退出 Vim 时会被要求确认是否放弃修改内容。

（3）:wq：存盘退出，即将上面的两步操作合成一步来完成，先执行 w 后执行 q。

（4）:w filename：指定文件另存为 filename。

（5）:x 和 ZZ：功能与:wq 等价，注意，ZZ 前面没有 ":"，且要大写。

（6）:q!或:quit：放弃刚才编辑的内容，强行退出 Vim。

4.4.4　Vim 的基本操作命令

1．移动光标命令

移动光标是在使用 Vim 全屏幕文本编辑器时用得较多的操作。在插入模式下，用户可以使用键盘上的 4 个方向键来控制光标移动；在命令模式下，Vim 提供了许多移动光标的命令，用户熟练掌握这些命令可以极大提高编辑效率。常用的光标移动命令如下。

h：将光标左移一个字符。

l：将光标右移一个字符。

j：将光标移到下一行当前列。

k：将光标移到上一行当前列。

2．添加文本命令

如果要对文档正文添加文本数据等内容，只能在插入模式下进行。从命令模式切换到插入模式的常用命令如下。

i：在光标当前位置插入文本。

a：在光标当前位置前面开始添加文本。

I：在光标所在行的行首插入文本。

A：在光标所在行的行末添加文本。

o：在光标所在行的下面插入一个空行。

O：在光标所在行的上面插入一个空行。

3．删除文本命令

利用 Vim 提供的删除命令，用户可以删除一个或多个字符，还可以删除一个字或一行的部分或全部内容。常用的删除命令如下。

s：删除光标后的一个字符，然后进入插入模式。

S：删除光标所在的行，然后进入插入模式。

x：删除光标所在位置的字符。

X：删除光标前的一个字符。

#x：删除#个字符，#表示数字。例如，4x 表示删除从当前光标开始的 4 个字符。

d$：删除从当前光标位置至行尾的内容。

do：删除从当前光标位置至行首的内容。

dd：删除光标所在的当前一行。

#dd：删除#行。例如，4dd 表示删除光标所在行，以及光标下面的 3 行。

dw：删除一个字。

#dw：删除#个单词。例如，3dw 表示删除包含光标所在单词的 3 个连续单词，不包含空格。

Ctrl＋u：删除插入模式下所输入的文本。

J：清除光标所处的行与上一行之间的空格，把光标行和上一行接在一起。

4．文本替换命令

替换文本是用新输入的内容替换原文档中的内容。在命令模式下和末行模式下都可以执行文本替换操作。

在命令模式下的 Vim 中，替换的命令又可以分为取代命令、替换命令和字替换命令。

（1）取代命令

r：用即将输入的一个字符代替当前光标处的字符。

#r：用即将输入的字符取代从当前光标处开始的#个字符。例如，3rS 是将当前光标处的字符及其后的两个字符都取代为"S"。

（2）替换命令

s：用即将输入的文本替换当前光标处的字符。如果只输入一个新字符，s 命令与 r 命令功能类似，但 r 命令仅完成替换，s 命令在完成替换的同时，工作模式从命令模式转为插入模式。

#s：用即将输入的文本替换从光标所在字符开始的#个字符。例如，3sA 命令将从当前光标开始的 3 个字符替换为一个字符"A"。

（3）字替换命令

cw：替换当前光标所在的字。例如在命令模式下输入 cw，接着输入 hello，则原先光标处的字被"hello"替换掉。该命令等同于 ce 命令。

使用末行模式下的替换命令时，要先输入 "："，确保切换到末行模式。末行模式下的替换命令格式为：

```
[range]s/pattern/string/[选项]
```

其中，range 用于指定文本中需要替换的范围，缺省代表当前全部文本。例如，[3,6]表示对 3～6 行的内容进行替换；[3,$]表示对第 3 行到最后一行的内容进行替换。pattern 指定需要被替换的内容，可以是正则表达式。string 用来替换 pattern 的字符串。

常用选项说明如下。

c：每次替换前都要进行询问，要求用户确认。

e：不显示错误。

g：对指定范围内的字符完成替换，替换时不进行询问。

i：替换时不区分大小写。

示例如下所示。

:s/a/b：将当前行中所有 a 均用 b 替换。

:12,23s/a/b/c：将第 12～23 行中所有 a 均用 b 替换，替换前要求用户确认。

:s/a/b/g：将文件中所有 a 均用 b 替换。

5. 复制和粘贴命令

复制和粘贴是文本编辑中常用的操作。在 Vim 中为用户提供了缓冲区，当用户执行复制命令时，所选择的文本会被存入缓冲区中；当下一个复制命令被执行后，缓冲区的内容被刷新。

使用粘贴命令可以将缓冲区的内容添加到文档中的光标所在处。常用的复制和粘贴命令如下。

yw：将当前字的光标所在处到字尾的内容复制到缓冲区。

#yw：复制从当前字开始的#个字到缓冲区。

yy：复制光标所在行到缓冲区。

#yy：复制包含光标所在行的#行数据到缓冲区。例如，3yy 表示将光标所在的该行及下面的两行文字复制到缓冲区。

p：将缓冲区的内容粘贴到当前光标右侧，如果缓冲区内容为一行，则复制到光标下面一行。

P：将缓冲区的内容粘贴到当前光标左侧，如果缓冲区内容为一行，则复制到光标上面一行。

所有与"y"有关的复制命令都需要与"p"或"P"命令组合使用才能完成复制与粘贴功能。

6. 查找和替换命令

如同 Windows 提供的"查找"及"替换"命令菜单一样，Vim 也提供了查找和替换命令。查找是在末行模式下进行的，用户首先输入"/"或"？"，就会切换到末行模式，在文本编辑框的最下面显示"/"或"？"，在其后输入要查找的字符模式即可。利用查找命令可以实现向前或向后搜索指定关键字的功能，并且可以按原搜索方向或反方向继续查找。下面对这些命令进行介绍。

/pattern：光标开始处向文件尾搜索 pattern，若遇到文件尾，则从头再开始。

?pattern：从光标开始处向文件首搜索 pattern，若遇到文件首，则从文件尾再开始。

/pattern/+#：将光标停在包含 pattern 的行后面第#行上。

/pattern/-#：将光标停在包含 pattern 的行前面第#行上。

n：按原搜索方向重复上一次搜索命令。

N：在相反方向重复上一次搜索命令。

7. 重复命令

重复命令也是一个经常用到的命令。在文本编辑中经常会需要重复一些操作，这时就需要用到重复命令，它可以让用户方便地再执行一次前面的命令。重复命令只能在 Vim 的命令模式下使用，在该模式下按"."键即可。执行一个重复命令时，其操作结果是针对光标当前位置进行的。

8. 取消命令

取消命令用于取消前一次的误操作，使操作恢复到这种误操作被执行之前的状态。

取消上一个命令有两种形式，在命令模式下输入字符 u 和 U，它们的功能都是取消刚才输入的命令，恢复到原来的状态。大写 U 命令的功能是恢复到误操作命令前的状态，即如果插入命令后使用 U 命令，就删除刚刚插入的内容；如果删除命令后使用 U 命令，就相当于在光标处又插入刚刚删除的内容。

4.4.5 Vim 的高级命令

1. 多文件编辑命令

如果要对多文件进行编辑，一种方法是进入 Vim 时，在 Vim 命令后输入多个文件名，另一种方法是进入 Vim 后，使用命令打开多个文档。下面列出了对多文件进行编辑及在当前文件和另外一个文件间切换的命令。

:n：编辑下一个文件。

:2n：编辑下两个文件。

:N：编辑前一个文件。

:ls：列出目前 Vim 中打开的所有文件。

:f：显示当前正在编辑文件的文件名、是否被修改过，以及光标目前的位置。该命令等同于按 Ctrl + G 组合键。

:e filename：在 Vim 中打开当前目录下的另一个文件 filename。

:e!：重新装入当前文件，若当前文件有改动，则放弃以前的改动。

:e#：编辑前一个文件（此处#是一个字符）。该命令等同于:N 命令或按 Ctrl+^组合键。

:e + filename：使用 filename 激活 Vim，并从文件尾部开始编辑。

:e + number filename：使用 filename 激活 Vim，并在第 number 行开始编辑。

:r filename：读取 filename 文件，并将其内容添加到当前文件后。

:r ! command：执行 command 文件，并将其输出加到当前文件后。

:f filename：将当前文件重命名为 filename。

2. 在 Vim 中运行 Shell 命令

在使用 Vim 的过程中，用户可以在不退出 Vim 的同时执行其他 Shell 命令，这时需要在末行模式下操作。

:sh：启动 Shell，从 sh 中返回可按 Exit 键或 Ctrl + D 组合键。

:! command：执行命令 command。

: !! ：重新执行上次的:! command 命令。

在:! command 命令中，用户可以用"%"引用当前文件名，用"#"引用上一个编辑的文件，用"!"引用最近运行的一次命令。

3. 块标记命令

在命令模式下，用户可以标记文本的某个区域，再使用 d、y、p 等命令对标记的内容进行删除、复制或粘贴等操作。常用标记命令如下。

按下 v 键后移动光标，光标所经过的地方就会被标记，再按一次 v 键，结束标记。

按下 V 键后标记整行，移动上、下方向键可标记多行，再按一次 V 键，结束标记。

Ctrl + V 组合键作为块标记命令，可纵向标记矩形区域，再按一次 Ctrl + V 组合键结束块标记。

4. Vim 环境设置命令

这里的 Vim 环境是指 Vim 运行时的运行方式。在末行模式下，用户可以通过 set 命令进行 Vim 环境设置。set 后面加选项名来进行该功能选项的设置，如果选项名前输入"no"，则表示关闭该选项。

常用的 Vim 环境设置命令如下。

:set all：列出所有选项设置的情况。

:set number：在编辑文件时显示每行的行号。该命令等同于 set nu 命令。

:set nonumber：不显示文件的行号。

4.5 Shell 编程

4.5.1 Shell 脚本

Shell 脚本（Shell Script）是一种为 Shell 编写的脚本程序。业界所说的 Shell 通常都是指 Shell 脚本，但需要注意区分，Shell 和 Shell Script 是两个不同的概念。

Shell 编程

由于习惯的原因，简洁起见，本节出现的 "Shell 编程" 都是指 Shell 脚本编程，不是指开发 Shell 自身。

Shell 脚本和编程语言很相似，也有变量和流程控制语句，但 Shell 脚本是解释执行的，不需要编译；Shell 程序从脚本中一行一行读取并执行这些命令，相当于一个用户把脚本中的命令一行一行敲到 Shell 提示符下执行。

Shell 初学者请注意，在平常应用中，建议不要用 root 账号运行 Shell。作为普通用户，不管是有意还是无意，都无法破坏系统；但如果是 root 用户，那就不同了，只要敲几个字母，就可能导致灾难性后果。

1. Shell 与编译型语言的差异

大体上，我们可以将程序设计语言可以分为两类：编译型语言和解释型语言。

（1）编译型语言

很多传统的程序设计语言，例如 FORTRAN、Ada、Pascal、C、C++和 Java，都是编译型语言。这类语言需要预先将写好的源代码（Source Code）转换成目标代码（Object Code），这个过程被称作 "编译"。

运行程序时，直接读取目标代码。由于编译后的目标代码非常接近计算机底层，因此执行效率很高，这是编译型语言的优点。

但是，由于编译型语言多半运作于底层，所处理的是字节、整数、浮点数或其他机器层级的对象，因此往往利用它实现一个简单的功能需要大量复杂的代码。例如，在 C++中，就很难进行 "将一个目录中所有的文件复制到另一个目录中" 之类的简单操作。

（2）解释型语言

解释型语言也被称作 "脚本语言"。执行这类程序时，解释器（Interpreter）需要读取我们编写的源代码（Source Code），并将其转换成目标代码（Object Code），再由计算机运行。因为每次执行程序都多了编译的过程，所以效率有所下降。

使用脚本编程语言的好处是，它们多半运行在比编译型语言还高的层级，能够轻易处理文件与目录之类的对象；缺点是它们的效率通常不如编译型语言。不过权衡之下，通常使用脚本编程还是值得的：花一个小时写成的简单脚本，同样的功能用 C 或 C++来编写实现，可能需要两天，而且一般来说，脚本执行的速度已经够快了，快到足以让人忽略它性能上的问题。脚本编程语言有 AWK、Perl、Python、Ruby 与 Shell。

2. Shell 应用场景

Shell 似乎是各 UNIX 系统之间通用的功能，并且经过了 POSIX 的标准化，因此，Shell 脚本只要被 "用心" 写一次，即可应用到很多系统上。Shell 脚本的特点如下。

（1）简单性。Shell 是一个高级语言；通过它，用户可以简洁地描述复杂的操作。

（2）可移植性。使用 POSIX 所定义的功能，无须修改脚本就可在不同的系统上执行。

（3）开发容易。用户可以在短时间内完成一个功能强大又好用的脚本。

但是，考虑到 Shell 脚本的命令限制和效率问题，下列情况一般不使用 Shell。

（1）资源密集型的任务，尤其在需要考虑效率时（比如排序、hash 等）。

（2）需要处理大任务的数学操作，尤其是浮点运算、精确运算，或者复杂的算术运算（这种情况一般使用 C++或 FORTRAN 来处理）。

（3）有跨平台（操作系统）移植需求（一般使用 C 或 Java）。

（4）复杂的应用，在必须使用结构化编程的时候（需要变量的类型检查、函数原型等）。

（5）影响系统全局性的关键任务应用。

（6）对于安全有很高要求的任务，比如需要一个健壮的系统来防止入侵、破解、恶意破坏等。

（7）项目由连串的依赖的各个部分组成。

（8）需要大规模的文件操作。

（9）需要多维数组的支持。

（10）需要数据结构的支持，比如链表或数组等数据结构。

（11）需要产生或操作图形化界面 GUI。

（12）需要直接操作系统硬件。

（13）需要 I/O 或 Socket 接口。

（14）需要使用库或者遗留下来的老代码接口。

（15）需要私人的、闭源的应用（但 Shell 脚本把代码就放在文本文件中，"全世界"都能看到）。

如果用户的应用符合上边的任意一条，那么就考虑一下更强大的语言吧，比如 Perl、Tcl、Python、Ruby，或更高层次的编译语言，比如 C/C++、Java。

3. 第一个 Shell 脚本

打开文本编辑器，新建一个文件，扩展名为.sh（.sh 代表 shell），扩展名并不影响脚本执行。如果用 Python 写 Shell 脚本，扩展名可以使用.py。

输入代码内容：

```
#! /bin/bash
echo' "hello, world! !'"
```

"#!" 是一个约定的标记，它告诉系统这个脚本需要什么解释器来执行，即使用哪一种 Shell。echo 命令用于向窗口输出文本。

4. 运行 Shell 脚本

运行 Shell 脚本有以下两种方法。

（1）作为可执行程序

将上面的代码保存为 test.sh，并进入到相应目录：

```
[root@localhost ~]# chmod +x ./test.sh  #使脚本具有执行权限
[root@localhost ~]# ./test.sh  #执行脚本
```

注意，一定要写成./test.sh，而不是 test.sh。运行其他二进制的程序也一样，直接写 test.sh，Linux 系统会去 PATH 里寻找有没有叫 test.sh 的，却发现只有/bin、/sbin、/usr/bin、/usr/sbin 等在 PATH 里，当前目录不在 PATH 里，写成 test.sh 是会找不到命令的；此时要用./test.sh 告诉系统，就在当前目录找。

通过这种方式运行 BASH 脚本，第一行一定要写对，好让系统查找到正确的解释器。这里的"系统"，其实就是 Shell 这个应用程序。既然这个系统就是指 Shell，使用/bin/sh 作为解释器的脚本可以省去第一行。

（2）作为解释器参数

这种运行方式指直接运行解释器，其参数就是 Shell 脚本的文件名，如：

```
[root@localhost ~]# /bin/sh test.sh
```

或者

```
[root@localhost ~]# /bin/php test.php
```

以这种方式运行的脚本，不需要在第一行指定解释器信息，写了也没用。

4.5.2　Shell 脚本案例

1. 应用案例 1

如果/boot 分区的空间使用超过 80%，输出报警信息。

```
#!/bin/bash
RATE=`df -hT | grep "/boot" | awk '{print $6}' | cut -d "%" -f1 `
if [ $RATE -gt 80 ]
then
    echo "Warning,DISK is full!"
fi
```

2. 应用案例 2

批量添加 20 个系统用户账号，用户名依次为 stu1、stu2、……、stu20。

```
#!/bin/bash
i=1
while [ $i -le 20 ]
do
    useradd stu$i
    echo "123456" | passwd --stdin stu$i &> /dev/null
    let i++
done
```

3. 应用案例 3

九九乘法表的输出显示。

```
#!/bin/bash

for (( i = 1; i <=9; i++ ))do
    for (( j=1; j <= i; j++ ))do
    let "temp = i * j"
    echo -n "$i*$j=$temp  "
    done
printf "\n"
done
```

第二部分
Linux 的系统管理

第5章
用户和组管理

由于 Linux 支持多用户使用，当多个用户登录使用同一个 Linux 系统时，需要对各个用户进行管理，以保证用户文件的安全存取。

本章主要介绍如何对 Linux 中的用户和用户组进行管理及文件权限管理，如用户和组的重要配置文件、使用命令行方式管理用户和用户组、使用命令行进行文件权限管理、ACL 文件访问权限管理和特殊标识位文件管理。

5.1　什么是用户

在 RHEL 系统中，每个用户都拥有唯一的标识符，称为用户 ID（UID）。RHEL 系统中的用户至少属于一个组，称为用户分组。用户分组是由系统管理员建立的，一个用户分组内包含若干个用户，一个用户也可以归属于不同的分组。用户分组也有唯一的标识符，称为分组 ID（GID）。对某个文件的访问都是以文件的用户 ID 和分组 ID 为基础的。同时根据用户和分组信息可以控制如何授权用户访问系统，以及允许访问后用户可以进行的操作权限。

用户和组管理

用户的权限可以被定义为普通用户或超级用户（root 用户）。普通用户只能访问自己的文件和其他有权限访问的文件，而 root 用户权限最大，可以访问系统的全部文件并执行任何操作。一般系统管理员使用的是 root 用户账号，有了这个账号，管理员可以突破系统的一切限制，方便地维护系统。普通用户也可以用 su 命令使自己转变为 root 用户。

系统的这种安全机制有效地防止了普通用户对系统的破坏。例如存放于/dev 目录下的设备文件分别对应于硬盘驱动器、打印机、光盘驱动器等硬件设备，系统通过对这些文件设置用户访问权限，使普通用户无法通过覆盖硬盘而破坏整个系统，从而保护了系统。

在 RHEL 中可以利用用户配置文件，以及用户查询和管理的控制工具来进行用户管理，用户管理主要通过修改用户配置文件完成。用户管理控制工具最终也是为了修改用户配置文件，所以在进行用户管理的时候，直接修改用户配置文件一样可以达到用户管理的目的。

与用户相关的系统配置文件主要有/etc/passwd 和/etc/shadow，其中/etc/shadow 是用户信息的加密文件，比如用户的密码、口令的加密保存等；/etc/passwd 和/etc/shadow 文件是互补的，下面对这两个文件进行介绍。

5.1.1　用户账号文件/etc/passwd

/etc/passwd 是系统识别用户的一个文件，用来保存用户的账号数据等信息，又被称为密码文件或口令文件。系统所有用户都在此文件中有记载。例如当用户以 student 这个账号登录时，系统首先会查阅/etc/passwd 文件，看是否有 student 这个账号，然后确定 student 的 UID，通过 UID 来确认用户和身份。如果存在则读取/etc/shadow 影子文件中所对应的 student 的密码，如果密码核实无误则登录系统，读取用户的配置文件。

用户登录进入系统后会有一个属于自己的操作环境，可以执行 cat 命令查看完整的系统账号文件。假设当前用户以 root 用户身份登录，执行下列命令：

```
[root@localhost ~]# cat /etc/passwd
```

可得到/etc/passwd 文件的内容，如图 5-1 所示。

图 5-1　查看/etc/passwd 文件

在/etc/passwd 中，每一行表示的是一个用户的信息，一行有 7 个域，每个域用冒号 ":" 分隔。下面是一个实际用户的例子。

```
student:x:1000:1000:student:/home/student:/bin/bash
```

该用户各项基本信息的含义如下。

第 1 字段：用户名（也称为登录名）。在上面的例子中，用户的用户名是 student。

第 2 字段：口令。在上面的例子中看到的是一个 x，密码已被映射到/etc/shadow 文件中。

第 3 字段：UID（用户的 ID）。0 代表 root 用户，1~999 代表系统用户，1000 及以上代表普通用户。

第 4 字段：GID。用户所属组的 ID 为 1000 的组的名称。

第 5 字段：用户名全称。这是可选的，可以不设置。在此用户中，用户的全称是 student。

第 6 字段：用户的登录目录所在位置。student 这个用户是/home/student。

第 7 字段：用户所用 Shell 的类型，此例为/bin/bash。如果是系统用户不允许登录，需要设置 Shell 为/sbin/nologin。

在以上字段中，用户的登录名是用户自己选定的，这样主要是为了方便记忆。它可以由一串具有特定含义的字符串组成。

用户的口令在此文件不会显示，因为用户的口令是加密存放的，一般采用的是不可逆加密算法。当用户登录时输入口令后，系统会对用户输入的口令进行加密，再把加密的口令与机器中存放的用户口令进行比对。如果这两个加密数据匹配，则允许用户进入系统。

在/etc/passwd 文件中，UID 字段信息也非常重要。UID 是用户的 ID 值，在系统中每个用户的 UID 值是唯一的，更确切地说每个用户都要对应唯一的 UID，系统管理员应该确保这一规则得以遵循。系统用户的 UID 值从 0 开始，是一个正整数。UID 的最大值可以在文件/etc/login.defs 中查到，RHEL 8 规定为 60000。在 RHEL 中，root 用户的 UID 是 0，拥有系统最高权限。

UID 是确认用户权限的标识，用户登录系统所处的角色是通过 UID 来实现的，而非用户名。让几个用户共用一个 UID 是危险的，比如把普通用户的 UID 改为 0，让其与 root 用户共用一个 UID，这就造成了系统管理权限的混乱。RHEL 预留了一定的 UID 和 GID 给系统虚拟用户占用，虚拟用户一般是系统安装时就有的，是为了完成系统任务所必需的用户身份，但虚拟用户是不能登录系统的，比如 ftp、nobody、adm、rpm、bin、shutdown 等。

每一个用户都需要保存自己的配置文件，保存的位置即用户登录子目录。在这个子目录中，用户不仅可以保存自己的配置文件，还可以保存自己日常工作中的各种文件。出于一致性考虑，一般都把用户登录子目录安排在/home 下，名称为用户登录使用的用户名。用户可以在账号文件中更改用户登录子目录。

5.1.2　用户影子文件/etc/shadow

RHEL 使用了不可逆算法来加密登录口令，所以黑客从密文得不到明文。但由于/etc/passwd 文件是任何用户都有权限读取的，所以用户口令很容易被黑客盗取。针对这种安全问题，RHEL 使用影子文件/etc/shadow 来提高口令的安全性。

使用影子文件是将用户的加密口令从/etc/passwd 中移出，保存在只有 root 用户才有权限读取的/etc/shadow 中，在/etc/passwd 中的口令域显示为一个"x"。

/etc/shadow 文件是/etc/passwd 的影子文件，这个文件并不是由/etc/passwd 产生的，这两个文件是对应互补的。/etc/shadow 文件的内容包括用户、被加密的密码，以及其他/etc/passwd 不能包括的信息，比如用户的有效期限等，如图 5-2 所示。

图 5-2　查看/etc/shadow 文件

/etc/shadow 文件的内容包括以下 9 个字段。

❶name:❷password:❸lastchange:❹minage:❺maxage:❻warning:❼inactive:❽expire:❾blank

❶name：登录名称。

❷password：已被加密的用户口令。密码字段开头为感叹号时，表示该密码锁定。

❸lastchange：最近一次修改口令的时间。以距离 1970 年 1 月 1 日的天数表示。

❹minage：两次修改口令间隔最少的天数。如果设置为 0，表示无最短期限要求。

❺maxage：必须更改密码的最多天数。

❻warning：密码到期警告。以天数表示，0 表示不警告。

❼inactive：在口令过期之后多少天禁用此用户账号。此字段表示用户口令作废多少天后，系统会禁用此用户账号，也就是说系统不再让此用户登录，也不会提示用户过期，即完全禁用。

❽expire：用户账号过期日期。以从 1970 年的 1 月 1 日开始的天数表示，若该字段为空，则账号永久可用。

❾blank：保留字段（未使用）。

5.1.3　组账号文件/etc/group

具有某种共同特征的用户集合起来就是用户组（group），每个用户组都有唯一的用户组号 GID。用户组的设置主要是为了方便检查、设置文件或目录的访问权限。

/etc/group 文件是用户组的配置文件，内容包括用户和用户组，并且能显示出用户归属哪个用户组或哪几个用户组。同一用户组的用户之间具有相似的特征，比如把某一用户加入到 info 用户组，那么这个用户就可以浏览 info 用户组登录目录下的文件。如果 info 用户组把某个文件的读写执行权限开放，info 用户组的所有用户都可以修改此文件；如果是可执行的文件（比如脚本），info 用户组的用户也是可以执行的。

具体来说，/etc/group 的内容包括用户组名、用户组口令、GID 及该用户组所包含的用户，每个用户组一条记录。格式如下：

```
groupname:password:GID:user_list
```

在/etc/group 中的每条记录分 4 个字段。第 1 字段为用户组名称；第 2 字段为用户组密码；第 3 字段为 GID；第 4 字段为用户列表，每个用户之间用逗号","分隔，该字段可以为空，如果该字段为空表示用户组包含 GID 的全部用户。

执行 cat /etc/group 命令，可以得到/etc/group 文件的内容，如图 5-3 所示。

图 5-3　查看/etc/group 文件

下面举例说明/etc/group 的内容。

例如，root:x:0:root 表示用户组名为 root、已加密的密码段为 x、GID 为 0、root 用户组下包括 root 用户。GID 和 UID 类似，是一个从 0 开始的正整数。root 用户组的 GID 为 0，系统会预留一些较靠前的 GID 给系统虚拟用户用。

对照/etc/passwd 和/etc/group 两个文件，会发现在/etc/passwd 中的每条用户记录有用户默认的 GID；在/etc/group 中，也会发现每个用户组下有多少个用户。在创建目录和文件时，系统会使用默认的用户组。

需要注意的是，判断用户的访问权限时，默认的 GID 并不是最重要的；只要一个目录让同组用户具有可以访问的权限，那么同组用户就可以拥有该目录的访问权。

5.1.4 用户组影子文件/etc/gshadow

与/etc/shadow 文件一样，考虑到组信息文件中口令的安全性，引入相应的组口令影子文件/etc/gshadow。

/etc/gshadow 是/etc/group 的加密文件，用户组管理密码就存放在这个文件中。/etc/gshadow 和/etc/group 是互补的两个文件。对于大型服务器来说，针对许多用户和组定制一些关系结构比较复杂的权限模型、设置用户组密码是极有必要的。例如，如果不想让一些非用户组成员永久拥有用户组的权限和特性，可以通过密码验证的方式来让某些用户临时拥有一些用户组特性，这时就要用到用户组密码。

/etc/gshadow 格式如下，每个用户组独占一行。

```
groupname:password:admin,admin,…:member,member,…
```

第 1 字段为用户组；第 2 字段为用户组密码，这个段可以是空的或 "!"，如果是空的或有 "!"，表示没有密码；第 3 字段为用户组管理者，这个字段也可为空，如果有多个用户组管理者，用逗号 "," 分隔；第 4 字段为组成员，如果有多个组成员，用逗号 "," 分隔。

执行 cat /etc/gshadow 命令，可以查看用户组影子文件的内容，如图 5-4 所示。

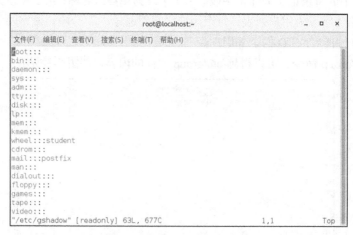

图 5-4　查看/etc/gshadow 文件

下面举例说明/etc/gshadow 的内容。

例如，student:!::表示其用户组名为 student，没有设置密码，该用户组没有用户组管理者，也没有组成员。

5.2 用户管理

RHEL 提供了 useradd、passwd、userdel 和 usermod 等 Shell 命令来管理用户账户，下面分别进行介绍。

5.2.1 添加用户

1．useradd 命令

格式：useradd [选项] 用户名

功能：添加用户账号或更新创建用户的默认信息。

常用选项说明如下。

-n：用于禁止系统建立与用户名同名的用户组。

-s：设置用户的登录 Shell，默认为/bin/bash。

-g 组群名：定义用户默认的组名或组号码（初始组），该组在指定前必须存在。

-G 组群列表：设置新用户到其他的组中（附属组），该组在指定前必须存在。

-u UID：指定用户 ID，不使用系统默认的设置方式。

-d 路径：用于取代默认的/home/username 主目录。

-e 日期：禁用账号的日期，格式为 YYYY MM-DD。

-f 天数：口令过期后，账号禁用前的天数。若指定为1，则口令过期后，账号将不会禁用。

【例 5-1】 按照默认值新建用户 user1。

```
[root@localhost ~]# useradd user1
```

使用 useradd 命令建立新账号时会用到一系列预先定义好的默认设置，该设置包括用户组名、用户 ID 编号、登录子目录，以及登录 Shell（用户默认的登录 Shell 为/bin/bash）等。系统将在/home 目录下新建与用户同名的子目录作为该用户的主目录。

【例 5-2】 增加用户 user1，附属组设置为 root 组。

```
[root@localhost ~]# useradd -G root user1
```

以上 useradd 命令完成了如下操作：向/etc/passwd、/etc/shadow、/etc/group 中写入用户信息；建立用户主目录/home/user1，添加到 root 组中作为附属组成员。

2．passwd 命令

格式：passwd [选项] [用户名]

功能：设置或修改用户的口令，以及口令的属性。

常用选项说明如下。

-d 用户名：删除用户的口令，则该用户账号无须口令就可以登录系统。

-l 用户名：暂时锁定指定的用户账号。

-u 用户名：解除指定用户账号的锁定。

-S 用户名：显示指定用户账号的状态。

【例 5-3】 在系统中添加用户 user1 后，为了让该用户使用系统，需为用户设置口令。

```
[root@localhost ~]# passwd user1
```

系统会提示用户输入密码，并提示输入确认。当两次密码一致时，密码设置成功。输入密码时，为了提高安全性，密码不显示在屏幕上。用户使用这个密码登录后可以修改登录密码，方法是执行 passwd 命令，系统会要求用户首先输入原先的密码，输入正确后才能进行密码的修改。

【例 5-4】 删除用户 user1 的口令。

```
[root@localhost ~]# passwd -d user1
```

如果要删除用户的口令，也可以通过编辑/etc/passwd 文件，清除指定用户账号口令字段的内容来实现。

【例 5-5】 锁定用户 user1 的口令。

```
[root@localhost ~]# passwd -l user1
```

锁定用户口令后，用户登录时，即使输入正确的口令仍将出现"Login incorrect"的提示信息。

【例 5-6】 解除用户账号 user1 的锁定。

```
[root@localhost ~]# passwd -u user1
```

同样，root 用户可以直接编辑/etc/passwd 文件，在指定用户账号所在行前加上"#"或"*"符号使其成为注释行，该用户账号即被锁定。去除"#"或"*"符号后，用户账号就可以恢复使用。

5.2.2　删除用户

格式：userdel [选项] 用户名

功能：删除指定的用户账号，只有 root 用户才可以使用该命令。

常用选项说明如下。

-r：删除用户时删除用户的主目录及其中的所有内容，如果不加此选项，则仅删除此用户账号。

【例 5-7】 删除用户账号 user1 及其主目录。

```
[root@localhost ~]# userdel -r user1
```

一般情况下，用户只有对自己主目录的写权限，主目录被删除后，其相关的文件也被删除。但有时系统对用户开放了其他目录的写权限，删除用户时非用户主目录下的用户文件并不会被删除，这时必须使用 find 命令来搜索删除这些文件。

利用 find 命令中的-user 和-uid 选项可以很方便地找到属于某个用户的文件。命令如下：

```
[root@localhost ~]# find / -user user1
```
或
```
[root@localhost ~]# find / -uid user1
```

上述命令是从根目录开始查找系统中所有属于用户 user1 的文件。

5.2.3　修改用户信息

格式：usermod [选项] 用户名

功能：修改用户账号信息。可以修改的用户信息与 useradd 命令所添加的用户信息一致，其包括用户主目录、私有组、登录 Shell 等内容。只有 root 用户才可以使用该命令。

该命令使用的参数和 useradd 命令使用的参数一致，这里不再一一描述。下面举例说明 usermod

命令的使用。

【例 5-8】　改变用户账号名，将 user1 改为 user2。

```
[root@localhost ~]# usermod -l user2 user1
```

【例 5-9】　将用户 student 的属组改为 work，并把 student 的 ID 改为 5500。

```
[root@localhost ~]# usermod -g work -u 5500 student
```

注意：在使用 usermod 命令过程中，不允许改变已登录用户的账号信息。

5.3　组管理

RHEL 提供了 groupadd、gpasswd、groupdel 和 groupmod 等 Shell 命令来管理用户组，下面分别进行介绍。

5.3.1　创建用户组

1. groupadd 命令

格式：groupadd [选项] 组群名

功能：创建用户组群，只有 root 用户才可以使用该命令。

常用选项说明如下。

-g GID：组 ID 值。除非使用-o 参数，否则该值必须唯一，预设为不小于 1000 的正整数，而且逐次增加。数值 0～999 是保留给系统账号使用的。

-o：配合-g 选项使用，可以设定不唯一的组 ID 值。

-r：此参数用来建立系统账号。

-f：新增加一个已经存在的组账号时，系统会出现错误信息然后结束命令。如果新增的组的 GID 已经存在，可以结合-o 选项成功创建。

【例 5-10】　添加组账号，GID 从 1000 开始。

```
[root@localhost ~]# groupadd mygroup
```

【例 5-11】　建立组的同时指定组的 GID 为 5600。

```
[root@localhost ~]# groupadd -g  5600 test
```

2. gpasswd 命令

格式：gpasswd 用户组名

功能：设置或修改用户组的密码。

用户组的密码设置可以通过 gpasswd 命令来实现。例如执行下列命令：

```
[root@localhost ~]# gpasswd mylinux
```

按 Enter 键后根据提示，输入两次密码即可。

5.3.2　删除用户组

格式：groupdel 组群名

功能：删除指定的组群，只有 root 用户才可以使用该命令。

使用 groupdel 命令时，首先要确认被删除的用户组存在。另外，如果有一个属于待删除组的用户正在使用系统，则不能删除该组，此时必须先删除其中的用户后再执行组的删除操作。

【例 5-12】 删除 mygroup 组群。

```
[root@localhost ~]# groupdel mygroup
```

5.3.3 修改用户组信息

格式：groupmod [选项] 组群名

功能：修改指定组群的属性，只有 root 用户才可以使用该命令。

常用选项说明如下。

-g GID：指定用户组 ID 值。该值必须唯一，除非使用-o 参数。

-o：配合-g 选项使用，可以设定不唯一的组 ID 值。

-n 组群名：更改组名。

【例 5-13】 将组 mylinux1 的名称改为 mylinux2。

```
[root@localhost ~]# groupmod -n mylinux2 mylinux1
```

【例 5-14】 将组 mylinux1 的 GID 改为 566，同时把组名改为 mylinux2。

```
[root@localhost ~]# groupmod -g 566 -n mylinux2 mylinux1
```

5.4 文件系统操作命令

5.4.1 文件与目录操作命令

1. 更改文件/目录修改和访问时间命令 touch

格式：touch [选项] [-r File] [Time | -t Time] 文件或目录名

功能：用于更新文件或目录修改和访问的时间。如果指定文件名不存在，则建立一个空的新文件。

常用选项说明如下。

-a：更改文件或目录的访问时间。

-m：更改文件或目录的修改时间。

-c：如果文件不存在，则不要进行创建。没有写任何有关此条件的诊断消息。

-f：尝试强制 touch 运行，而不管文件的读和写许可权。

-r File：使用由 fFile 变量指定的文件的相应时间，而不用当前时间。

Time：以 MMDDhhmm[YY]的格式指定新时间戳记的日期和时间，其中，MM 指定月份（01～12），DD 指定一月的哪一天（01～31），hh 指定小时（00～23），mm 指定分钟（00～59），YY 指定年份的后两位数字。如果 YY 变量没有被指定，默认值为当前年份。

-t Time：使用指定的日期和时间，而非现在的时间。其中，Time 变量以十进制的形式 [[CC]YY]MMDDhhmm[.SS]指定。CC 指定年份的前两位数字，YY 指定年份的后两位数字，MM 指定月份（01～12），DD 指定一月的哪一天（01～31），hh 指定小时（00～23），mm 指定分钟（00～59），SS 指定一分钟的哪一秒（00～59）。

【例 5-15】 更新文件 hello.sh 的访问和修改时间为当前的日期和时间。

```
[root@localhost ~]#touch hello.sh
```

【例 5-16】　更新当前目录下以.txt 扩展名结尾的文件的上次修改时间，不更新访问时间。

```
[root@localhost ~]# touch -m *.txt
```

【例 5-17】　使用另一个文件 file1 的时间戳记更新文件 hello.sh。

```
[root@localhost ~]# touch -r file1 hello.sh
```

2. 文件链接命令 ln

格式：ln [选项] 目标文件 链接名

功能：用于在文件之间创建链接，即为系统中已有的某个文件指向另外一个可用于访问它的名称。

常用选项说明如下。

-f：链接时先将与链接符号同名的文件删除。

-d：系统管理者硬链接自己的目录。

-i：在删除目的地同名文件时先进行询问。

-n：在进行软链接时，将链接符号视为一般的档案。

-s：建立软链接文件。

-b：若有同名文件，链接前对被覆写或删除的文件进行备份。

-V METHOD：指定备份的方式。

--help：显示辅助说明。

--version：显示版本。

最常用的选项为-s，即创建软链接；省略该参数默认建立硬链接文件。

在使用 ln 命令时需要注意，ln 命令会保持每一处链接文件的同步性，即不论改动了哪一处，其他的文件都会发生相同的变化。ln 的链接又分为软链接和硬链接两种，如果是软链接，它只会在用户选定的位置上生成一个文件的快捷方式，不会占用磁盘空间；如果是硬链接，它是在文件系统层面上对源文件的一个映射，而且不占用硬盘空间。无论是软链接还是硬链接，文件都保持同步变化。

当用户需要在不同的目录用到相同的文件时，不需要在每一个需要的目录下都放一个必须相同的文件，用户只要在某个固定的目录中存放了该文件，然后在其他目录下用 ln 软链接命令链接它就可以，不必重复占用磁盘空间。

【例 5-18】　为当前目录下的 test.txt 文件创建一个符号链接文件/home/hello。

```
[root@localhost ~] # ln -s test.txt /home/hello
```

当想备份一个文件，但空间又不够时，用户可以为该文件建立一个硬连接。这样，就算原文件删除了，只要该链接文件没被删除，则在存储空间里就没有被删除。

如果用 ls 查看一个目录，发现有的文件后面有一个 "->" 符号，那就是一个用 ln 命令生成的文件。用 ls -l 命令去查看，就可以看到显示 link 的路径了。

【例 5-19】　为当前目录下的 test.txt 文件创建一个硬链接 test_link.txt。

```
[root@localhost ~] # ln test.txt test_link.txt
```

硬链接文件的节点 id 一致，表示两个文件在磁盘上的存放位置一致。

5.4.2　压缩和解压缩命令

在 RHEL 中，大部分的程序都以压缩文件的形式发布，所以经常会看到一些扩展名为.tar.gz、

.tgz、.gz 或.bz2 的文件。从网络上获得这些文件后，都要先解压缩才能安装使用。

1．压缩与解压缩命令 tar

格式：tar [选项] [参数] 文件目录列表

功能：将文件或目录归档为.tar 文件，与相关选项连用可以压缩归档文件。

常用选项说明如下。

-c：创建新的归档文件。

-r：向归档文件末尾追加文件和目录。

-x：还原归档文件中的文件和目录。

-O：将文件解开到标准输出。

-u：更新归档文件。

-v：显示命令的执行过程。

-z：调用 gzip 来压缩归档文件，与-x 连用时调用 gzip 完成解压缩。

-Z：调用 compress 来压缩归档文件，与-x 连用时调用 compress 完成解压缩。

-j：调用 bzip2 命令压缩或解压缩归档文件。

-t：显示归档文件的内容。

-f --file [HOSTNAME:]F：指定存档或设备（缺省为/dev/rmt0）。

-c --directory DIR：转到指定的目录，展开.tar 文件到指定的 DIR 目录。

--remove-files：建立存档后删除源文件。

-W --verify：写入存档后进行校验。

-N --newer = DATE,--after-date = DATE：仅存储时间较新的文件。

【例 5-20】 将当前目录所有文件打包成 mydata.tar，扩展名需在命令中加上。

```
[root@localhost ~]# tar -cvf mydata.tar ./
```

【例 5-21】 将整个/home 目录下的文件全部打包成为/usr/backup/home.tar，根据需要，可分别执行下列命令。

仅打包，不压缩：

```
[root@localhost ~]# tar -cvf /usr/backup/home.tar /home
```

打包后，用 gzip 命令压缩：

```
[root@localhost ~]# tar -zcvf /usr/backup/home.tar.gz /home
```

打包后，用 bzip2 命令压缩：

```
[root@localhost ~]# tar -jcvf /usr/backup/home.tar.bz2 /home
```

【例 5-22】 查看/usr/backup/home.tar.gz 文件内有哪些文件，由于使用 gzip 压缩，所以要查看该.tar 文件内的文件时，就要加上参数-z。

```
[root@localhost ~]# tar -ztvf /usr/backup/home.tar.gz
```

【例 5-23】 将/usr/backup/home.tar.gz 文件解压缩到/usr/local/src 下。

```
[root@localhost ~]# tar -zxvf /usr/backup/home.tar.gz -c /usr/local/src/
```

【例 5-24】 只将在/tmp 下的/usr/backup/home.tar.gz 文件解压到 home/root 下。

```
[root@localhost ~]# cd /tmp
```

```
[root@localhost ~]# tar -zxvf /usr/backup/home.tar.gz home/root
```

【例 5-25】　将/home 内的所有文件备份下来，并且保存其权限。

```
[root@localhost ~]# tar -zxvf /usr/backup/home.tar.gz /home
```

【例 5-26】　在/home 中，备份 2011/03/12 之后创建的文件。

```
[root@localhost ~]# tar -N "2011/03/12" -zcvf home.tar.gz /home
```

【例 5-27】　备份/home、/etc，但不包括/home/abc。

```
[root@localhost ~]# tar --exclude /home/abc -zcvf myfile.tar.gz /home/* /etc
```

【例 5-28】　在打包/home 之后又新建一个用户 user3，现也要将其打包加入/usr/backup/home.tar.gz。

```
[root@localhost ~]# tar -zcvrf /usr/backup/home.tar.gz /home/user3
```

2. 压缩与解压缩命令 zip 和 uzip

在 RHEL 中有许多压缩和解压缩程序，zip 和 uzip 命令位于/usr/bin 目录中，zip 可以将文件压缩成.zip 文件以节省磁盘空间，uzip 可以将压缩文件解压。

（1）zip

格式：zip [选项] 压缩后文件名 待压缩的文件或文件夹

功能：将一个或多个文件压缩成一个.zip 文件。

常用选项说明如下。

-A：调整可执行的自动解压缩文件。

-b 工作目录：指定暂时存放文件的目录。

-c：替每个被压缩的文件加上注释。

-d：从压缩文件内删除指定的文件。

-D：压缩文件内不建立目录名称。

-f：此参数的效果与指定-u 参数的效果类似，但此参数不仅更新既有文件，如果某些文件原本不存在于压缩文件内，使用本参数会一并将其加入压缩文件中。

-F：尝试修复已损坏的压缩文件。

-g：将文件压缩后附加在既有的压缩文件之后，而非另行建立新的压缩文件。

-h：在线帮助。

-i 范本样式：只压缩符合条件的文件。

-j：只保存文件名称及其内容，而不存放任何目录名称。

-J：删除压缩文件前面不必要的数据。

-k：使用 MS-DOS 兼容格式的文件名称。

-L：显示版权信息。

-m：将文件压缩并加入压缩文件后，删除原始文件，即把文件移到压缩文件中。

-n 字尾字符串：不压缩具有特定字尾、字符串的文件。

-o：以压缩文件内拥有最新更改时间的文件为准，将压缩文件的更改时间设成与该文件相同。

-q：不显示指令执行过程。

-r：按目录结构递归压缩目录中的所有文件。

-S：包含系统和隐藏文件。

-t 日期和时间：把压缩文件的日期和时间设成指定的日期和时间。

-T：检查备份文件内的每个文件是否正确无误。

-u：更换较新的文件到压缩文件内。

-v：显示指令执行过程或显示版本信息。

-V：保存 VMS（Virtual Memory System）操作系统的文件属性。

-w：在文件名称里加入版本编号。本参数仅在 VMS 操作系统下有效。

-x 范本样式：压缩时排除符合条件的文件。

-X：不保存额外的文件属性。

-y：直接保存符号连接，而非该连接所指向的文件。本参数仅在 UNIX 之类的系统下有效。

-z：替压缩文件加上注释。

-$：保存第一个被压缩文件所在磁盘的卷标名称。

【例 5-29】 将当前目录下的所有.c 和.txt 文件压缩成 mypro.zip。

```
[root@localhost ~]# zip mypro.zip *.c *.txt
```

【例 5-30】 将 data 子目录下的所有.log 文件压缩，并加入到已存在的 mypro.zip 中。

```
[root@localhost ~]#zip -g mypro.zip data/*.log
```

（2）unzip

格式：unzip [选项] 待解压的文件

功能：解压缩用 zip 命令压缩的文件。

常用选项说明如下。

-c：将解压缩的结果显示到屏幕上，并对字符做适当的转换。

-f：更新现有的文件。

-l：显示压缩文件内所包含的文件。

-p：与-c 参数类似，会将解压缩的结果显示到屏幕上，但不会执行任何的转换。

-t：检查压缩文件是否损坏。

-u：与-f 参数类似，但是除了更新现有的文件外，也会将压缩文件中的其他文件解压缩到目录中。

-v：执行时显示详细的信息。

-z：仅显示压缩文件的备注文字。

-a：对文本文件进行必要的字符转换。

-b：不要对文本文件进行字符转换。

-C：压缩文件中的文件名称，区分大小写。

-j：不处理压缩文件中原有的目录路径。

-L：将压缩文件中的全部文件名改为小写。

-M：将输出结果送到 more 程序处理。

-n：解压缩时不覆盖原有的同名文件。

-o：unzip 执行时强制覆盖同名文件。

-P 密码：使用 zip 的密码选项。

-q：执行时不显示任何信息。

-V：保留 VMS 的文件版本信息。

-X：解压缩时同时回存文件原来的 UID/GID。

-d 目录：指定文件解压缩后所要存储的目录。

-x 文件：指定不要处理.zip 压缩文件中的哪些文件。

【例 5-31】　将压缩文件 text.zip 在当前目录下解压缩。

```
[root@localhost ~]# unzip text.zip
```

【例 5-32】　将压缩文件 text.zip 在指定目录/tmp 下解压缩，如果已有相同的文件存在，要求 unzip 命令不覆盖原先的文件。

```
[root@localhost ~]# unzip -n text.zip-d /tmp
```

【例 5-33】　如果原来的文件已经存在于目录中，就不进行解压缩；若不存在，则解压缩。

```
[root@localhost ~]# unzip -u text.zip
```

3. 压缩与解压缩命令 gzip 和 ugzip

（1）gzip

格式：gzip [选项] 压缩的文件名 待压缩的文件

功能：压缩/解压缩文件。在 Linux 中，用 gzip 命令进行压缩的文件格式为.gz。

常用选项说明如下。

-c：将输出写到标准输出上，并保留原有文件。

-d：将压缩文件解压。

-l：对每个压缩文件显示压缩文件的大小、未压缩文件的大小、压缩比、未压缩文件的名称。

-r：递归查找指定目录并压缩其中的所有文件或者进行解压缩。

-t：测试检查压缩文件是否完整。

-v：对每一个压缩和解压的文件显示文件名和压缩比。

gzip 命令不能将多个文件压缩成一个文件，gzip 一般与 tar 命令配合使用。常见的扩展名为.tar.gz 或.tgz 格式的文件就是先用 tar 命令将所有文件打包，再用 gzip 命令进行压缩得到的。

【例 5-34】　对当前目录的 data.txt 文件进行压缩。

```
[root@localhost ~]# gzip data.txt
```

压缩后用 ls 命令查看，会发现生成了 data.txt.gz 的压缩文件，而原文件已被删除。

【例 5-35】　压缩一个 tar 备份文件 usr.tar，压缩后的文件扩展名为.tar.gz，即新的压缩文件为 usr.tar.gz。

```
[root@localhost ~]# gzip usr.tar
```

【例 5-36】　指定压缩文件以.gzip 为扩展名，data.txt 文件被压缩后的文件为 data.txt.gzip。

```
[root@localhost ~]# gzip -S .gzip data.txt
```

【例 5-37】　将 data.txt.gz 进行解压缩并指定解压缩后的文件以.gzip 为扩展名。

```
[root@localhost ~]# gzip -S .gzip -d data.txt.gz
```

（2）gunzip

gunzip 可以用来解压缩.gzip 文件，也可以解压 zip 命令压缩的文件。

gunzip 的语法格式与 gzip 的语法格式一样，它们拥有相同的命令行选项。其实可以把 gunzip

和 gzip 看作一个程序，只是它们的默认选项不同而已。gunzip 命令等同于 gzip -d 命令。

5.4.3 文件和目录权限管理命令

RHEL 中的每个文件和目录都有其所有者（Owner）、组（Group）和其他用户（Others）等访问许可权限属性。本小节将对文件和目录的访问方法与命令进行介绍。

权限管理

文件和目录的访问权限分为只读、可写和可执行 3 种。对文件而言，只读权限表示只允许读取其内容，可写权限表示允许对文件进行修改操作，可执行权限表示允许将该文件作为一个程序执行。当一个文件被创建时，文件的所有者默认拥有对该文件的读、写和执行权限。

文件和目录的访问者有 3 种，即文件所有者、同组用户和其他用户。他们对每一个文件或目录的访问权限也相应有 3 组，即文件所有者的读/写和执行权限、与文件所有者同组的用户的读/写和执行权限、系统其他用户的读/写和执行权限。

例如：查看当前目录下 hello.sh 的属性。

```
[root@localhost ~]# ls -l hello.sh
-rw-r--r-- 1 root root 25948  Mar 1 18:23 hello.sh
```

hello.sh 文件的信息含义为：第一个字符指定了文件的类型，如果第一个字符是横线，表示该文件是一个非目录文件。紧接着 9 个字符每 3 个构成一组，依次表示文件所有者、同组用户和其他用户对文件的访问权限，权限顺序为可读、可写、可执行。如果为横线表示不具备该权限。本例中文件所有者对此文件具有读、写的权限，同组用户具有读的权限，其他用户具有读的权限，如表 5-1 所示。

表 5-1　　　　　　　　　　　　　　　文件所有者的权限权

权限项	读	写	执行	读	写	执行	读	写	执行
字符表示	r	w	x	r	w	x	r	w	x
数字表示	4	2	—	4	—	—	4	—	—
权限分配	文件所有者			同组用户			其他用户		

在 RHEL 系统中，每一个文件或目录都会明确地定义它的使用权限等，用户可用下面的命令规定自己主目录下的文件权限，以保护自己的数据和信息。

1. chown

格式：chown [选项] 用户名[:组群名称] 文件名

功能：改变文件或目录的拥有者。由文件或目录的所有者和 root 用户来使用这个命令。

常用选项说明如下。

-R：递归更改所有文件及子目录。

-f：去除大部分错误信息。

-v：显示详细的信息。

-c：类似于-v 参数，但是只有在更改时才显示结果。

【例 5-38】　将 hello.sh 文件的所有者由 root 更改为 student。

```
[root@localhost ~]# chown student hello.sh
```

【例 5-39】　将 hello.sh 的所有者和所属组群改为 student 用户和 student 组群。

```
[root@localhost ~]# chown student:student hello.sh
```

需要注意的是，如果用户 user1 有一个名为 hello.sh 的文件，其所有权要给予另一位账号为 user2 的用户，则可用 chown 来完成此功能。当改变完文件所有者之后，该文件虽然在 user1 的目录下，但该用户已经没有任何修改或删除这个文件的权限了。

2. chgrp

格式：chgrp [选项] 组群名 文件或目录名称

功能：用于改变文件或目录的所属组。与 chown 命令用法一样，只有 root 用户或者文件的所有者才能更改文件所属的组。

该命令的选项含义与 chown 命令的选项含义相同。

【例 5-40】　将当前目录下 a.txt 文件的所属组改成 student。

```
[root@localhost ~]# chgrp student a.txt
```

【例 5-41】　把文件 shutdown 所属组改成 system 组。

```
[root@localhost ~]# chgrp system /sbin/shutdown
```

3. chmod

格式：chmod [选项] 权限参数 文件或目录名

功能：用于修改文件的权限。只有文件所有者和 root 用户才可以使用该命令，root 用户的权限始终和文件所有者相同。

常用选项说明如下。

-R：递归更改所有文件及子目录。

-f：去除大部分错误信息。

-v：显示详细的信息。

-c：类似于-v 参数，但是只有在更改时才显示结果。

前面在介绍 ls 命令时，已经介绍过文件的权限，例如 "-rwx------"。要设置这些文件的权限就用 chmod 这个命令来设置，然而在使用 chmod 之前需要先了解权限参数的用法。

权限参数有两种使用方法：英文字母表示法和数字表示法。

（1）英文字母表示法。一个文件用 10 个小格位记录文件的权限，第 1 小格代表文件类型，如 "-" 表示普通文件，"d" 表示目录文件，"b" 表示块文件，"c" 表示字符文件。接下来是每 3 小格代表一类型用户的权限，前 3 小格是用户本身的权限，用 u 代表；中间 3 小格代表和用户同一个组的成员权限，用 g 代表；最后 3 小格代表其他用户的权限，用 o 代表。即："-rwx------" 属于用户存取权限，用 u 代表；"---rwx---" 属于同组用户存取权限，用 g 代表；"------rwx" 属于其他用户存取权限，用 o 代表；而每一种用户的权限就直接用 r、w、x 来代表对文件可读、可写、可执行，然后用+、-或 = 将各类型用户代表符号 u、g、o 和 r w x 3 个字母连接起来即可。

【例 5-42】　设置用户本人对 file1 可以进行读、写和执行的操作。

```
[root@localhost ~]# chmod u+rwx file1
```

【例 5-43】　删除用户本人对 file1 的可执行权限。

```
[root@localhost ~]# chmod u-x file1
```

【例 5-44】　设置同组用户对 file1 文件的权限为能读、写，其他用户则只能读。

```
[root@localhost ~]# chmod g+rw, o+r file1
```

【例 5-45】　取消同组用户对 a.txt 文件的写入权限。

```
[root@localhost ~]# chmod g-w a.txt
```

（2）数字表示法。数字表示法是用 3 位数字 xxx 表示权限的，最大值为 777。第 1 个数字代表用户本身的权限，第 2 个数字代表同组用户的权限，第 3 个数字代表其他用户的权限。前面介绍的可读权限 r 用 4 表示，可写权限 w 用 2 表示，而可执行权限 x 用 1 表示，即 r = 4、w = 2、x = 1。总之，数字表示法就是将 3 位数字分成 3 个字段，每个字段都是 4、2、1 任意相加的组合。

假设用户对 file1 的权限是可读、可写、可执行，用数字表示则把 4、2、1 加起来等于 7，代表用户对 file1 这个文件可读、可写、可执行，这里 rwx 等价于 4 + 2 + 1 = 7。至于同组用户和其他用户的权限，就顺序指定第 2 位数字和第 3 位数字即可。如果不指定任何权限，就要补 0。

【例 5-46】　指定用户本人对 file1 的权限是可读、可写、可执行。

```
[root@localhost ~]# chmod 700 file1
```

【例 5-47】　指定用户本人对 file1 的权限是可读、可写。

```
[root@localhost ~]# chmod 600 file1
```

【例 5-48】　更改 a.txt 文件的权限为所有者和同组用户可读，但不能写和执行，其他用户对此文件没有任何权限。

```
[root@localhost ~]# chmod 440 a.txt
```

5.5　文件的安全设置 ACL

对于 RHEL 系统来说，文件的权限是很重要的，偏偏传统的权限仅有 3 种身份、3 种权限，可配合 chmod、chown、chgrp 等命令来进行使用者与群组相关权限的设定。如果要进行比较复杂的权限设定，例如某个目录要开放给某个特定的使用者来使用，传统的 Owner、Group、Others 的权限方法可能就无法满足需求了。这时，可以使用文件的 ACL 来进行权限的设置。

5.5.1　什么是 ACL

ACL（Access Control List）主要是提供传统的 Owner、Group、Others 的 r、w、x 权限之外的权限设定。

ACL 可以针对单一使用者、单一文件或目录进行 r、w、x 的权限规范，对于需要特殊权限的使用情况非常有帮助。由于 ACL 是传统的 UNIX-like 操作系统权限的额外支持项目，因此要使用 ACL 必须要有文件系统的支持才行。目前绝大部分的文件系统都支持 ACL，如 ReiserFS、ext2、ext3、ext4、XFS 等。ACL 主要可以针对以下方面来控制权限。

- 使用者（user）：可以针对使用者来设定权限。
- 组群（group）：以用户组为对象来设定其权限。
- 预设权限（mask）：可以针对在该目录下建立新文件/目录时，规范新数据的预设权限。

在 RHEL 8 中，默认文件系统是支持 ACL 控制的。如果是新挂载的分区不支持 ACL 应用，用户可以在挂载文件系统时手动挂载，此时需要使用 -o acl 参数，如下所示。

```
[root@server25 ~]# mount -o acl /dev/sdb1 /home/
[root@server25 ~]# mount | grep home
/dev/sdb1 on /home type ext4 (rw,relatime,data=ordered)
```

如果想要系统启动时应用 ACL 功能，需要修改/etc/fstab 文件，添加以下行。

```
/dev/sdb1 /home ext4 defaults,acl 0 0
```

系统下次开机，/home 分区就能够支持 ACL 了。

5.5.2　配置使用 ACL

当 RHEL 启动 ACL 支持后，就可以使用基本命令来配置 ACL 了。

1. 查看文件/目录的 ACL 命令 getfacl

格式：getfacl [选项] 文件名

功能：用于查看文件或者目录的 ACL 设置。

常用选项说明如下。

-d：显示默认权限。

-R：显示目录及其子目录和文件的 ACL。

2. 设置文件/目录的 ACL 命令 setfacl

格式：setfacl [选项] 设定值 文件名

功能：用于修改、设置文件或者目录的 ACL 权限。

常用选项说明如下。

-m：设定一个 ACL 规范。

-x：取消一个 ACL 规范。

-b：移除全部 ACL 规范。

-d：设定预设的 ACL 规范，仅能针对目录使用。

不同的使用者、群组与预设权限设定方法不同，通常可以使用如下几种简易的设定方法。

（1）针对使用者

格式：u:[使用者账号列表]:[rwx]

【例 5-49】　规范 student 这个使用者对 file1 文件的权限为 rx。

```
[root@server25 ~]# setfacl -m u:student:rx file1
```

（2）针对群组

格式：g:[群组名]:[rwx]

【例 5-50】　规范 users 这个群组对 file1 文件的权限为 rw。

```
[root@server25 ~]# setfacl -m g:users:rw file1
```

（3）针对预设权限

格式：m:[rwx]

【例 5-51】　设置预设权限为 rwx。

```
[root@server25 ~]# setfacl -m m:rwx file1
```

5.5.3　ACL 配置实例

了解了上面的设定方式后，现在来实际操作一下，假设如下。

- 将/home 这个独立的分区设定为支持 ACL。
- 在/home 目录里创建一个名称为 project 的目录。

- 该目录要给 student 这个使用者使用，且属于 users 这个群组，预设权限是 770。
- 使用者账号名称为 natasha，属于 natasha 群组，如果想要进入到 project 目录来工作，需要 natasha 用户在该目录下有 w 和 x 的权限。
- 另外一个用户，名称为 instructor，群组名为 instructor，该用户可以进入该目录查阅所有文件数据，但是不能够进行删除与新增的工作，即不能拥有 w 的权限。

在传统的 Linux 文件权限中，要达成上述的功能，需要让 natasha 与 instructor 这两个使用者加入 users 那个群组，但是 natasha 是希望可以在该目录内工作的，所以必须要拥有 w 的权限，而 instructor 却仅能读取，所以不能拥有 w 的权限。如此一来，就无法完成上述交代的事项了。此时只能通过 ACL 来单独针对 instructor、natasha 这两个使用者来设定权限。整个操作如下。

1. 创建目录并规划好权限

```
[root@server25 ~]# mkdir /home/project
[root@server25 ~]# chown student:users /home/project/
[root@server25 ~]# chmod 770 /home/project/
[root@server25 ~]# ls -ld /home/project/
drwxrwx---. 2 student users 6 Mar  6 11:02 /home/project/
```

可以看到，目录已创建完成，并设置了目录的权限。

2. 设置 natasha 的使用权限（需要有 rwx 权限）

```
[root@server25 ~]# cd /home/
[root@server25 home]# setfacl -m u:natasha:rwx project/
[root@server25 home]# getfacl project/
# file: project/
# owner: student
# group: users
user::rwx
user:natasha:rwx
group::rwx
mask::rwx
other::---

[root@server25 home]# ls -ld /home/project/
drwxrwx---+ 2 student users 6 Mar  6 11:02 /home/project/
```

可以看到，文件多出来一个"+"的标志，代表文件系统启用了 ACL。getfacl 命令可以用来取得某个 project 目录的 ACL 数据，输出的数据信息如下。

（1）前面 3 行会显示出这个文件的 Linux 传统属性（包括使用者、群组和其他用户的），预设会用"#"开头作为说明。

（2）接下来每一行的输出会以下面的格式来处理。

针对的目标（使用者、群组等）:[各种账号列表]:[rwx]

针对的目标如下。

user：使用者。

group：群组。

mask：预设权限。

other：其他用户。

各种账号列表中，如果没有任何数据，如 user::rwx，则代表预设使用者账号。各种账号列表主要有 3 个字段，用":"隔开。第 4 行~第 8 行的输出数据信息含义如下。

- 第 4 行"user::rwx"：由于使用者列表字段中没有填写任何账号，所以代表这个权限是针对预设使用者，即这个目录的所有人 student，student 的权限为 rwx。
- 第 5 行"user:natasha:rwx"：使用者 natasha 在这个目录下具有 rwx 的权限。
- 第 6 行"group::rwx"：没有填写群组名称，所以同样是预设群组，即 users 组，该群组的权限为 rwx。

- 第 7 行 "mask::rwx"：预设的 mask 为 rwx。
- 第 8 行 "other::---"：指的是其他用户的权限。

现在当 natasha 用户进入/home/project 后，立刻就会拥有 rwx 的权限了，而不需要加入 users 这个组。对于 instructor 用户，同样使用 ACL 来控制。

3. 设置使用者 instructor 的权限

```
[root@server25 home]# setfacl -m u:instructor:rx project/
[root@server25 home]# getfacl project/
# file: project/
# owner: student
# group: users
user::rwx
user:instructor:r-x
user:natasha:rwx
group::rwx
mask::rwx
other::---
```

如此一来，instructor 用户仅具有进入该目录读取的权限，而无法进行写入操作。

通过 ACL 的权限设置，可以将系统内有需要使用到特殊权限设定的目录进行细部设定，让系统变得更合理、更安全。

4. ACL 内的 mask 项目

虽然按前述这样就能够设定好一个 ACL 权限，但是我们还需要了解 ACL 内的 mask 所代表的意义。在上面的那个案例中，并没有去设定这个 mask，mask 需要与使用者的权限进行逻辑运算（如逻辑"与"运算）后，才是有效的权限（Effective Permission）。

举例来说，如果某个目录要让所有用户都暂时仅能读取、不能写入，只需将 ACL 内的 mask 设定为 rx 即可，那其他人就不需要再额外的设定了，如下所示。

```
[root@server25 home]# setfacl -m m:rx project/
[root@server25 home]# getfacl project/
# file: project/
# owner: student
# group: users
user::rwx
user:instructor:r-x
user:natasha:rwx                #effective:r-x
group::rwx                      #effective:r-x
mask::r-x
other::---
```

这时，natasha 用户和 group 组成员的权限经过 mask 的逻辑"与"运算后，权限变成了 rx。

5.5.4　文件系统的特殊权限：SUID、SGID 和 SBit

通常文件的权限可以用 r、w、x 来表示读、写、执行权限，但是文件的执行位权限还可以用 SUID、SGID、SBit 来表示。这 3 种权限被称作特殊权限，用于一些比较特定的场合。

1. SUID（Set UID）权限

SUID 权限是为了让一般使用者在执行某些程序的时候，能够暂时具有该程序所有者的权限。

例如，系统存放密码的文件/etc/shadow 权限是"----------"，只有 root 用户可以"强制"修改，其他人没有任何权限。但是普通用户可以更新自己的密码，使用的就是/usr/bin/passwd 这个应用程序。也就是说，普通用户是可以修改/etc/shadow 这个密码文件，这就是 s 权限的作用。

```
[root@server25 ~]# ls -l /etc/shadow
---------- 1 root root 1264 2月  23 09:57 /etc/shadow
[root@server25 ~]# ls -l /usr/bin/passwd
-rwsr-xr-x. 1 root root 27832 1月  30 2014 /usr/bin/passwd
```

当 s 权限在 user 的 x 执行位时，也就是类似-rwsr-xr-x，称为 Set UID，简称为 SUID。这个 UID 代表的是 user 的 ID，而 user 代表的则是这个应用程序（/usr/bin/passwd）的所有者（root 用户）。那么在上面的定义中，普通用户执行/usr/bin/passwd 时，就会临时取得文件所有者 root 用户的权限。因为是程序在执行的过程中拥有文件所有者的权限，所以 SUID 仅可用于二进制文件（Binary File），不能用在其他文件上面。同时，SUID 对于目录也是无效的，这点要特别留意。

2. SGID（Set GID）权限

如果 s 的权限在 group，那么就是 Set GID，简称 SGID。SGID 可以用在以下两个部分。

（1）文件：如果 SGID 是设定在二进制文件上面，则不论使用者是谁，在执行该程序的时候，其有效群组（Effective Group）将会变成该应用程序的群组所有人（Group ID）。

（2）目录：如果 SGID 是设定在目录上面，则在该目录内所建立的文件或目录的所属组将会自动成为此目录的所属组。

一般来说，SGID 通常用于目录的权限设置。

例如，设置/home/test 目录的所有者是 student，所属组是 users，权限是 770，这时在目录下创建的文件的所有者和所属组都是创建者，如下所示。

```
[root@server25 ~]# mkdir /home/test
[root@server25 ~]# chown student:users /home/test/
[root@server25 ~]# chmod 770 /home/test/
[root@server25 ~]# ls -ld /home/test/
drwxrwx--- 2 student users 4096 2月  23 11:11 /home/test/
[root@server25 ~]# touch /home/test/test.txt
[root@server25 ~]# ls -l /home/test/test.txt
-rw-r--r-- 1 root root 0 2月  23 11:12 /home/test/test.txt
```

添加/home/test 目录的所属组权限 s，然后在目录中创建文件时，文件的所属组被设置成了目录的所属组 users，如下所示。

```
[root@server25 ~]# chmod g+s /home/test/
[root@server25 ~]# ls -ld /home/test/
drwxrwxs--- 2 student users 4096 2月  23 11:04 /home/test/
[root@server25 ~]# touch /home/test/test1.txt
[root@server25 ~]# ls -l /home/test/test1.txt
-rw-r--r-- 1 root users 0 2月  23 11:05 /home/test/test1.txt
```

3. SBit（Sticky Bit，粘滞位）权限

SBit 目前只针对目录有效，对于文件没有效果。SBit 权限使用 t 标识。

SBit 对于目录的作用是：在具有 SBit 的目录下，使用者若在该目录下具有 w 及 x 的权限，则当使用者在该目录下建立文件或目录时，只有文件所有者与 root 用户才有权限删除。

例如，/tmp 本身的权限是 drwxrwxrwt，在这样的权限下，任何人都可以在/tmp 目录内新增、修改文件，但仅有该文件的创建者与 root 用户能够删除自己的目录或文件。

```
[root@server25 ~]# ls -ld /tmp/
drwxrwxrwt. 22 root root 4096 2月  23 11:08 /tmp/
[root@server25 ~]# touch /tmp/test.txt
[root@server25 ~]# chmod 777 /tmp/test.txt
[root@server25 ~]# ls -l /tmp/test.txt
-rwxrwxrwx 1 root root 0 2月  23 11:08 /tmp/test.txt
[root@server25 ~]# su - instructor
上一次登录：二 2月 23 11:08:22 CST 2016pts/0 上
[instructor@server25 ~]$ rm /tmp/test.txt
rm: 无法删除"/tmp/test.txt": 不允许的操作
```

4. SUID/SGID/SBit 权限设定

使用 chmod 命令可以开启文件的 SUID、SGID 和 SBit 权限，添加 s 或 t 标志，如下所示。

```
[root@server25 ~]# ls -l /home/test/test.txt
-rwxrwxrwx 1 root root 0 2月  23 11:12 /home/test/test.txt
[root@server25 ~]# chmod u+s /home/test/test.txt
```

```
[root@server25 ~]# ls -l /home/test/test.txt
-rwsrwxrwx 1 root root 0 2月   23 11:12 /home/test/test.txt
[root@server25 ~]# chmod g+s /home/test/test.txt
[root@server25 ~]# ls -l /home/test/test.txt
-rwsrwsrwx 1 root root 0 2月   23 11:12 /home/test/test.txt
[root@server25 ~]# chmod o+t /home/test/test.txt
[root@server25 ~]# ls -l /home/test/test.txt
-rwsrwsrwt 1 root root 0 2月   23 11:12 /home/test/test.txt
```

注意

上面的设置只是示例。在真实环境中，不要给文件设置 SBit 权限，同样也不要给目录设置 SUID 权限。如果文件没有 x 执行位权限，s 和 t 标志会变成大写，表示没有权限被设置。

第 6 章
磁盘与文件系统管理

Linux 中可能有成千上万的文件必须要存储在磁盘中。对系统管理员而言，如何管理好磁盘与文件系统，也是一门必备的学问。

本章介绍在管理 Linux 的磁盘与文件系统时必备的知识和技术。

6.1 磁盘的识别与分区

6.1.1 磁盘的分类

RHEL 用来存储数据的设备主要分为内存与磁盘两种：内存的成本高，但访问速度快，通常用来存储短暂性的数据；而磁盘虽然访问速度慢，但成本低，所以磁盘通常用来存储需永久保存的数据。

磁盘的识别与
分区

目前常见的磁盘包括硬盘（Hard Disk，HD）、软盘（Floppy Disk，FD）、光盘（Compact Disk，CD）、磁带（Tape）与闪存（Flash Memory）。

RHEL 支持的磁盘设备，依照连接的接口种类不同可以分成以下 4 类。

（1）IDE 磁盘。

（2）SCSI 磁盘。

（3）软盘。

（4）移动磁盘。

与其他硬件设备一样，RHEL 也会为不同的磁盘提供一个设备文件；当调用某一个设备文件时，RHEL 就可以知道需要调用哪个磁盘设备。

以下是上述 4 种磁盘的详细说明，以及对应设备文件的详细介绍。

1. IDE 磁盘

IDE 磁盘是个人计算机中最常见的磁盘类型，RHEL 系统的计算机当然也支持 IDE 磁盘。RHEL 目前支持 ATA 与 SATA 两种接口的 IDE 磁盘，并为它们提供不同的设备文件。

（1）/dev/hd*XX*

在 Linux 中，ATA 接口的 IDE 磁盘设备识别名称为 hd，也就是说在/dev/目录下，文件名是以 hd 开头的，就是 ATA 接口的 IDE 磁盘。

一台计算机中可以安装多个 ATA IDE 磁盘。为了区分这些 ATA IDE 磁盘，RHEL 会为每一个磁盘提供一个英文字母代号作为每个不同的 ATA IDE 磁盘的识别名称，例如，第一个 ATA IDE

磁盘的设备文件是/dev/hda，而/dev/hdb 是第二个 ATA IDE 磁盘的设备文件，依此类推。

（2）/dev/sd*XX*

SATA 接口的 IDE 磁盘在 RHEL 中以 sd 作为其设备文件识别名称。与 ATA IDE 磁盘一样，RHEL 也会为每一个 SATA IDE 磁盘提供一个独一无二的英文字母代号，因此，第一个 SATA IDE 磁盘的设备文件就是/dev/sda，而/dev/sdb 就是第二个 SATA IDE 磁盘的设备文件，依此类推。

在 Linux 内核 2.4 版（含）前，SATA 磁盘的设备文件使用 hd 的识别名称；而 2.6 版内核后，则使用 sd 的识别名称。RHEL 4 后开始使用 2.6 版内核，而在 RHEL 4 以前，则使用 2.4 版或者更早版本的内核。

至于计算机中的哪一个磁盘使用/dev/hda 或/dev/sda，哪一个磁盘使用/dev/hdb 或/dev/sdb，RHEL 依照下列方式来决定其设备文件。

①启动系统时指定：可以在"启动加载器"程序的操作系统启动参数中设置，当启动 RHEL 时，告知 Linux 内核要以哪一个磁盘作为/dev/sda，哪一个磁盘使用/dev/sdb。

②由 RHEL 自行检测：如果在启动 RHEL 时没有特别指定 IDE 磁盘的设备文件名，那么 RHEL 内核就会以检测硬件设备时所得的结果作为依据，自动为 IDE 磁盘编排设备文件。此时，RHEL 会根据 BIOS 中设置的磁盘顺序，或是实际 IDE 数据线连的位置决定。例如，IDE0 的 Master 磁盘就会使用/dev/hda、IDE1 的 Slave 磁盘就会使用/dev/hdd，依此类推。

2．SCSI 磁盘

SCSI 磁盘是使用 SCSI 接口连接到计算机的磁盘，通常应用于较高级的服务器系统上。由于 SCSI 磁盘会由 SCSI 控制卡上独立的处理器执行调用磁盘的动作，比起 IDE 是由主机板上的 CPU 处理的情况而言，使用 SCSI 磁盘可以获得较高的性能，然而 SCSI 磁盘的价格也较 IDE 磁盘的价格高很多。目前服务器上使用的主要是并行 SCSI 接口磁盘（SAS）。

RHEL 系统的计算机中 SCSI 磁盘的识别名称为 sd，在/dev/目录中以 sd 开头的设备文件都是提供给 SCSI 磁盘使用的设备文件。每一个 SCSI 磁盘与 IDE 磁盘一样，都会被赋予一个磁盘代号，然而与 IDE 磁盘代号的不同之处在于，IDE 磁盘代号只有一个字母，而 SCSI 磁盘代号有两个字母。一台计算机可以安装多个 SCSI 控制卡，而每一个 SCSI 控制卡中可以安装数个 SCSI 磁盘，一台个人计算机往往可以安装数十个，甚至上百个 SCSI 磁盘，所以/dev/sda 是第一个 SCSI 磁盘的设备文件，/dev/sdad 则是第 30 个 SCSI 磁盘的设备文件，依此类推。

至于哪一个 SCSI 磁盘使用/dev/sda，哪一个磁盘使用/dev/sdad，则是依照下面的顺序来决定的。

（1）启动系统时指定。与 IDE 磁盘一样，可在启动 RHEL 时，通过 Linux 内核的启动参数，指定 RHEL 哪一个 SCSI 磁盘使用/dev/sda，哪一个磁盘使用/dev/sdad。

（2）SCSI 控制卡的顺序。一台计算机可以安装多块 SCSI 控制卡。RHEL 会根据驱动的 SCSI 控制卡的顺序，决定该 SCSI 控制卡上 SCSI 磁盘的设备文件号。

（3）SCSI 磁盘设置的序号。每一个 SCSI 设备都可以设置序号，同一个 SCSI 控制卡中的设备序号都是独一无二的。

3．软盘

软盘（Floppy Disk）是个人计算机世界中最廉价的一种磁盘设备，但由于软盘的速度太慢，再加上容纳的空间有限，目前已慢慢被市场淘汰。虽是如此，RHEL 仍然支持这种古老的磁盘设备。

软盘以 Floppy 接口连接到计算机。RHEL 中所有的软盘都使用 fd 的识别名称，因此/dev/目录下以 fd 开头的设备文件都是供软盘使用的。由于我们不太可能在一台个人计算机中同时安装太多的软盘驱动器，所以 RHEL 仅以/dev/fd*N* 作为软盘的设备文件，其中 *N* 是 0～7 中的一个数字，用作软盘设备文件的识别号码。例如，第 1 个软盘驱动器的设备文件为/dev/fd0，第 3 个软盘驱动器的设备文件为/dev/fd2，依此类推。

4. 移动磁盘

目前，还有一些可以在 RHEL 执行期间安装、卸载，而不需关闭 RHEL 的磁盘。这些磁盘统称为可移动磁盘（Removable Disk）。

这些可以热插拔的移动磁盘通常使用以下 3 种接口连接到计算机系统上。

（1）USB：例如 USB 外接式硬盘、U 盘。

（2）IEEE 1394：例如支持 IEEE 1394 接口的数码相机。

（3）PCMCIA：某些通过 PCMCIA 接口连接到计算机的磁盘。

不同的移动磁盘，在 RHEL 中会使用不同的设备文件。这是因为 RHEL 是以接口来区分磁盘的，不同接口的磁盘设备会使用不同的设备文件。

例如，目前 RHEL 的 USB 接口使用/dev/sd*X* 的设备文件，代表是 USB 的磁盘，因此使用 USB 方式连接到计算机的移动式磁盘，不管是 USB 外接硬盘、U 盘还是 USB 光驱，或是其他移动磁盘，都使用/dev/sd*X* 的设备文件。

6.1.2　磁盘的组成

一个磁盘由若干个磁介质盘片构成，每个盘片的表面都会涂一层薄薄的磁粉。磁盘会提供一个或多个读写磁头，磁盘通过读写磁头来改变磁盘上磁性物质的方向，以此存储计算机中由 0 或者 1 构成的数据。

实际上，一个磁盘是由下面的组件组成的。

- 磁头：通过磁性原理读取磁性介质上数据的部件，称为磁头（Head）。
- 磁道：每一个磁介质盘片表面空间会按逻辑切割出许多磁道（Track）。
- 扇区：每一个磁道可以再切割出若干扇区（Sector），这些扇区也是调用磁盘的最小单位。现今磁盘中的扇区默认大小为 512Byte 和 4096Byte 两种。
- 磁柱：一个磁盘会有多个磁介质盘片，每个磁介质盘片上同一编号的磁道就组成了磁柱（Cylinder）。

上述的每一个组件在磁盘中都会有一个编号。例如每一个扇区都会有一个编号，磁道也会有自己的编号，磁柱也有。如果把每一个扇区依照其编号顺序排列起来，就可以变成一个线性的磁盘空间。

1. 主引导记录（MBR）

整个磁盘的第 0 号磁柱的第 0 号磁面的第 1 个扇区，就是常说的"主引导记录"（Master Boot Record，MBR）扇区。主引导记录扇区存储着下列信息。

（1）初始化程序加载器（Initial Program Loader，IPL）：占用 446Byte 的空间，用来存储操作系统的内核。

（2）分区表（Partition Table）：占用 64Byte 的空间，用来存储这个磁盘的分区信息。

（3）验证码：占用 2Byte 的空间，用来存放初始化程序加载器的检查码（Checksum）。

当计算机启动的时候，会加载存储在主引导记录扇区的前 446Byte，也就是初始化引导区，这由计算机的操作系统来执行；另外，计算机也可以根据主引导记录中的分区数据表，判断这个磁盘有多少个分区、某一个分区的大小，甚至分区是给哪个操作系统使用的等信息。

所以主引导记录扇区可以说是磁盘中最重要的扇区。如果计算机无法读取主引导记录扇区，计算机就无法顺利启动操作系统或者无法取得分区的信息，当然也就无法使用这块磁盘了。

2. 全局唯一标识分区表（GPT）

随着硬盘容量的提升，对于那些扇区为 512Byte 的磁盘，MBR 分区表不支持容量大于 2.2TB（$2.2×10^{12}$Byte）的分区。然而，一些硬盘制造商（诸如希捷和西部数据）注意到了这个局限性，并且将容量较大的磁盘升级到了 4KB 扇区，这意味着 MBR 的有效容量上限提升到了 16 TB。这个看似"正确"的解决方案，在临时地降低了人们对改进磁盘分配表的需求的同时，也给市场带来了关于在有较大块（Block）的设备上，从 BIOS 启动时如何划分出最佳磁盘分区的困惑。

为了解决以上困惑，GUID 全局唯一标识分区表（GUID Partition Table, GPT）应运而生。GPT 是一个实体硬盘分区表的结构布局标准，它是可扩展固件接口（EFI）标准（被 Intel 用于替代个人计算机的 BIOS）的一部分，被用于替代 BIOS 系统中存储逻辑块地址和大小信息的主引导记录分区表的 32bit。

GPT 分配 64bit 给逻辑块地址，因而使得最大分区大小为 2^{64}–1 个扇区成为可能。对于每个扇区大小为 512Byte 的磁盘，那意味着可以有 9.4ZB（$9.4×10^{21}$Byte）或 18 E 个 512Byte。

3. 分区

一台计算机允许同时安装多个操作系统，不同的操作系统可能会使用不同的文件系统来存储文件数据。可是每一个磁盘空间只能使用同一种文件系统，如此一来，便无法在同一个磁盘上安装多个操作系统了。

为了让同一个磁盘能安装多个操作系统，用户可以在硬盘中建立若干个分区。每一个分区在逻辑上都可以视为一个磁盘，因此，用户可以为不同的分区建立不同的文件系统，同时也就能在同一个磁盘中安装多个操作系统了。

每一个磁盘都可以存储若干条分区信息，每一条分区信息代表磁盘中的某一个分区，每一条分区信息会占用 16Byte 的空间，以便记录下面 3 项信息。

（1）开始磁柱（Start Cylinder）：记录这个分区是从第几号的磁柱开始的。

（2）所有磁柱数量（Cylinder Count）：记录这个分区一共占用多少个磁柱。

（3）分区系统标识符（Partition System ID）：记录这个分区上的文件结构或者操作系统的标识符。

分区信息可以存储在主引导记录扇区中或者其他位置。存储在不同位置的分区信息代表不同类型的分区，目前共支持定义下面 3 种类型的分区。

（1）主分区

分区信息如果存储在主引导记录扇区的分区表中，就称为主分区（Primary Partition）。由于主引导记录扇区的分区数据表大小为 64Byte，而每一个分区信息都会占用 16Byte 的空间，因此，一个磁盘最多只能拥有 4 个主分区。

而对于全局唯一标识分区表而言，GPT 对分区数量几乎没有限制。但实际上限制的分区数量为 128 个，GPT 中的分区项的保留空间大小会限制分区数量。因为主分区的数量足够使用，所以扩展分区或逻辑分区对于 GPT 来说并没有多大意义。

GPT 的缺点是需要操作系统支持，比如只有 Windows XP（64 位）、Windows Vista、Windows 7、Windows 8、Windows 10 和比较新的 Linux 发行版支持 GPT 分区的硬盘。而且，如果没有 EFI 的支持，以上系统也只能将 GPT 分区的硬盘当成数据盘，不能从 GPT 分区的硬盘启动系统。

（2）扩展分区

由于主引导记录扇区空间的限制，一个磁盘最多只能有 4 个主要分区；如果需要更多的分区，该怎么办？有一种特殊的分区专门用来存储更多的分区，这种分区称为扩展分区（Extended Partition）。扩展分区具备下列特性。

①扩展分区只能存储分区，无法存储文件的数据。

②扩展分区的信息必须存储在主引导记录扇区的分区数据表中，换句话说，扩展分区可以视为一种特殊的主要分区。因此，用户可以把某一个主要分区修改为扩展分区，这样就可以在这个扩展分区中存储更多的分区信息，突破分区的限制。

一个磁盘只能有一个扩展分区，因此一个磁盘最多只能有 3 个主分区+1 个扩展分区。

（3）逻辑分区

存储在扩展分区中的分区称为逻辑分区（Logical Partition）。每一个逻辑分区都可以存储一个文件系统。至于一个磁盘能够建立多少个逻辑分区，则视其扩展分区的种类而定。不同种类的扩展分区，可建立的逻辑分区数量也不一样。

系统标识符为 5 - Extended 的扩展分区：最多只能存储 12 个逻辑分区的信息。

系统标识符为 85 - Linux Extended 的扩展分区：因磁盘种类的不同会有不同的数量。

①IDE 磁盘：最多 60 个逻辑分区。

②SCSI 磁盘：最多 12 个逻辑分区。

与硬盘一样，每一个分区都会有象征该分区的设备文件；指定硬盘的设备文件后，再根据分区的识别号码命名。

①主要分区与扩展分区：使用 1～4 的识别号码。

②逻辑分区：一律使用 5～63 的识别号码。

例如，/dev/hda 的第一个主要分区，其设备文件便是/dev/hdal；而/dev/sdb 硬盘的第 1 号逻辑分区，则会使用/dev/sdb5 的设备文件。

6.1.3　管理分区

1. 管理 MBR 分区

在 RHEL 系统中，管理 MBR 分区使用最广泛的分区工具是 fdisk。fdisk 使用交互式的方式来进行分区管理的工作。

格式：fdisk [参数] 文件名

功能：fdisk 是 RHEL 中最常用的分区工具，用于创建分区。

常用选项说明如下。

-l：获得计算机中所有磁盘的个数，也能列出所有磁盘的分区情况。

-c：禁用旧的 DOS 兼容模式。

-u：以扇区（而不是柱面）的格式显示输出。

【例 6-1】　列出当前硬盘分区/dev/sda 的使用情况。

```
[root@localhost ~]# fdisk -l /dev/sda
```

如果执行以下命令，在"Command（m for help）:"提示后输入字符"m"，会输出 fdisk 命令的帮助信息。在这里也可以直接输入命令。

```
[root@localhost~]# folisk/dev/sda
```

命令选项说明如下。

m：显示所有命令列表。

p：列出硬盘分区表。

a：设定硬盘启动区。

n：添加一个新的硬盘分区。

e：硬盘为扩展分区（Extend）。

P：硬盘为主分区（Primary）。

t：改变硬盘分区类型。

d：删除硬盘分区。

q：不保存退出。

w：把分区表写入硬盘并退出。

l：列出分区类型，供用户设置相应分区的类型。

（1）列出分区

```
[root@localhost /]# fdisk -l /dev/sda

Disk /dev/sda: 21.5 GB, 21474836480 bytes, 41943040 sectors
Units = sectors of 1 * 512 = 512 bytes
Sector size (logical/physical): 512 bytes / 512 bytes
I/O size (minimum/optimal): 512 bytes / 512 bytes
Disk label type: dos
Disk identifier: 0x000a419c

   Device Boot      Start         End      Blocks   Id  System
/dev/sda1   *        2048     1026047      512000   83  Linux
/dev/sda2         1026048    41943039    20458496   8e  Linux LVM
```

在上面的信息中，Blocks 表示分区的大小，单位是 Byte；System 表示文件系统，比如/dev/sda1 代表 Linux 格式的文件系统，/dev/sda2 代表逻辑卷。

（2）创建主分区

如果现在要添加一个 100MB 的主分区，可以按照下面的步骤操作。

```
[root@localhost ~]# fdisk /dev/sdb
Welcome to fdisk (util-linux 2.23.2).

Changes will remain in memory only, until you decide to write them.
Be careful before using the write command.

Device does not contain a recognized partition table
Building a new DOS disklabel with disk identifier 0x46b56f4a.

Command (m for help): p

Disk /dev/sdb: 10.7 GB, 10737418240 bytes, 20971520 sectors
Units = sectors of 1 * 512 = 512 bytes
Sector size (logical/physical): 512 bytes / 512 bytes
I/O size (minimum/optimal): 512 bytes / 512 bytes
Disk label type: dos
Disk identifier: 0x46b56f4a

   Device Boot      Start         End      Blocks   Id  System

Command (m for help): n
Partition type:
   p   primary (0 primary, 0 extended, 4 free)
   e   extended
Select (default p): p
Partition number (1-4, default 1): 1
First sector (2048-20971519, default 2048):
Using default value 2048
Last sector, +sectors or +size{K,M,G} (2048-20971519, default 20971519): +100M
Partition 1 of type Linux and of size 100 MiB is set
```

+100M：指定分区大小，用"+100M"来指定添加一个大小为 100MB 的硬盘。

分区创建完成后，需要使用 w 命令保存并退出。如果不保存并退出，需使用 q 命令。

```
Command (m for help): w
The partition table has been altered!

Calling ioctl() to re-read partition table.
Syncing disks.
```

（3）创建扩展分区和逻辑分区

如果现在要在系统所有空间创建扩展分区，并在扩展分区上创建 200MB 的逻辑分区，可以按照下面的步骤操作。

```
Command (m for help): n
Partition type:
   p   primary (1 primary, 0 extended, 3 free)
   e   extended
Select (default p): e
Partition number (2-4, default 2): 2
First sector (206848-20971519, default 206848):
Using default value 206848
Last sector, +sectors or +size{K,M,G} (206848-20971519, default 20971519):
Using default value 20971519
Partition 2 of type Extended and of size 9.9 GiB is set

Command (m for help): n
Partition type:
   p   primary (1 primary, 1 extended, 2 free)
   l   logical (numbered from 5)
Select (default p): l
Adding logical partition 5
First sector (208896-20971519, default 208896):
Using default value 208896
Last sector, +sectors or +size{K,M,G} (208896-20971519, default 20971519): +200M
Partition 5 of type Linux and of size 200 MiB is set

Command (m for help): p

Disk /dev/sdb: 10.7 GB, 10737418240 bytes, 20971520 sectors
Units = sectors of 1 * 512 = 512 bytes
Sector size (logical/physical): 512 bytes / 512 bytes
I/O size (minimum/optimal): 512 bytes / 512 bytes
Disk label type: dos
Disk identifier: 0x46b56f4a

   Device Boot      Start         End      Blocks   Id  System
/dev/sdb1            2048      206847      102400   83  Linux
/dev/sdb2          206848    20971519    10382336    5  Extended
/dev/sdb5          208896      618495      204800   83  Linux

Command (m for help): w
The partition table has been altered!

Calling ioctl() to re-read partition table.
Syncing disks.
```

（4）删除分区

如果现在要删除逻辑分区 5，可以使用 d 命令来按照下面的步骤操作。

```
Command (m for help): d
Partition number (1,2,5, default 5): 5
Partition 5 is deleted

Command (m for help): p

Disk /dev/sdb: 10.7 GB, 10737418240 bytes, 20971520 sectors
Units = sectors of 1 * 512 = 512 bytes
Sector size (logical/physical): 512 bytes / 512 bytes
I/O size (minimum/optimal): 512 bytes / 512 bytes
Disk label type: dos
Disk identifier: 0x46b56f4a

   Device Boot      Start         End      Blocks   Id  System
/dev/sdb1            2048      206847      102400   83  Linux
/dev/sdb2          206848    20971519    10382336    5  Extended
```

（5）分区生效

在 RHEL 8 中，分区创建完成后不会立刻生效，需要系统重新启动才可以生效；如果不想启动系统，可以使用 partx -a /dev/sdb 命令使其生效。

```
[root@localhost ~]# partx -a /dev/sdb
partx: /dev/sdb: error adding partitions 1-2
partx: /dev/sdb: error adding partition 5
[root@localhost ~]# ls /dev/sdb*
/dev/sdb   /dev/sdb1   /dev/sdb2   /dev/sdb5
```

2. 管理 GPT 分区

在 RHEL 系统中，管理 GPT 分区的工具和管理 MBR 分区的工具类似，管理 GPT 分区的工具是 gdisk。gdisk 同样使用交互式的方式来进行分区管理工作。

格式：gdisk [参数] 文件名

功能：gdisk 是 RHEL 中常用的分区工具，用于创建 GPT 分区。

常用选项说明如下。

-l：获得计算机中某个磁盘的分区情况。

【例 6-2】　列出当前硬盘分区/dev/sdb 的使用情况。

```
[root@server ~]# gdisk -l /dev/sdb
```

如果执行以下命令，在"Command（?　for help）:"提示后输入字符"?"，会输出 gdisk 命令的帮助信息。在这里也可以直接输入命令。

```
[root@server ~]# gdisk /dev/sdb
GPT fdisk (gdisk) version 0.8.6

Partition table scan:
  MBR: not present
  BSD: not present
  APM: not present
  GPT: not present

Creating new GPT entries.

Command (? for help):
```

命令选项说明如下。

b：备份 GPT 数据到一个文件。

c：改变一个分区的名称。

D：删除硬盘分区。

i：显示一个分区的详细信息。

l：列出已知分区的类型。

N：添加一个新的硬盘分区。

o：创建一个新的空 GUID 分区列表（GPT）。

P：列出硬盘分区表。

q：退出，不保存修改的内容。

r：恢复和转换选项（此操作危险，普通用户不建议进行操作）。

s：分类分区。

t：改变硬盘分区类型。

v：校验磁盘。

w：把分区表写入磁盘并退出（即保存并退出）。

x：额外的功能（此操作危险，普通用户不建议进行操作）。

（1）列出分区

```
[root@server ~]# gdisk -l /dev/sdb
GPT fdisk (gdisk) version 0.8.6

Partition table scan:
  MBR: not present
  BSD: not present
  APM: not present
  GPT: not present

Creating new GPT entries.
Disk /dev/sdb: 16777216 sectors, 8.0 GiB
Logical sector size: 512 bytes
Disk identifier (GUID): CE216017-101C-4640-984D-E2E40B792ABE
Partition table holds up to 128 entries
First usable sector is 34, last usable sector is 16777182
Partitions will be aligned on 2048-sector boundaries
Total free space is 16777149 sectors (8.0 GiB)

Number  Start (sector)    End (sector)  Size       Code  Name
```

在上面的信息中，Number 表示分区编号；Start 表示起始扇区；End 表示结束扇区；Size 表示分区大小，单位是 MB、GB 等；Code 为十六进制分区编码（文件系统类型）；Name 为分区类型，说明该分区是否为 Linux 分区、是否为 Linux 逻辑卷等。

（2）创建主分区

如果现在要在 sdb 空磁盘上添加一个 100MB 的 GPT 分区，可以按照下面的步骤操作。

```
[root@server ~]# gdisk /dev/sdb
GPT fdisk (gdisk) version 0.8.6

Partition table scan:
  MBR: not present
  BSD: not present
  APM: not present
  GPT: not present

Creating new GPT entries.

Command (? for help): n
Partition number (1-128, default 1): 1
First sector (34-16777182, default = 2048) or {+-}size{KMGTP}:
Last sector (2048-16777182, default = 16777182) or {+-}size{KMGTP}: +100M
Current type is 'Linux filesystem'
Hex code or GUID (L to show codes, Enter = 8300): L
```

以上过程信息说明如下。

n：创建一个分区。

Partition number：分区的编号，磁盘支持 128 个分区（主分区），默认分区编号从 1 开始。用户可以手动设置，分区编号范围为 1～128。

First sector：该分区的第一个扇区，也就是这个分区在整个磁盘内的扇区起点。用户可以直接使用数字表示扇区，也可以以+size 方式直接写大小。

Last sector：该分区的结束扇区，也就是这个分区在整个磁盘内的扇区终点。用户可以直接使用数字表示扇区，也可以以+size 方式直接写大小。

Current type is 'Linux filesystem'：智能识别当前操作系统类型，赋予分区代号为 8300 的 Linux 文件系统类型。

Hex code or GUID：设置该分区文件系统类型的十六进制代码。L 表示列出当前系统支持的文件系统类型，具体如下。

```
Hex code or GUID (L to show codes, Enter = 8300): L
0700 Microsoft basic data   0c01 Microsoft reserved    2700 Windows RE
4200 Windows LDM data        4201 Windows LDM metadata   7501 IBM GPFS
7f00 ChromeOS kernel         7f01 ChromeOS root          7f02 ChromeOS reserved
8200 Linux swap              8300 Linux filesystem       8301 Linux reserved
8e00 Linux LVM               a500 FreeBSD disklabel      a501 FreeBSD boot
a502 FreeBSD swap            a503 FreeBSD UFS            a504 FreeBSD ZFS
a505 FreeBSD Vinum/RAID      a580 Midnight BSD data      a581 Midnight BSD boot
a582 Midnight BSD swap       a583 Midnight BSD UFS       a584 Midnight BSD ZFS
a585 Midnight BSD Vinum      a800 Apple UFS              a901 NetBSD swap
a902 NetBSD FFS              a903 NetBSD LFS             a904 NetBSD concatenated
a905 NetBSD encrypted        a906 NetBSD RAID           ab00 Apple boot
af00 Apple HFS/HFS+          af01 Apple RAID             af02 Apple RAID offline
af03 Apple label             af04 AppleTV recovery       af05 Apple Core Storage
be00 Solaris boot            bf00 Solaris root           bf01 Solaris /usr & Mac Z
bf02 Solaris swap            bf03 Solaris backup         bf04 Solaris /var
bf05 Solaris /home           bf06 Solaris alternate se   bf07 Solaris Reserved 1
bf08 Solaris Reserved 2      bf09 Solaris Reserved 3     bf0a Solaris Reserved 4
bf0b Solaris Reserved 5      c001 HP-UX data            c002 HP-UX service
ed00 Sony system partitio    ef00 EFI System             ef01 MBR partition scheme
ef02 BIOS boot partition     fb00 VMWare VMFS            fb01 VMWare reserved
fc00 VMWare kcore crash p    fd00 Linux RAID
```

输入想要设置的分区文件系统类型代码,在这里使用默认的 8300,按 Enter 键即可。

```
Hex code or GUID (L to show codes, Enter = 8300):
Changed type of partition to 'Linux filesystem'

Command (? for help): w

Final checks complete. About to write GPT data. THIS WILL OVERWRITE EXISTING
PARTITIONS!!

Do you want to proceed? (Y/N): y
OK; writing new GUID partition table (GPT) to /dev/sdb.
The operation has completed successfully.
```

以上过程信息说明如下。

8300:使用默认的 8300 Linux filesystem 类型。

w:保存到分区表,提示输入 Y/N 来确认是否写入分区表,Y 写入,N 不写入。

注意:就算是不写入分区表,在没有退出当前交互界面时,用户依然可以使用 p 命令看到分区列表;退出管理 GPT 分区交互界面时,未写入分区表的分区信息将自动删除。

```
[root@server ~]# gdisk -l /dev/sdb
GPT fdisk (gdisk) version 0.8.6

Partition table scan:
  MBR: protective
  BSD: not present
  APM: not present
  GPT: present

Found valid GPT with protective MBR; using GPT.
Disk /dev/sdb: 16777216 sectors, 8.0 GiB
Logical sector size: 512 bytes
Disk identifier (GUID): 78BC8E40-6CFF-49A2-AF1F-6FFA073771EA
Partition table holds up to 128 entries
First usable sector is 34, last usable sector is 16777182
Partitions will be aligned on 2048-sector boundaries
Total free space is 16572349 sectors (7.9 GiB)

Number  Start (sector)   End (sector)  Size       Code  Name
   1         2048           206847    100.0 MiB   8300  Linux filesystem
```

重新查看,发现新创建的 100MB 分区已成功创建。与 fdisk 不同的是,gdisk 创建的分区即时生效。

(3)删除分区

如果现在要删除 1 号分区 sdb1,可以使用 d 命令来按照下面的步骤操作。

```
Command (? for help): d
Using 1

Command (? for help): w

Final checks complete. About to write GPT data. THIS WILL OVERWRITE EXISTING
PARTITIONS!!

Do you want to proceed? (Y/N): y
OK; writing new GUID partition table (GPT) to /dev/sdb.
The operation has completed successfully.
```

输入 "w" 保存时，写入分区表即生效。

6.2　建立和管理文件系统

6.2.1　文件系统

建立和管理
文件系统

1. 什么是文件系统

文件系统的主要功能是存储文件的数据。

当在磁盘存储一个文件时，RHEL 除了会在磁盘存储文件的内容外，还会存储一些与文件相关的信息，例如文件的权限模式、文件的所有者等。如此，RHEL才能提供与文件相关的功能。

为了让操作系统能够在磁盘中有效率地调用文件内容与文件信息，文件系统应运而生。操作系统通过文件系统来决定哪些扇区要存放文件的信息，哪些扇区要存储文件的内容。

目前计算机有多种文件系统，几乎每一种操作系统都有其专属的文件系统。例如，Microsoft 在 DOS 操作系统中提供一个名为 FAT 的文件系统，而在 Windows NT、Windows 2000、Windows XP 等产品中则提供了 NTFS 文件系统。RHEL 专属的文件系统是 ext（含 ext2、ext3 与 ext4）文件系统。

虽然计算机有许多种不同的文件系统，但每一种文件系统的运行原理都大同小异。在设计文件系统的时候，为了能够更快速地调用文件信息，多半会为磁盘空间规划块和索引节点，用于记录存放文件空间和文件的权限等信息。

2. Linux 常见的文件系统

目前的 Linux 内核支持数十种文件系统，通常分成下列 4 类。

（1）Linux 专用文件系统

有些文件系统是针对 RHEL 执行所需的环境量身打造的，用户可以把它们归类为 "Linux 专用文件系统"。

常见的 Linux 专用文件系统有 ext、ext2、ext3、ext4、XFS、SwapFS、ReiserFS 等。

（2）支持其他平台的文件系统

为了可以直接调用其他操作系统的文件，RHEL 也提供一些其他平台的文件系统，例如 MSDOS、VFAT、NTFS、UDF 等。

（3）系统运行类的文件系统

还有一部分的文件系统是为了满足 RHEL 的特殊功能而设计的，这一类文件系统被称为 "系统运行类的文件系统"，其中比较常见的有 ProcFS、DevFS、TmpFS 等。

（4）网络文件系统

通过网络调用另外一台计算机磁盘空间的文件系统，称为网络文件系统。这类文件系统常见的有 NFS、SmbFS、AFS、GFS 等。

不过,并不是每一种文件系统都可以在 RHEL 中使用,例如目前的 RHEL 默认就不支持 NTFS 文件系统。

3. 创建文件系统

如果磁盘没有提供文件系统,则 RHEL 就无法通过文件系统使用磁盘空间。因此,如果希望 RHEL 能使用磁盘空间,就必须在该磁盘空间上建立文件系统。

下面介绍创建文件系统命令 mkfs。

格式：mkfs -t 文件系统类型 [选项] 文件系统名 分配给文件系统的块数

功能：使用 fdisk 命令完成分区的创建后,用户可以使用 mkfs 命令在新的分区上创建一个文件系统。在 RHEL 8 中,文件系统类型默认值为 XFS。

常用选项说明如下。

-V：具体显示模式。

-t：给定文件系统的类型。

-c：在制作文件系统前,检查该分区是否有坏轨。

-l bad_blocks_file：将有坏轨的 block 资料加到 bad_blocks_file 里面。

block：给定 block 的大小。

【例 6-3】　在/dev/sdb5 上建立一个 XFS 分区。

```
[root@localhost ~]# mkfs -t xfs /dev/sdb5
```

【例 6-4】　定义 inode 号与 block size 号一致。

```
[root@localhost ~]# mkfs ext4 -b 1024 -i 1024 /dev/sdb5
```

【例 6-5】　在/dev/hdc6 上创建一个 FAT32 文件系统,并且它与 Windows 兼容。

```
[root@localhost ~]# mkfs -t vfat /dev/hdc6
```

4. 文件系统分类

RHEL 系统核心支持 10 多种文件系统类型：BtrFS、CramFS、ext2、ext3、ext4、XFS、minix、MS DOS、FAT、VFAT 等。目前常用的文件系统为 ext4、VFAT、XFS、JFS,下面详细说明。

（1）ext4：第四代扩展文件系统（Fourth Extended Filesystem）。

ext4 是 Linux 系统下的日志文件系统,是 ext3 文件系统的后继版本。ext4 与 ext3 相兼容,ext3 目前所支持的最大文件系统为 16TB,最大文件为 2TB,而 ext4 分别支持 1EB 的文件系统,以及 16TB 的文件。ext3 目前只支持 32000 个子目录,而 ext4 支持无限数量的子目录。日志文件系统的日志是最常用的部分,也极易导致磁盘硬件故障,而从损坏的日志中恢复数据会导致更多的数据损坏。ext4 的日志校验功能可以很方便地判断日志数据是否损坏,在增加安全性的同时提高了性能。

（2）VFAT：虚拟文件分配表（Virtual File Allocation Table）。

VFAT 是 Windows 95/98 之后操作系统的重要组成部分,Linux 中也支持该文件系统,它主要用于处理长文件名,但长文件名不能被 FAT 文件系统处理。虚拟文件分配表是保存文件在硬盘上保存位置的一张表。原来的 DOS 操作系统要求文件名不能多于 8 个字符,因此限制了用户的使用。VFAT 的功能类似于一个驱动程序,它运行于保护模式下,使用 VCACHE 进行缓存。

（3）XFS：一种高性能的日志文件系统，是 RHEL 8 中默认使用的文件系统类型。

XFS 特别擅长处理大文件，同时提供平滑的数据传输，但对小文件的处理效率不高，用户可通过相应的技术提高对小文件的管理效率。XFS 的主要特性包括以下几点。

①采用 XFS 文件系统，当意想不到的死机发生后，由于 XFS 文件系统开启了日志功能，所以磁盘上的文件不会因意外死机而遭到破坏。不论目前文件系统上存储的文件与数据有多少，XFS 文件系统都可以根据所记录的日志在很短的时间内迅速恢复磁盘文件内容。

②采用优化算法，日志记录对整体文件操作的影响非常小。XFS 查询与分配存储空间非常快，XFS 文件系统能连续提供快速的反应时间。通过对 XFS、JFS、ext3、ReiserFS 文件系统进行测试，XFS 文件系统的性能表现相当出众。

③XFS 是全 64bit 的文件系统，它可以支持上百万 TB 的存储空间。对特大文件及小尺寸文件的支持都表现出众，支持特大数量的目录。最大可支持的文件大小为 $2^{63}=9\times10^{18}=9$（EB），最大文件系统尺寸为 18（EB）。

④使用高的表结构（B+树）保证了文件系统可以进行快速搜索与快速空间分配。XFS 能够持续提供高速操作，文件系统的性能不受目录中目录及文件数量的限制。

⑤XFS 能以接近裸设备 I/O 的性能存储数据。在单个文件系统的测试中，其吞吐量最高可达 7GB/s；对单个文件的读写操作，其吞吐量可达 4GB/s。

（4）JFS：集群文件系统（Journal File System），它是一种字节级日志文件系统。

JFS 借鉴了数据库保护系统的技术，以日志的形式记录文件的变化。JFS 通过记录文件结构（而不是数据本身）的变化来保证数据的完整性。

该文件系统主要是为满足服务器（从单处理器系统到高级多处理器和群集系统）的高吞吐量和可靠性需求（面向事务的高性能系统）而设计、开发的。与非日志文件系统相比，JFS 的突出优点是重启快速，能够在几秒或几分钟内就把文件系统恢复到一致状态。

虽然 JFS 主要是为满足服务器（从单处理器系统到高级多处理器和群集系统）的高吞吐量和可靠性需求而设计的，但还可以用于想得到高性能和可靠性的客户机配置，因为在系统崩溃时 JFS 能提供快速文件系统重启时间，所以它是因特网文件服务器的关键技术。使用数据库日志处理技术，JFS 能在几秒或几分钟之内把文件系统恢复到与原来一致的状态。而在非日志文件系统中，文件恢复可能耗费几小时或几天。

JFS 的缺点是使用 JFS 日志文件系统性能上会有一定损失，系统资源占用的比例也偏高（因为当它保存一个日志时，系统需要写许多数据）。

6.2.2 文件类型

文件可以简单地理解为一段程序或数据的集合。在操作系统中，文件被定义为一个命名的相关字符流的集合，或者一个具有符号名的相关记录的集合。符号名用来唯一地标识一个文件，也就是文件名。RHEL 系统中，文件名最大长度默认值为 255 个字符。RHEL 文件的名称可以由字母、下画线和数字组成，并且可以使用句点和逗号，但是文件名的第一个字符不能使用数字。短画线、句点等符号由系统作为特殊字符使用，例如，Shell 的配置命令保存在特殊的初始化文件中，它们是一些隐含文件，而且是以一个句点作为文件名的第一个字符，称为"点文件"。

在 UNIX、Linux 等操作系统中，把包括硬件设备在内的能够进行流式字符操作的内容都定义为文件，如硬盘、硬盘分区、并行口、到网站的连接、以太网卡及目录等。RHEL 系统中文件的类型包括普通文件、目录文件、符号链接文件、命名管道（FIFO）文件、设备文件（块设备、字符设备）和套接字文件等。

下面介绍常见的文件类型。

1. **普通文件**

当输入 ls -l 时，访问权限前的字符表明了文件的类型。普通文件是以短画线（"-"）表示的。普通文件的种类很多，根据文件的扩展名，我们可以将其分成以下 4 类。

（1）压缩和归档文档

.bz2：使用 bzip2 压缩的文件。

.gz：使用 gzip 压缩的文件。

.tar：使用 tar 压缩的文件。

.tbz：使用 tar 和 bzip 压缩的文件。

.tgz：使用 tar 和 gzip 压缩的文件。

.zip：使用 zip 压缩的文件。

（2）文件格式

.txt：ASCII 码文本文件。

.wav 和.au：音频文件。

.gif：GIF 图像文件。

.html/.htm：HTML 文件。

.jpg：JPEG 图像文件。

.pdf：Portable Document Format（可移植文档格式）文件。

.png：Portable Network Graphic（可移植网络图形）文件。

.ps：PostScript 文件，即为打印而格式化过的文件。

（3）系统文件

.conf：配置文件。

.lock：锁文件，用于判断程序和设备是否正在被使用。

.rpm：用于安装软件的软件包管理器文件。

（4）编程和脚本文件

.c：C 语言程序源代码文件。

.cpp：C++程序源代码文件。

.h：C 或 C++程序的头文件。

.o：程序的对象文件。

.so：库文件。

.sh：Shell 脚本。

.pl：Perl 脚本。

在 RHEL 中，一个文件可能不使用扩展名，或者文件与它的扩展名不符，用户可以通过 file 命令来确定文件的类型。譬如要查看文件 "hello" 的文件类型，用户可以执行下面的命令。

```
[root@localhost ~]# file hello
```

2. **目录文件**

每一个文件系统都提供目录来记录文件的有关信息。在 RHEL 系统中，目录本身也是一种文件，可以按照文件进行管理，称为目录文件。在查看文件详细信息时，目录文件是以字符 "d" 表示的。

目录文件包含文件或其下级子目录。目录文件中的每一个目录由一个i节点来描述，i节点中文件类型标识是一个目录文件，同时在对应的物理块中存放用来描述文件的目录项列表。目录项列表用来描述一个目录所包含的全部文件和子目录，每一个目录项对应着一个文件或目录。每一个目录项中记录着该文件的名称和对应的i节点号等信息。任何一个目录表的前两项内容都是标准目录项"."和".."。当对目录中的文件进行访问时，系统在目录文件里找出与文件名对应的地址，然后从这个地址读取文件。

3. 符号链接文件

符号链接文件是 RHEL 中的一种文件，它的作用与 Windows 下的快捷方式类似。它本身不包含内容，利用它可以指向别的文件或目录。链接实际上不是文件，而是保存指向不同文件的路径的快捷方式，它是目录文件中的记录，这个记录内容即为链接指向文件和目录的节点。在节点表中对每个文件都记录了链接的数量。符号链接文件经常被称为"软链接"，并用字符"l"表示。

4. 设备文件

RHEL 中所有的设备都用文件表示。设备文件都存放在/dev/下，设备文件的文件名就是设备名，设备分为字符设备和块设备两种。

系统能够从字符设备读入字符串，字符设备按照顺序一个一个地传递字符，例如/dev/lp1。这些文件不是特殊的系统文件，不需要被存入缓冲区。这样的文件被标记成"c"。

系统能够从块设备中进行随机读取，最小读取单位为块。块设备文件包括硬盘、硬盘分区、软驱、CD-ROM 驱动器等，例如/dev/hda、/dev/sda5。与字符文件不同的是，块设备的内容是被存入缓冲区的，在执行 ls -l 命令的输出中用字母"b"进行标记。

设备文件名的结尾带有设备编号字符和数字的缩写，例如 fd0 表示连接到用户的第一个软盘驱动器。硬盘分区都以 hd 或 sd 作为前缀，后面按照字母表的顺序加一个代表第几块硬盘的字母，再加上一个代表本块硬盘第几分区的数字，例如 hda3 表示第 1 块 IDE 硬盘的第 3 个分区。

5. 套接字文件

套接字在系统与其他机器联网时使用，一般用在网络端口上。文件系统利用套接字文件进行通信，套接字文件以字符"s"标记。

6. 命名管道文件

命名管道是通过文件系统进行程序间通信的一种方法。用户可以使用命令 mknod 创建一个命名管道，命名管道文件以字符"p"标记。

6.2.3　文件系统结构

RHEL 中的目录结构是一个以根目录为顶的倒挂树结构。用户可以用目录或子目录形成的路径名对文件进行操作，如图 6-1 所示。RHEL 中的目录树是多级目录结构，每一级目录中都存放着所属文件和下一级目录的信息，整个目录层次结构形成一个完整的目录树。利用目录结构可以方便地对系统中的文件进行分隔管理，实现文件的快速搜索，解决文件之间的命名冲突，同时也可以提供文件共享的解决方案。文件系统用一个树状结构表示，根据文件不同的类型、不同的所有者及不同的保护要求，目录树的各级目录又可以划分成不同的子目录（子树），方便实现文件管理。在这种树状层次结构中，文件的搜索速度也更快。几乎所有的操作系统都采用树状的多级目录结构。

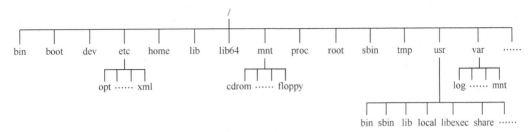

图 6-1 Linux 文件系统的目录结构

下面介绍 RHEL 文件系统下的目录结构及其功能。

/: 表示 RHEL 系统的根目录。Linux 不像 DOS 一样有 "C:" "D:" "E:" 等硬盘标识符, RHEL 是由根目录开始拥有一大批子目录, 而某个硬盘分区可能只安装在某个子目录上面, 这些挂上另一个分区的子目录称为安装点或者挂载点。

/bin: 存放基本的二进制程序文件, 这里的命令都是开机时所必需的。在 RHEL 8 中, 这个目录是/usr/bin 目录的软链接。

/sbin: 存放 root 用户才能运行的重要二进制程序文件, 这里的命令包括 shutdown（关机）、reboot（重启）等命令。在 RHEL 8 中, 这个目录是/usr/sbin 目录的软链接。

/boot: 存放系统启动所需文件, 如系统内核等。

/dev: dev 为 device 的缩写, 该目录用于存放 RHEL 所有的外部设备。

/etc: 存放系统启动和运行所需的配置文件和脚本文件、各种应用程序的配置文件和脚本文件, 以及用户的密码文件、群组文件等。/etc/可以说是对系统最重要的目录, 如果对某个文件不是绝对有把握, 就不要轻易去修改它。

/home: 普通用户的个人目录, 比如用户 student 的个人目录通常为/home/student。

/lib: 存放系统最基本的动态链接共享库文件, 类似 Windows 的.dll 文件。几乎所有的程序运行时都需要共享链接库文件。在 RHEL 8 中, 这个目录是/usr/lib 目录的软链接。

/lib64: 存放 64 位系统最基本的动态链接共享库文件。在 RHEL 8 中, 这个目录是/usr/lib64 目录的软链接。

/mnt: 挂载其他分区的标准目录, 通常这个目录是空的。

/proc: 存放内核和进程信息的虚拟文件目录, 用户可以直接访问这个目录来获取系统信息, 目录的内容不在硬盘而在内存中。此目录中还有一个特殊的子目录/proc/sys, 利用它能够显示内核参数并更改它们, 而且这一更改立即生效。

/root: root 用户的主目录。

/tmp: 存放临时文件。

/usr: 一般文件的主要存放目录。/usr/local 的子目录和/usr 的子目录大致相同, 一般用于存放用户自己编译安装的程序文件; /usr/libexec 存放被其他程序调用执行的系统服务程序; /usr/share 存放系统软件的数据库。

/var: 存放经常变化或不断扩充的数据文件, 比如系统日志、软件包的安装记录等。

在树状的多级目录系统中, 文件名由路径名给出, 路径名可唯一确定一个文件在整个文件系统中的位置。用户可以用两种方式来表示文件的路径: 一种是用绝对路径名表示; 另一种是用相对路径名表示, 即从当前目录开始, 指定文件相对于当前目录的位置。当前目录是指用户当前在目录树中所处的目录位置, 也称为工作目录。例如, 在 RHEL 系统下有路径/home/student/linux/kernel/sched.c, 路径的第一个字符是 RHEL 系统的路径分隔符"/"，代表从根目录开始，该路径是一个绝对路径。这个路径表明在根目录下有 home 目录，而 home 目录下又有 student 子目录，一直到最后的文件，文件的名称为 sched.c。如果当前用户的工作目录是/home/student/linux/，这时相对路径 kernel/sched.c 所指的就是文件/home/student/linux/kernel/sched.c。

与大多数支持多级目录的操作系统一样，RHEL 系统的每一个目录下面都有两个特殊的目录项"."和".."，前者是指当前目录，而后者是指当前目录的上一级目录。对于上面的例子，当前目录是/home/student/linux/，相对路径./kernel/sched.c 和 kernel/sched.c 具有相同的含义，而../指的就是/home/student，../linux/kernel/sched.c 也是指/home/student/linux/kernel/sched.c。

6.3 文件系统的挂载与卸载

6.3.1 使用命令行挂载文件系统

文件系统的
挂载

每一个文件系统都会提供一个根目录，该文件系统中的所有文件就存储在其根目录下。DOS 或 Windows 操作系统允许以硬盘符号直接指定要使用哪个磁盘的文件系统根目录；但是在 RHEL 中，整个系统只有一个根目录，不允许有其他的根目录。因此，用户要在 RHEL 系统中使用某个磁盘空间的根目录及其中的所有文件，就必须将该文件系统挂载到根文件系统的某一个目录下。

挂载这个动作，用来告诉 RHEL 系统："现在有一个磁盘空间，请把它放在某一个目录中，好让用户可以调用里面的数据。"挂载文件系统时，必须以设备文件（比如/dev/sda5）来指定要挂载的文件系统，还需要一个称为挂载点的目录。

完成挂载文件系统的动作后，RHEL 就会知道在某个挂载点目录下的文件，实际上存放于某个文件系统中。当有用户调用挂载点目录中的文件时，RHEL 就会转到该文件系统上找寻文件。

例如，把/dev/sda5 挂载到/tmp/目录，当用户在/tmp/下使用 ls 读取目录内容，或者使用 cat 开启/tmp/中的某一个文件时，RHEL 就知道要到/dev/sda5 上执行相关的操作。

1. 文件系统的挂载命令 mount

格式：mount -t 文件系统类型 –o[可选参数] 文件系统 挂载点

功能：用来把文件系统挂载到系统中。

常用选项说明如下。

-t 文件系统类型：用于指定欲挂载设备的文件系统类型，常见的文件系统类型如下。

- xfs：RHEL 8 中标准的文件系统。
- ext4：RHEL 6 中标准的文件系统。
- msdos：MS-DOS 分区的文件系统，即 FAT16。
- vfat：Windows 分区的文件系统，即 FAT32。
- nfs：网络文件系统。
- iso9660：光盘的标准文件系统。
- ntfs：Windows NT 的文件系统。
- auto：自动检测文件系统。

-o [可选参数]：用于指定挂载文件系统时的选项，常用的可选参数及其含义如下。

- a：安装/etc/fstab 文件中描述的所有文件系统。
- auto：该参数一般与-a 参数一起由启动脚本使用，表明应该安装此设备。与此参数相对的是 noauto。
- ro：将文件系统设置为只读模式。
- rw：将文件系统设置为可读、可写模式。
- defaults：用于启用 rw、suid、dev、exec、auto、nouser 和 async。
- dev：允许使用系统上的设备节点，对设备的访问完全由对磁盘上设备节点的访问权决定，这是一个安全隐患，因此对可移动文件系统如软盘设备节点要采用 node 参数安装。
- async：该参数以异步 I/O 方式保证程序继续执行，而不等待硬盘写操作，这样可以大大加速磁盘操作，但是不可靠。与它相对的是 sync，sync 的特点是速度慢但比较可靠。
- exec：该参数通知内核允许程序在文件系统上运行。与它相对的是 noexec，noexec 用来告诉内核不允许程序在文件系统上运行，通常用于安全防范。
- user：允许普通用户安装和拆卸文件系统。出于安全方面的考虑，它包含 nodev、noexec、nosuid 等参数。所以如果 suid 参数后面跟着 user 参数，suid 参数被关闭。
- suid：允许 setuid、setgid 位生效。出于安全考虑，常用 nosuid。
- remount：允许不中断 mount 命令的条件下为已经安装的文件系统改变特征。
- codepage = ×××：代码页。
- iocharset = ×××：字符集。

文件系统：文件系统是一个块设备，设备的名称如下。

- fd0：表示软盘。
- cdrom：表示光盘。
- sda1：一般用来表示便携移动存储设备。

挂载点：挂载点必须是一个已经存在的目录，一般在挂载之前使用 mkdir 命令先创建一个新的文件系统。如果把现有的目录当作挂载点，这个目录最好为空目录，否则新安装的文件系统会暂时覆盖安装点的文件系统，并且该目录下原来的文件将不可读写，所以不能将文件系统挂载到根文件系统上。挂载外部设备时一般将挂载点放在/mnt 下。

2. 文件系统的挂载方法

4 种常见文件系统的挂载方法如下。

（1）挂载软盘。软盘驱动器的设备名为 fd0，它保存在/dev 目录中，例如将软盘挂载到/mnt/floppy 下，而 floppy 目录原先不存在，可以执行下列命令。

```
[root@localhost ~]# mkdir /mnt/floppy
[root@localhost ~]# mount /dev/fd0 /mnt/floppy
```

（2）挂载光盘。光盘驱动器的设备名为 cdrom，它保存在/dev 目录中。如果需要将光盘挂载到/mnt/cdrom 下，可以执行下列命令。

```
[root@localhost ~]# mkdir /mnt/cdrom
[root@localhost ~]# mount /dev/cdrom /mnt/cdrom
```

（3）挂载硬盘。如果 Windows XP 装在 sda1 分区，要把它挂载到/mnt/winxp 下，可以执行下列命令。

```
[root@localhost ~]# mkdir /mnt/winxp
```

```
[root@localhost ~]# mount -t vfat /dev/sda1 /mnt/winxp
```

如果要将装在 sda7 上的 Linux 磁盘分区挂载到/mnt/linux1 下，可以执行下列命令。

```
[root@localhost ~]# mkdir /mnt/linux1
[root@localhost ~]# mount -t ext4 /dev/sda7 /mnt/linux1
```

（4）挂载移动硬盘设备。对 Linux 系统而言，将 USB 接口的移动硬盘作为 SCSI 设备对待。插入移动硬盘之前，应先用 fdisk –l 或 more/proc/partitions 查看系统的硬盘和硬盘分区情况。

下面以挂载移动硬盘设备为例介绍挂载过程。

执行 fdisk –l 命令并得到相应的信息，如下所示。

```
[root@instructor ~]# fdisk -l

Disk /dev/sda: 6442 MB, 6442450944 bytes
255 heads, 63 sectors/track, 783 cylinders
Units = cylinders of 16065 * 512 = 8225280 bytes
Sector size (logical/physical): 512 bytes / 512 bytes
I/O size (minimum/optimal): 512 bytes / 512 bytes
Disk identifier: 0x00099d9c

   Device Boot      Start         End      Blocks   Id  System
/dev/sda1   *           1          33      262144   83  Linux
Partition 1 does not end on cylinder boundary.
/dev/sda2              33         618     4694016   8e  Linux LVM
Partition 2 does not end on cylinder boundary.
/dev/sda4             618         783     1332263+   5  Extended
/dev/sda5             618         682      520949+  83  Linux
/dev/sda6             683         783      811251   83  Linux
```

由以上输出信息可知，现在系统有一块 SCSI 硬盘/dev/sda 和几个硬盘分区。接好移动硬盘后，再用 fdisk –l 命令查看系统的硬盘和硬盘分区情况，如下所示。

```
Disk /dev/sdb: 7748 MB, 7748222976 bytes
255 heads, 63 sectors/track, 942 cylinders
Units = cylinders of 16065 * 512 = 8225280 bytes
Sector size (logical/physical): 512 bytes / 512 bytes
I/O size (minimum/optimal): 512 bytes / 512 bytes
Disk identifier: 0x00000000

   Device Boot      Start         End      Blocks   Id  System
/dev/sdb1   *           1         942     7566583+   b  W95 FAT32
```

由以上输出信息可知，系统多了一个 SCSI 硬盘/dev/sdb 和一个硬盘分区/dev/sdb1，文件系统类型为 FAT32。dev/sdb1 就是要挂载的 U 盘。

可执行下列命令完成挂载：

```
[root@localhost ~]# mkdir /mnt/usb
[root@localhost ~]# mount /dev/sdb1 /mnt/usb
```

现在可以通过/mnt/usb 来访问 U 盘了。

6.3.2　永久挂载文件系统

关闭计算机的最后一刹那，RHEL 会卸载所有已经挂载的文件系统。然而，当下次启动计算机后，RHEL 将无法把卸载掉的文件系统重新挂载起来。

如果有一个每次都会用到的文件系统，那么每次开机后就得自己手动重新挂载一次。有什么方法可以让 RHEL 在每次开机的时候，能够自动挂载所有需要的文件系统呢？

RHEL 有一个文件专门用来设置文件系统的配置，用户可以在这个文件中加入一组设置值，这样每次开机时，RHEL 都会自动依照这个配置文件中的配置管理所有的文件系统。这个配置文件就是/etc/fstab，称为文件系统数据表（File System Table）。

使用/etc/fstab 来定义文件系统的配置，除了可以让 RHEL 在开机时自动挂载所需的文件系统外，还可以获得以下的好处。

（1）定义每一个文件系统的信息。

（2）简化 mount、umount 命令的操作。

（3）定义某一个文件系统的挂载参数。

（4）设置备份的频率。

（5）配置开机时是否要检查文件系统。

下面是/etc/fstab 文件的示例。

```
#
# /etc/fstab
# Created by anaconda on Thu Aug  5 04:30:50 2021
#
# Accessible filesystems, by reference, are maintained under '/dev/disk/'.
# See man pages fstab(5), findfs(8), mount(8) and/or blkid(8) for more info.
#
# After editing this file, run 'systemctl daemon-reload' to update systemd
# units generated from this file.
#
/dev/mapper/rhel-root   /                              xfs      defaults      0 0
UUID=f0022727-2c9a-4e4a-8d0a-13e08b8f62a7 /boot xfs      defaults      0 0
/dev/mapper/rhel-swap   swap                           swap     defaults      0 0
```

/etc/fstab 文件的格式如下。

```
device mount_point fs_type mount_options fs_dump fs_pass
```

其中每一个字段说明如下。

device：文件系统的名称，可以使用设备文件名或者使用设备的 UUID、设备的卷标签名。例如，将这个字段写成"LABAL=root"或"UUID=3e6be9de-8139-11d1-9106-a43f08d823a6"，这样会使系统更具伸缩性。

mount_point：挂载点路径，该路径必须是绝对路径，而且挂载点必须是一个目录。对于交换分区（Swap Partition），这个字段定义为 swap。

fs_type：文件系统的类型。具体类型可以查看 mount 的手册。

mount_options：挂载这个文件系统时的参数。大多数系统使用"defaults"就可以满足需要，其他常见的选项如下。

- ro：以只读模式加载该文件系统。
- sync：不对该设备的写操作进行缓冲处理，这样可以防止在非正常关机时破坏文件系统，但是却降低了计算机速度。
- user：允许普通用户加载该文件系统。
- quota：强制在该文件系统上进行磁盘配额限制。
- noauto：不在系统启动时加载该文件系统。

fs_dump：当使用 dump 工具时，是否要备份这个文件系统，以及备份的频率。如果 fs_dump 为 1，代表需要备份；为 0 则代表不需备份。

fs_pass：执行 fsck 时，是否要检查这个文件系统，以及检查的顺序。如果 fs_pass 为 0，则代表执行 fsck -a 时不会检查这个文件系统；而使用非 0 的正整数则代表要检查。

下面的示例是使/dev/sda6 这个 ext4 文件系统在每次开机的时候都能自动挂载到/mnt/tmp/，需要在/etc/fstab 文件中增加以下一行：

```
/dev/sda6 /mnt/tmp ext4 defaults 0 0
```

在设置/etc/fstab 后，倘若需要测试设置值是否正确，用户可以直接执行 mount -a 命令，以仿真 RHEL 开机时挂载所有文件系统的动作。

/etc/fstab 负责存储 RHEL 文件系统的设置数据，如果/etc/fstab 不存在或者设置错误，将导致 RHEL 在下一次开机时会因无法挂载文件系统而启动失败。所以用户千万不要忘了备份/etc/fstab 这个文件。

6.3.3　卸载文件系统

要使用文件系统需进行挂载，而要停止某文件系统的使用，则必须卸载。用户可以使用 umount 命令卸载文件系统。

格式：umount [选项] 设备名称或挂载点

功能：用来卸载文件系统，该命令与 mount 执行相反的操作。如果不使用文件系统，不能直接将硬件设备去除，因此需要先执行 umount 命令。

常用选项说明如下。

-V：显示程序版本。

-h：显示帮助信息。

-n：卸载时的信息不写入/etc/fstab。

-f：强行卸载文件系统。

-a：卸载/etc/fstab 文件中的所有文件系统。

【例 6-6】　卸载/etc/fstab 中的所有文件系统，且卸载信息不写入/etc/fstab。

```
[root@localhost ~]# umount -a -n
```

【例 6-7】　通过卸载点卸载光盘的文件系统。

```
[root@localhost ~]# umount /mnt/cdrom
```

【例 6-8】　通过设备名卸载 U 盘的文件系统。

```
[root@localhost ~]# umount /dev/sdb1
```

在使用 umount 命令卸载文件系统时，必须保证此时文件系统不处于 busy 状态。使文件系统处于 busy 状态的情况有：文件系统中有打开的文件、某个进程的工作目录在此系统中、文件系统的缓存文件正被使用。

最常见的错误是在挂载点目录下进行卸载操作。因为文件系统处于 busy 状态时，卸载会失败，所以不能在挂载点目录下进行卸载。

6.4　管理交换空间

6.4.1　交换内存介绍

交换内存（Swap Memory）是 RHEL 用来暂时取代物理内存，以便提供更多内存空间的一种机制。

很多人把交换内存与 DOS/Windows 系统中的"虚拟内存（Virtual Memory）"相提并论，在某种程度上这两者的意义是一样的，不过仔细论其运行的原理，两者还是有许多相异之处的。两者相同的地方是都可以暂时作为内存使用，但其启用时机与用法却大不相同。

DOS/Windows 的虚拟内存在开机时就必须启动，甚至没有配置虚拟内存，可能就无法顺利启动；另外，DOS/Windows 会同时使用物理内存与虚拟内存，即使实体内存还足够，应用程序还是会使用虚拟内存。

而 RHEL 的交换内存则是在物理内存不足时才会使用，以便腾出更多的内存空间给其他应用程序使用；换句话说，如果 RHEL 有足够的物理内存，就不会用到任何交换内存。这样做的好处是提高了 RHEL 系统的整体执行效率。因为物理内存的读取速度远高于磁盘上的交换内存，所以 RHEL 会优先使用物理内存，万不得已才会动用交换内存。

1. 交换内存的种类

交换内存依照空间的单位被分为分区类型的交换内存与文件类型的交换内存两类。

（1）分区类型的交换内存

分区类型的交换内存是以分区为配置单位的，该分区有多大，启用之后交换内存就会增加多大。用户可以在 RHEL 系统中配置一个分区，并且设置其分区代号（Partition ID）为 "82 - Linux swap / Solaris"。如此一来，这个分区就可以被 RHEL 用作内存了。

以分区呈现的交换内存，其优点是效率高，而缺点则是弹性差。由于 RHEL 可以直接使用该分区的每一个扇区，因此，在读取时该类型的交换内存效率会比文件类型的交换内存效率高。然而，要建立分区类型的交换内存，必须要产生一个分区；如果该磁盘驱动器又是 RHEL 的启动磁盘，那必须要重新启动 RHEL 系统，才能让 RHEL 找到这个新的分区；如果打算卸载这个交换内存，也必须重新启动系统，因此分区类型的交换内存在使用上比较麻烦且缺乏弹性。

（2）文件类型的交换内存

文件类型的交换内存则是以文件为配置单位的，该文件有多大，其交换内存的空间就有多大。

这种文件类型的交换内存，优点是弹性佳，缺点则是效率较差。由于配置的单位是文件，因此，当发现 RHEL 的物理内存快要用完时，可以马上配置一个文件出来，作为交换内存使用。当不再需要该交换内存时，也可以在停用后直接删除，以回收磁盘空间。所以文件类型的交换内存比分区类型的交换内存更有弹性。然而，因为交换内存是以文件的类型存储数据的，当 RHEL 在读取文件类型的交换内存时，必须通过文件系统方能使用真正的扇区、磁轨，故在执行上效率较差。

通常意义下，优先采用分区类型的交换内存，只在没有多余的磁盘空间可以产生新的分区时，才使用文件类型的交换内存。

2. 交换内存的大小

RHEL 允许同时建立若干个交换内存空间，但每一个交换内存空间最大不能超过 2GB，而且同时启用的交换内存空间数量最多只能有 32 个，这意味着 RHEL 同时最多只能启用 64GB 的交换内存。当然，在 64 位系统上没有这个限制。

6.4.2　创建交换内存

要建立一个新的交换内存空间，大致有配置交换内存空间、制作交换内存文件系统、启用交换内存、关闭交换内存 4 个步骤。

1. 配置交换内存空间

首先，必须要配置一个磁盘空间，以作为交换内存的空间。

要产生分区类型的交换内存空间，必须使用 fdisk 之类的分区管理程序，先建立一个分区，然后将其分区代号（Partition ID）设置为"82 - Linux swap / Solaris"。设置完成后，这个分区就可以作为交换内存使用了。

下面的示例是将/dev/sdb5 设置为 swap 分区。

```
[root@localhost ~]# fdisk /dev/sdb
Welcome to fdisk (util-linux 2.23.2).

Changes will remain in memory only, until you decide to write them.
Be careful before using the write command.


Command (m for help): t
Partition number (1,2,5, default 5): 5
Hex code (type L to list all codes): 82
Changed type of partition 'Linux' to 'Linux swap / Solaris'

Command (m for help): p

Disk /dev/sdb: 10.7 GB, 10737418240 bytes, 20971520 sectors
Units = sectors of 1 * 512 = 512 bytes
Sector size (logical/physical): 512 bytes / 512 bytes
I/O size (minimum/optimal): 512 bytes / 512 bytes
Disk label type: dos
Disk identifier: 0x46b56f4a

   Device Boot      Start         End      Blocks   Id  System
/dev/sdb1            2048      206847      102400   83  Linux
/dev/sdb2          206848    20971519    10382336    5  Extended
/dev/sdb5          208896     2306047     1048576   82  Linux swap / Solaris
```

分区创建成功后，要保存分区表，重启系统生效。如果不想重启，需要使用 partx -a /dev/sdb 命令，如下所示。

```
Command (m for help): w
The partition table has been altered!

Calling ioctl() to re-read partition table.
Syncing disks.
[root@localhost ~]# partx -a /dev/sdb
partx: /dev/sdb: error adding partitions 1-2
partx: /dev/sdb: error adding partition 5
```

2. 制作交换内存文件系统

建立交换内存所需的空间后，接着必须在磁盘上制作交换内存的文件系统。由于交换内存中存储的数据与一般的文件数据不一样，为了让 RHEL 系统能够更有效率地读取交换内存中的数据，RHEL 提供一个名为 SwapFS 的特殊文件系统，用来存储交换内存中的数据。

要制作交换内存的文件系统，必须使用 mkswap 这个工具，其格式如下：

```
mkswap DEVICE
```

下面的示例是在/dev/sdb5 这个分区上建立 SwapFS 文件系统，以便将其作为交换内存的文件系统。

```
[root@localhost ~]# mkswap /dev/sdb5
Setting up swapspace version 1, size = 1048572 KiB
no label, UUID=ea1943f2-0a8d-4b1b-9a72-6448f2d94642
```

3. 启用交换内存

制作完交换内存的文件系统后，没有经过启用的程序是无法使用的。如果要启用交换内存，需要使用 swapon 命令，其格式如下：

```
swapon [-a] DEVICE
```

启用交换内存后，如果用户想要查看系统的交换内存，可以使用 swapon -s 命令。

```
[root@localhost ~]# swapon -a /dev/sdb5
[root@localhost ~]# swapon -s
Filename                        Type        Size       Used  Priority
/dev/dm-0                       partition   2097148 0        -1
/dev/sdb5                       partition   1048572 0        -2
```

想要系统下次重启，自动挂载交换分区，需要在/etc/fstab 文件中添加以下一行：

```
/dev/sdb5 swap swap defaults 0 0
```

保存文件，下次重启系统会发现自动挂载/dev/sdb5 分区为交换内存了。

4. 关闭交换内存

如果想要关闭某个磁盘的交换内存，可以使用 swapoff 命令，其格式如下：

```
swapoff  DEVICE
```

例如，执行以下命令：

```
[root@localhost ~]# swapon -s
Filename                        Type        Size       Used  Priority
/dev/dm-0                       partition   2097148 0        -1
/dev/sdb5                       partition   1048572 0        -2
[root@localhost ~]# swapoff /dev/sdb5
[root@localhost ~]# swapon -s
Filename                        Type        Size       Used  Priority
/dev/dm-0                       partition   2097148 0        -1
```

/dev/sdb5 分区就从交换内存中删除了。如果之前修改了/etc/fstab 文件，还需要从文件中删除添加的内容。

6.5　磁盘配额

6.5.1　磁盘配额的作用

在 RHEL 中，由于是多用户、多任务的环境，所以会有多用户共同使用一个硬盘空间的情况发生，如果其中有少数几个使用者占据了大量硬盘空间，必然会压缩其他使用者的使用空间。磁盘配额是管理员可以对本域中的每个用户或组群所能使用的磁盘空间进行配额限制，取消他们或群组在系统上无限制地使用磁盘空间的能力。

quota 可以从两个方面指定磁盘的存储限制，即硬配额和软配额。硬配额是指用户和组群可以使用空间的最大值，用户在操作过程中使用的空间如果超出硬配额的限制，系统就会发出警告信息，并结束用户的写入操作。软配额同样定义了用户和组群可使用的空间上限，但是系统允许软配额可以在一段时间内被超越，这段时间称为过渡期，默认值为 7 天。如果超过过渡期后，用户使用的空间仍超过软配额，那么系统将不允许用户进行写入操作。一般硬配额大于软配额。

quota 是以每一个使用者、每一个文件系统为基础的，它不能跨文件系统对用户做出限制。如果使用者可能在超过一个以上的文件系统上建立文件，那么必须在每一个文件系统上分别设定 quota。

6.5.2　创建磁盘配额

1. 磁盘配额的命令

与配额设置相关的命令包括 quota、quotacheck、edquota 和 quotaon。

（1）quota 命令

格式：quota 用户名

功能：查看指定用户的配额设置。

（2）quotacheck 命令

格式：quotacheck [选项]

功能：检查文件系统的配额限制，并可以创建配额管理文件。

常用选项说明如下。

-a：检查/etc/fstab 文件中需要进行配额管理的分区。

-g：检查组群磁盘配额信息，并可创建 aquota.group 文件。

-u：检查用户磁盘配额信息，并可创建 aquota.user 文件。

-v：在检查配额过程中显示详细的状态信息。

（3）edquota 命令

格式：edquota [选项]

功能：编辑配额管理文件。

常用选项说明如下。

-t：设置过渡期。

-u 用户名：设置指定用户的配额。

-g 组群名：设置指定组群的配额。

-p 用户名 1 用户名 2：将用户 1 的配额设置复制给用户 2。

（4）quotaon 命令

格式：quotaon [选项]

功能：启动配额管理。

该命令的主要选项与 quotacheck 相同。

2. 磁盘配额建立步骤

下面演示实现磁盘配额的基本步骤。

（1）修改/etc/fstab，对所选文件系统激活配额选项。

修改/etc/fstab，给需要配额的文件系统添加 usrquota 和 grpquota 选项。例如在/etc/fstab 中对/dev/sdb5 做以下修改。

```
/dev/sdb5      /home    ext4    defaults,usrquota,grpquota 0 0
```

在包含 defaults 的字段加上 usrquota 后即为/home 文件系统启用了用户配额；加上 grpquota 后即为/home 文件系统启用了组配额。

（2）更新装载文件系统，使更改生效。

添加了 userquota 和 grpquota 选项后，重新挂载每个相应 fstab 条目被修改的文件系统。如果某文件系统没有被任何进程使用，用户可以在使用 umount 命令后再紧跟着 mount 命令来重新挂载这个文件系统。如果某文件系统正在被使用，要重新挂载该文件系统的最简洁方法是重新引导系统或者使用命令 mount -o remount /home 重新挂载。挂载完成后，查看挂载结果，如下所示。

```
[root@localhost ~]# grep sdb5 /etc/fstab
/dev/sdb5      /home    ext4    defaults,usrquota,grpquota 0 0
[root@localhost ~]# mount |grep sdb5
/dev/sdb5 on /home type ext4 (rw,relatime,seclabel,quota,usrquota,grpquota,data=ordered)
```

（3）扫描相应文件系统，用 quotacheck 命令生成基本配额文件。

运行 quotacheck 命令，以便通过 quotacheck 命令将用户的磁盘使用量填充到其中。quotacheck 命令检查启用了配额的文件系统，并为每个文件系统建立一个当前磁盘用量的表，该表会被用来更新操作系统的磁盘用量文件。此外，文件系统的磁盘配额文件也被更新。要在文件系统上创建配额文件（如 quota.user 和 quota.group），用户可以使用 quotacheck 命令的-c 选项，例如，为/home 分区启用用户和组群配额，在/home 目录下创建这些文件。文件被创建后，运行以下命令来生成每个启用了配额文件系统的当前磁盘用量表。

```
[root@localhost ~]# quotacheck -cmvug /home
```

quotacheck 命令运行完后，与所启用配额（用户和/或组群）相对应的配额文件中就会写入用于每个启用了配额文件系统（如/home）的数据。

```
[root@localhost ~]# quotacheck -cmvug /home
quotacheck: Your kernel probably supports journaled quota but you are not using
 journaled quota to avoid running quotacheck after an unclean shutdown.
quotacheck: Scanning /dev/sdb5 [/home] done
quotacheck: Cannot stat old user quota file /home/aquota.user: No such file or
be subtracted.
quotacheck: Cannot stat old group quota file /home/aquota.group: No such file o
t be subtracted.
quotacheck: Cannot stat old user quota file /home/aquota.user: No such file or
be subtracted.
quotacheck: Cannot stat old group quota file /home/aquota.group: No such file o
t be subtracted.
quotacheck: Checked 2 directories and 0 files
quotacheck: Old file not found.
quotacheck: Old file not found.
[root@localhost ~]# ls /home
aquota.group  aquota.user  lost+found
```

（4）用 edquota 命令对特定用户设置配额限制。

文件系统设置为支持限额控制后，就可以使用 edquota 命令为系统上某个普通用户设置限额了。edquota 命令将在每个启用 quota 的分区上为用户设置限额，该命令使用如下：

```
[root@localhost ~]# edquota -u student
Disk quotas for user student (uid 1000):
  Filesystem           blocks       soft       hard     inodes       soft       hard
  /dev/sdb5                 0       1000       2000          0          0          0
```

在以上的信息中有如下 7 项内容。

Filesystem：进行配额管制的文件系统，如/dev/sdb5。

blocks：使用者在某个分区上已经使用的区块总数（以 KB 为单位）。

soft：使用空间的软限额，单位为 block。

hard：使用空间的硬限额，单位为 block。

inodes：已经使用的节点数量，即使用者在某个分区上所拥有的文件总数。

soft：使用文件数量的软限额，单位为个。

hard：使用文件数量的硬限额，单位为个。

在以上的叙述中，软限额是指 quota 使用者在分区上拥有的磁盘用量总数；硬限额只在设定有缓冲时间时才运作，它指出磁盘用量的绝对限制，quota 使用者不能超越这个限制。缓冲时间是由 edquota 命令的-t 参数所设定的，它是对 quota 使用者实行软限额之前的时间限制，可使用的时间单位是秒、分、小时、日、星期及月。edquota 命令还可以使用-g 参数为群组指定磁盘限额。

（5）用命令激活配额。

磁盘配额设置完后，必须以 quotaon -vug 命令启用配额管理。

quotaon 命令用来打开 quota 的计算，quotaoff 命令则是将其关闭，它们是在系统启动与关机时执行的。执行以下命令后，现在/home 分区上已经启用用户配额和组配额功能了。

```
[root@localhost ~]# quotaon -vug /home
/dev/sdb5 [/home]: group quotas turned on
/dev/sdb5 [/home]: user quotas turned on
```

（6）测试。

创建测试目录，修改所属：

```
[root@localhost ~]# mkdir /home/qtest
[root@localhost ~]# chown student /home/qtest/
```

切换到普通用户 student：

```
[root@localhost ~]# su -student
```

复制文件测试：

```
-bash-4.2$ cp /bin/* /home/qtest/
sdb5: warning, user block quota exceeded.
sdb5: write failed, user block limit reached.
cp: error writing '/home/qtest/awk': Disk quota exceeded
cp: failed to extend '/home/qtest/awk': Disk quota exceeded
cp: error writing '/home/qtest/baobab': Disk quota exceeded
cp: failed to extend '/home/qtest/baobab': Disk quota exceeded
cp: error writing '/home/qtest/base64': Disk quota exceeded
cp: failed to extend '/home/qtest/base64': Disk quota exceeded
cp: error writing '/home/qtest/basename': Disk quota exceeded
cp: failed to extend '/home/qtest/basename': Disk quota exceeded
cp: error writing '/home/qtest/bash': Disk quota exceeded
cp: failed to extend '/home/qtest/bash': Disk quota exceeded
```

硬配额生效，不能再写入磁盘文件。

6.6　VDO

6.6.1　VDO 简介

虚拟数据优化（Virtual Data Optimize，VDO）是在 RHEL 8 上新推出的一个存储相关技术，是 Red Hat 收购的 Permabit 公司的技术。

VDO 的主要作用是节省磁盘空间，比如让 1TB 的磁盘能装下 1.5TB 的数据，从而降低数据中心的成本。

VDO 的实现原理，主要是重删和压缩技术。重删就是硬盘里的相同数据，以前要占多份空间，现在只需要 1 份空间就可以了。类似在百度网盘中上传一个大型文件，如果百度网盘中本身就有这个文件，那么能实现秒传，因为之前就有，所以无须再传一遍，也无须再占一份空间。数据压缩类似于压缩软件的算法，也可以更加节省磁盘空间。

VDO 层放置在现有块存储设备（例如 RAID 设备或本地磁盘）的顶部，这些块设备也可以是加密设备。存储层（如 LVM logic 卷和文件系统）放置在 VDO 层的顶部。

VDO 按以下顺序处理数据，减少存储设备上的占用空间。

1. 排除零区块

在初始化阶段，整块为 0 的会被元数据记录下来，其基本原理可以用水杯里面的水和沙子混合的例子来解释，即使用滤纸（零块排除）把沙子（非零空间）给过滤出来，然后进行下一个阶段的处理。

2. 删除重复数据

在第二阶段会判断输入的数据是不是冗余数据（在写入之前就判断），这个操作由 UDS（Universal Deduplication Service）内核模块来进行，被判断为重复数据的部分不会被写入，然后对元数据进行更新，直接指向原始已经存储的数据块即可。

3. 压缩

一旦消零和重删完成，LZ4 压缩会对每个单独的数据块进行处理，然后会以固定大小为 4KB 的数据块的形式将它们存储在介质上，又由于一个物理块可以包含很多的压缩块，因此这样也可以加速读取的性能。

6.6.2　VDO 创建

1. 安装 VDO 模块，需要的软件包是 kmod-kvdo 和 vdo

```
[root@server25 ~]# yum install kmod-kvdo vdo -y
Updating Subscription Management repositories.
Unable to read consumer identity
This system is not registered to Red Hat Subscription Management. You
can use subscription-manager to register.
上次元数据过期检查：2:04:22 前，执行于 2021年03月26日 星期五 20时20分0
8秒。
软件包 kmod-kvdo-6.2.2.117-65.el8.x86_64 已安装。
软件包 vdo-6.2.2.117-13.el8.x86_64 已安装。
依赖关系解决。
无需任何处理。
完毕！
```

2. VDO 创建命令：vdo create

格式：vdo create [选项]

功能：该命令用来创建 VDO。

常用选项说明如下。

--name：创建 VDO 的逻辑名称。

--device：创建 VDO 的物理名称。

--vdoLogicalSize：VDO 大小（可以比物理卷的空间大）。

```
[root@server25 ~]# fdisk -l /dev/sdb
Disk /dev/sdb: 50 GiB, 53687091200 字节，104857600 个扇区
单元：扇区 / 1 * 512 = 512 字节
扇区大小(逻辑/物理): 512 字节 / 512 字节
I/O 大小(最小/最佳): 512 字节 / 512 字节
[root@server25 ~]# vdo create --name=vdo1 --device=/dev/sdb --vdoLogicalSize=50G
Creating VDO vdo1
        The VDO volume can address 46 GB in 23 data slabs, each 2 GB.
        It can grow to address at most 16 TB of physical storage in 8192 slabs.
        If a larger maximum size might be needed, use bigger slabs.
Starting VDO vdo1
Starting compression on VDO vdo1
VDO instance 0 volume is ready at /dev/mapper/vdo1
```

3. 分析一个 VDO 命令：vdo status

```
[root@server25 ~]# vdo status --name=vdo1
VDO status:
  Date: '2021-03-26 22:44:02+08:00'
  Node: server25
Kernel module:
  Loaded: true
  Name: kvdo
  Version information:
    kvdo version: 6.2.2.117
Configuration:
  File: /etc/vdoconf.yml
  Last modified: '2021-03-26 22:40:51'
VDOs:
  vdo1:
    Acknowledgement threads: 1
    Activate: enabled
    Bio rotation interval: 64
    Bio submission threads: 4
    Block map cache size: 128M
    Block map period: 16380
    Block size: 4096
    CPU-work threads: 2
    Compression: enabled
    Configured write policy: auto
    Deduplication: enabled
```

Compression：压缩。

Deduplication：重复删除数据。

4. 给 vdo1 一个 xfs 文件系统，之后挂载到/mnt/vdo1 上

```
# mkfs -t xfs -K /dev/mapper/vdo1
```

-K 选项可防止立即丢弃文件系统中未使用的块，从而使命令返回更快。

```
[root@server25 ~]# mkfs -t xfs -K /dev/mapper/vdo1
meta-data=/dev/mapper/vdo1       isize=512    agcount=4, agsize=3276800 blks
         =                       sectsz=4096  attr=2, projid32bit=1
         =                       crc=1        finobt=1, sparse=1, rmapbt=0
         =                       reflink=1
data     =                       bsize=4096   blocks=13107200, imaxpct=25
         =                       sunit=0      swidth=0 blks
naming   =version 2              bsize=4096   ascii-ci=0, ftype=1
log      =internal log           bsize=4096   blocks=6400, version=2
         =                       sectsz=4096  sunit=1 blks, lazy-count=1
realtime =none                   extsz=4096   blocks=0, rtextents=0
```

刷新存储设备：

```
# udevadm   settle
```

创建挂载目录：

```
# mkdir    /mnt/vod1
```

挂载使用：

```
# mount /dev/mapper/vdo1 /mnt/vdo1/
```

```
[root@server25 ~]# udevadm settle
[root@server25 ~]# mkdir /mnt/vod1
[root@server25 ~]# mount /dev/mapper/vdo1 /mnt/vod1/
[root@server25 ~]# df -hT
文件系统              类型      容量   已用   可用  已用% 挂载点
devtmpfs             devtmpfs  1.9G    0    1.9G   0%  /dev
tmpfs                tmpfs     2.0G    0    2.0G   0%  /dev/shm
tmpfs                tmpfs     2.0G   10M   2.0G   1%  /run
tmpfs                tmpfs     2.0G    0    2.0G   0%  /sys/fs/cgroup
/dev/mapper/rhel-root xfs      17G    5.3G   12G  31%  /
/dev/sda1            xfs      1014M  211M   804M  21%  /boot
tmpfs                tmpfs     392M   1.2M  391M   1%  /run/user/42
tmpfs                tmpfs     392M   4.6M  387M   2%  /run/user/0
/dev/sr0             iso9660  7.9G   7.9G    0   100%  /run/media/root/RHEL-8-2-
0-BaseOS-x86_64
/dev/mapper/vdo1     xfs      50G    390M   50G   1%  /mnt/vod1
```

5. 使用 vdostats 命令查看卷的初始统计信息和状态

```
# vdostats --human-readable
```

```
[root@server25 ~]# vdostats --human-readable
Device                     Size     Used Available Use% Space saving%
/dev/mapper/vdo1           50.0G     4.0G    46.0G   8%           99%
```

6. 创建多个相同文件，验证结果

```
[root@server25 ~]# cd /mnt/vod1/
[root@server25 vod1]# ll
总用量 238184
-rw-r--r--. 1 root root 243900138 11月  8 2017 hadoop-2.8.2.tar.gz
[root@server25 vod1]# vdostats --human-readable
Device                     Size     Used Available Use% Space saving%
/dev/mapper/vdo1           50.0G     4.2G    45.8G   8%           14%
[root@server25 vod1]# cp hadoop-2.8.2.tar.gz new.tar.gz
[root@server25 vod1]# ls
hadoop-2.8.2.tar.gz  new.tar.gz
[root@server25 vod1]# vdostats --human-readable
Device                     Size     Used Available Use% Space saving%
/dev/mapper/vdo1           50.0G     4.2G    45.8G   8%            9%
```

总结：会发现传相同的一个文件，空间并不会发生变化。

第7章
逻辑卷管理

Linux 提供逻辑盘卷管理（Logical Volume Manager，LVM）机制，让系统管理员可以弹性地使用磁盘空间。系统管理员通过 LVM 可以方便地调整存储卷组的大小，并且可以对磁盘存储按照组的方式进行命名、管理和分配。

本章主要介绍如何使用 LVM 对磁盘进行管理，其管理方式包括使用命令行和使用图形管理器两种方式。

7.1 通用 LVM 概念和术语

7.1.1 LVM 简介

LVM 概念

每个 RHEL 使用者在安装 RHEL 时都会遇到这样的问题：在为系统分区时，如何精确评估和分配各个硬盘分区的容量？尤其是系统管理员不但要考虑当前分区需要的容量，还要预见该分区以后可能需要容量的最大值。如果估计不准确，当该分区不够用时，系统管理员可能需要备份整个系统，清除硬盘后重新对硬盘分区，然后恢复数据到新分区。

虽然现在有很多动态调整磁盘的工具可以使用，例如 Partition Magic、Paragon Partition Manager 等，但是它们并不能完全解决问题，因为某个分区可能会被再次耗尽，这需要重新引导系统才能实现。对于很多担任重要角色的服务器（例如银行、证券等）来说，停机是不允许的；而且对于添加新硬盘需要一个能跨越多个硬盘驱动器的文件系统的情况来说，分区调整程序就不能解决问题。

最好的解决方法应该是在零停机前提下，可以自如对文件系统的大小进行调整，可以方便实现文件系统跨越不同磁盘和分区。RHEL 提供的逻辑盘卷管理机制就是一个完美的解决方案。

LVM 是 RHEL 环境下对磁盘分区进行管理的一种机制，是建立在硬盘和分区之上的一个逻辑层，能提高磁盘分区管理的灵活性。系统管理员通过 LVM 可轻松地管理磁盘分区，如将若干个磁盘分区连接为一个整块的卷组（Volume Group）以形成一个存储池，在卷组上任意创建逻辑卷，并进一步在逻辑卷上创建文件系统。系统管理员通过 LVM 可以方便地调整存储卷组的大小，并且对磁盘存储按照组的方式进行命名、管理和分配，例如，按照用途定义为 "development" 和 "sales"，而不是使用物理磁盘名 "sda" 和 "sdb"。当服务器添加了新的磁盘后，系统管理员不必将已有的磁盘文件移动到新的磁盘上，保证充分利用新的存储空间，通过 LVM 直接扩展文件系统跨越磁盘即可。

7.1.2 LVM 基本术语

LVM 是在磁盘分区和文件系统之间添加的一个逻辑层，为文件系统屏蔽下层磁盘分区布局，提供一个抽象的盘卷，在盘卷上建立文件系统。首先讨论 6 个 LVM 术语。

1. 物理存储介质

物理存储介质（Physical Storage Media）是指系统的存储设备硬盘或者分区，如/dev/hda1、/dev/sda5 等。它是存储系统最低层的存储单元。

2. 物理卷

物理卷（Physical Volume，PV）就是指硬盘分区或从逻辑上与磁盘分区具有同样功能的设备（如 RAID），它是 LVM 的基本存储逻辑块，但与基本的物理存储介质（如分区、磁盘等）相比，却包含与 LVM 相关的管理参数。

3. 卷组

LVM 卷组（Volume Group，VG）类似于非 LVM 系统中的物理硬盘，其由物理卷组成，我们可以在卷组上创建一个或多个"LVM 分区"（逻辑卷）。LVM 卷组由一个或多个物理卷组成。

4. 逻辑卷

LVM 的逻辑卷（Logical Volume，LV）类似于非 LVM 系统中的硬盘分区，在逻辑卷之上可以建立文件系统（如/home 或者/usr 等）。

5. 物理块

每一个物理卷被划分为称为物理块（Physical Extent，PE）的基本单元，具有唯一编号的 PE 是可以被 LVM 寻址的最小单元。PE 的大小是可配置的，默认为 4MB。

6. 逻辑块

逻辑卷也被划分为称为逻辑块（Logical Extent，LE）的可被寻址的基本单位。在同一个卷组中，LE 的大小和 PE 的大小是相同的，并且一一对应。

归纳上述，物理卷（PV）由大小等同的基本单元 PE 组成，一个卷组由一个或多个物理卷组成，逻辑卷建立在卷组上；逻辑卷相当于非 LVM 系统的硬盘分区，在其上可以创建文件系统。

图 7-1 所示为磁盘分区、卷组、逻辑卷和文件系统之间的逻辑关系示意图。

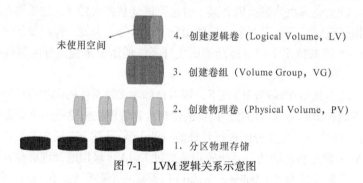

图 7-1　LVM 逻辑关系示意图

7.2　建立 LVM

在 RHEL 中实现 LVM 的方式有两种：一种是安装时利用 system-config-lvm 程序在图形化界

面下实现，但在 RHEL 8 中，这个图形界面工具已被停止使用了；另一种是利用
LVM 命令在字符界面下实现。下面的过程是基于后一种方式实现的。

建立 LVM

1．创建分区

使用分区工具（如 fdisk 等）创建 LVM 分区，方法和创建其他一般分区的方
法是一样的。需要注意的是，要先通过 t 命令将 LVM 的分区类型改为 8e（参见
6.4.2 小节）。

```
Command (m for help): p

Disk /dev/sdb: 10.7 GB, 10737418240 bytes, 20971520 sectors
Units = sectors of 1 * 512 = 512 bytes
Sector size (logical/physical): 512 bytes / 512 bytes
I/O size (minimum/optimal): 512 bytes / 512 bytes
Disk label type: dos
Disk identifier: 0x46b56f4a

   Device Boot      Start         End      Blocks   Id  System
/dev/sdb1             2048      206847      102400   83  Linux
/dev/sdb2           206848    20971519    10382336    5  Extended
/dev/sdb5           208896     2306047     1048576   83  Linux
/dev/sdb6          2308096     3332095      512000   8e  Linux LVM
```

保存并退出后，需要重启系统以使分区生效。

2．创建物理卷

创建物理卷的第一个步骤就是创建一个分区，并且将其系统识别码修改为"8e - Linux LVM"，
这样这个分区就可以当作 LVM 的物理卷了。创建出要作为物理卷的分区后，就可以使用 pvcreate
DEVICE 命令将分区修改成 LVM 的物理卷。

下面的例子是将刚才创建的/dev/sdb6 分区创建成物理卷。

```
[root@localhost ~]# pvcreate /dev/sdb6
  Physical volume "/dev/sdb6" successfully created
```

3．创建卷组

有了物理卷后，就可以用来创建卷组。LVM 的每一个卷组都是由一个或多个物理卷组合而成
的。要创建卷组，用户可以使用 vgcreate 命令。

```
vgcreate  VGNAME  PVDEVICES…
```

其中，VGNAME 是卷组的名称，每一个 VGNAME 都必须是独一无二的，并且不要与/dev/中的文件
名称冲突，而 PVDEVICES 则是组成这个卷组的物理卷设备文件名称。

以下这个示例是用/dev/sdb6 物理卷创建出 vg0 这个卷组。-s 参数的作用是：创建卷组时设置
PE 块的大小是 8MB，如果不手工设置，默认为 4MB。

```
[root@localhost ~]# vgcreate -s 8M vg0 /dev/sdb6
  Volume group "vg0" successfully created
[root@localhost ~]# vgs
  VG    #PV #LV #SN Attr   VSize   VFree
  rhel   1   2   0 wz--n- 19.51g  40.00m
  vg0    1   0   0 wz--n- 496.00m 496.00m
```

4．创建逻辑卷

创建卷组后，就可以从卷组中划分一块空间作为逻辑卷。要创建逻辑卷需使用 lvcreate 命令。

```
lvcreate[-L SIZE] -n LVNAME VGNAME
```

其中，SIZE 是逻辑卷的大小，如果没有指定 SIZE，lvcreate 将以卷组剩余的所有可用空间作为该
逻辑卷的大小；LVNAME 是逻辑卷的识别名称；VGNAME 是卷组的识别名称。

当创建出一个逻辑卷后，RHEL 会自动产生出逻辑卷的设备文件。逻辑卷的设备文件被存储

在/dev/VGNAME/LVNAME 中，因此，用户可以根据/dev/VGNAME/的内容，判断 VGNAME 中是否有 LVNAME 的逻辑卷。

以下是创建一个大小为 200MB、命名为 lv0 的逻辑卷空间的示范。

```
[root@localhost ~]# lvcreate -L 200M -n lv0 vg0
  Logical volume "lv0" created.
```

注意　如果在指定逻辑卷大小时使用-l（小写 L）参数，表示设置的逻辑卷大小是以 PE 块数为单位的。

5. 创建文件系统

当逻辑卷创建完成后，要能够识别并使用 RHEL，必须创建文件系统，建议使用 ext4 专有格式。

以下是进行 ext4 文件系统创建的操作示范。

```
[root@localhost ~]# mkfs -t ext4 /dev/vg0/lv0
mke2fs 1.42.9 (28-Dec-2013)
Filesystem label=
OS type: Linux
Block size=1024 (log=0)
Fragment size=1024 (log=0)
Stride=0 blocks, Stripe width=0 blocks
51200 inodes, 204800 blocks
10240 blocks (5.00%) reserved for the super user
First data block=1
Maximum filesystem blocks=33816576
25 block groups
8192 blocks per group, 8192 fragments per group
2048 inodes per group
Superblock backups stored on blocks:
        8193, 24577, 40961, 57345, 73729

Allocating group tables: done
Writing inode tables: done
Creating journal (4096 blocks): done
Writing superblocks and filesystem accounting information: done
```

6. 挂载文件系统

创建了文件系统以后，就可以加载并使用它。

```
[root@localhost ~]# mkdir /data
[root@localhost ~]# mount /dev/vg0/lv0 /data
[root@localhost ~]# df -h |grep data
/dev/mapper/vg0-lv0   190M  1.6M  175M   1% /data
```

如果希望系统启动时自动加载文件系统，则还需要在/etc/fstab 文件中添加内容。

```
#
# /etc/fstab
# Created by anaconda on Wed Jan  6 19:29:15 2016
#
# Accessible filesystems, by reference, are maintained under '/dev/disk'
# See man pages fstab(5), findfs(8), mount(8) and/or blkid(8) for more info
#
/dev/mapper/rhel-root   /                       xfs     defaults        0 0
UUID=24697320-c9f3-46b4-a3d7-cb505fae4b3e /boot xfs     defaults        0 0
/dev/mapper/rhel-swap   swap                    swap    defaults        0 0
/dev/sdb5       /home           ext4    defaults,usrquota,grpquota 0 0
/dev/mapper/vg0-lv0     /data   ext4    defaults        0 0
```

注意　挂载设备的名称要使用逻辑卷的名称，可以使用/dev/vg0/lv0 的名称，也可以使用/dev/mapper/vg0-lv0 的名称。这样，系统会在下次启动时自动挂载所创建的逻辑卷。

7.3　管理 LVM

创建完 LVM 的物理卷、卷组及逻辑卷等后，下面来研究如何管理 LVM 的软件包。这里将介绍下列 3 项管理技术。

（1）如何查看物理卷、卷组与逻辑卷的信息。

（2）如何缩小、放大卷组与逻辑卷。

（3）如何卸载一个物理卷、卷组，以及逻辑卷。

管理 LVM

7.3.1　查看卷信息

使用下列的命令，查看 LVM 每一个卷目前的配置。

（1）查看物理卷：pvdisplay PVDEVICE。

（2）查看卷组：vgdisplay VGNAME。

（3）查看逻辑卷：lvdisplay LVDEVICE。

以下是使用上述命令查看 LVM 的物理卷、卷组、逻辑卷的示范。

```
[root@localhost ~]# pvdisplay /dev/sdb6
  --- Physical volume ---
  PV Name               /dev/sdb6
  VG Name               vg0
  PV Size               500.00 MiB / not usable 4.00 MiB
  Allocatable           yes
  PE Size               8.00 MiB
  Total PE              62
  Free PE               37
  Allocated PE          25
  PV UUID               vQYx5e-GG1J-xY6q-iEFo-n6qb-UPbj-LwWXnK

[root@localhost ~]# vgdisplay /dev/vg0
  --- Volume group ---
  VG Name               vg0
  System ID
  Format                lvm2
  Metadata Areas        1
  Metadata Sequence No  2
  VG Access             read/write
  VG Status             resizable
  MAX LV                0
  Cur LV                1
  Open LV               1
  Max PV                0
  Cur PV                1
  Act PV                1
  VG Size               496.00 MiB
  PE Size               8.00 MiB
  Total PE              62
  Alloc PE / Size       25 / 200.00 MiB
  Free  PE / Size       37 / 296.00 MiB
  VG UUID               ILBdhG-e6c1-xz9R-oFHn-M3lf-8DV9-9buAmt

[root@localhost ~]# lvdisplay /dev/vg0/lv0
  --- Logical volume ---
  LV Path                /dev/vg0/lv0
  LV Name                lv0
  VG Name                vg0
  LV UUID                L2wNea-o4ar-6cYv-K0w0-mx9j-j7DS-cEy1Kq
  LV Write Access        read/write
  LV Creation host, time localhost.localdomain, 2016-01-07 16:18:55 +0800
  LV Status              available
  # open                 1
  LV Size                200.00 MiB
```

```
Current LE              25
Segments                1
Allocation              inherit
Read ahead sectors      auto
- currently set to      8192
Block device            253:2
```

7.3.2 调整 LVM

LVM 最大的好处就是可以弹性地调整卷的空间。需要注意的是，LVM 调整的是卷组与逻辑卷的空间，而不是物理卷的大小。

本小节将介绍如何调整卷组与逻辑卷。

1. 调整卷组

如果要放大卷组，需要准备额外的物理卷，使用 vgextend 命令把要增加的物理卷加入既有的卷组中；如果要缩小卷组，则必须使用 vgreduce 命令把卷组中的物理卷卸载。这两个命令的用法如下：

```
vgextend VGNAME PVDEVICE…
vgreduce VGNAME PVDEVICE…
```

其中，VGNAME 是要调整的卷组名称；PVDEVICE 是要加入或卸载的物理卷设备名称。以下是调整 vg0 卷组的示范。

```
[root@localhost ~]# pvcreate /dev/sdb7
  Physical volume "/dev/sdb7" successfully created
[root@localhost ~]# vgextend vg0 /dev/sdb7
  Volume group "vg0" successfully extended
[root@localhost ~]# vgdisplay /dev/vg0

  --- Volume group ---
  VG Name                 vg0
  System ID
  Format                  lvm2
  Metadata Areas          2
  Metadata Sequence No    3
  VG Access               read/write
  VG Status               resizable
  MAX LV                  0
  Cur LV                  1
  Open LV                 1
  Max PV                  0
  Cur PV                  2
  Act PV                  2
  VG Size                 688.00 MiB
  PE Size                 8.00 MiB
  Total PE                86
  Alloc PE / Size         25 / 200.00 MiB
  Free  PE / Size         61 / 488.00 MiB
  VG UUID                 ILBdhG-e6c1-xz9R-oFHn-M3lf-8DV9-9buAmt

[root@localhost ~]# vgreduce vg0 /dev/sdb7
  Removed "/dev/sdb7" from volume group "vg0"
[root@localhost ~]# vgdisplay /dev/vg0
  --- Volume group ---
  VG Name                 vg0
  System ID
  Format                  lvm2
  Metadata Areas          1
  Metadata Sequence No    4
  VG Access               read/write
  VG Status               resizable
  MAX LV                  0
  Cur LV                  1
  Open LV                 1
  Max PV                  0
  Cur PV                  1
  Act PV                  1
  VG Size                 496.00 MiB
  PE Size                 8.00 MiB
```

```
Total PE              62
Alloc PE / Size       25 / 200.00 MiB
Free  PE / Size       37 / 296.00 MiB
VG UUID               ILBdhG-e6c1-xz9R-oFHn-M3lf-8DV9-9buAmt
```

由以上可知，vg0 的大小为 496MB，有一个/dev/sdb7 的物理卷大小约为 192MB；把/dev/sda7 物理卷加入 vg0 卷组中，现在 vg0 变成 688MB 了；把/dev/sda7 从 vg0 中卸载，vg0 又回到原先的 496MB 了。

2. 调整逻辑卷

LVM 的卷组可以进行弹性调整，逻辑卷也可以。用户必须按照下列的步骤调整逻辑卷。

（1）放大：先放大 LV，再放大文件系统。

（2）缩小：先缩小文件系统，再缩小 LV。

如何调整文件系统？需要看文件系统是否提供调整的功能。如果没有，那就无法调整。如果有，该文件系统会提供调整的命令，缩小或放大文件系统。如果使用的是 ext4 文件系统，则可以使用 resize2fs 命令来调整。

如果要放大逻辑卷，可以使用 lvextend 命令；如果要缩小逻辑卷，则使用 lvreduce 命令。这两个命令用法如下：

```
lvextend -L SIZE LV_DEVICE
lvreduce -L SIZE LV_DEVICE
```

其中，SIZE 代表新的大小，用户可以使用+SIZE 表示增加 SIZE，使用-SIZE 代表减少 SIZE；而 LV_DEVICE 则是要调整的逻辑卷设备文件名称。在调整逻辑卷时，必须注意以下两点。

（1）一定要做好备份。一个错误的命令可能会毁掉文件系统上的所有文件，在放大或缩小逻辑卷前，一定要做好备份。

（2）由于 resize2fs 命令仅支持离线缩小，所以在缩小 ext4 文件系统时，需先卸载 ext4 文件系统，并确保文件系统的使用量必须小于缩小后的大小才行。

如果使用 resize2fs 命令放大 ext4 文件系统，则无此限制。换言之，用户可以直接使用 r esize2 fs 命令放大挂载中的文件系统，也可以直接放大已经卸载的文件系统。

以下是放大/dev/vg0/lv0 这个逻辑卷并放大文件系统的示范：原有的 lv0 大小约为 200MB，扩展以后的大小约为 300MB。

```
[root@localhost ~]# df -Th |grep /data
/dev/mapper/vg0-lv0   ext4      190M  1.6M  175M   1% /data
[root@localhost ~]# lvextend -L 300M /dev/vg0/lv0
  Rounding size to boundary between physical extents: 304.00 MiB
  Size of logical volume vg0/lv0 changed from 200.00 MiB (25 extents) to 304.00
s).
  Logical volume lv0 successfully resized
[root@localhost ~]# resize2fs -p /dev/vg0/lv0
resize2fs 1.42.9 (28-Dec-2013)
Filesystem at /dev/vg0/lv0 is mounted on /data; on-line resizing required
old_desc_blocks = 2, new_desc_blocks = 3
The filesystem on /dev/vg0/lv0 is now 311296 blocks long.

[root@localhost ~]# df -Th |grep /data
/dev/mapper/vg0-lv0   ext4      291M  2.1M  271M   1% /data
```

以下是缩小/dev/vg0/lv0 这个逻辑卷的示范：原有的 lv0 大小约为 300MB，缩小以后的大小约为 150MB。

```
[root@localhost ~]# umount /data
[root@localhost ~]# fsck -f /dev/vg0/lv0
fsck from util-linux 2.23.2
e2fsck 1.42.9 (28-Dec-2013)
Pass 1: Checking inodes, blocks, and sizes
Pass 2: Checking directory structure
```

```
Pass 3: Checking directory connectivity
Pass 4: Checking reference counts
Pass 5: Checking group summary information
/dev/mapper/vg0-lv0: 11/77824 files (0.0% non-contiguous), 15987/311296 blocks
[root@localhost ~]# resize2fs -p /dev/vg0/lv0 150M
resize2fs 1.42.9 (28-Dec-2013)
Resizing the filesystem on /dev/vg0/lv0 to 153600 (1k) blocks.
Begin pass 3 (max = 38)
Scanning inode table        XXXXXXXXXXXXXXXXXXXXXXXXXXXXXXXXXXXXXXXXX
The filesystem on /dev/vg0/lv0 is now 153600 blocks long.

[root@localhost ~]# lvreduce -L 150M /dev/vg0/lv0
  Rounding size to boundary between physical extents: 152.00 MiB
  WARNING: Reducing active logical volume to 152.00 MiB
  THIS MAY DESTROY YOUR DATA (filesystem etc.)
Do you really want to reduce lv0? [y/n]: y
  Size of logical volume vg0/lv0 changed from 304.00 MiB (38 extents) to 152.00 MiB
  Logical volume lv0 successfully resized
[root@localhost ~]# mount -a
[root@localhost ~]# df -h |grep data
/dev/mapper/vg0-lv0    142M  1.6M  130M   2% /data
```

如果是 XFS 文件系统，不支持使用 resize2fs 命令放大文件系统，需要使用 xfs_growfs 命令进行 XFS 文件系统的放大。下面演示将 XFS 文件系统从 300MB 扩容为 500MB 的案例。可以看到，resize2fs 命令无法扩容 XFS 文件系统。

```
[root@localhost ~]# df -hT |grep data
/dev/mapper/vg0-lv0    xfs      295M  18M  278M    6% /data
[root@localhost ~]# lvextend -L 500M /dev/vg0/lv0
  Size of logical volume vg0/lv0 changed from 300.00 MiB (75 extents) to 500.00 MiB
  (125 extents).
  Logical volume vg0/lv0 successfully resized.
[root@localhost ~]# resize2fs /dev/vg0/lv0
resize2fs 1.45.4 (23-Sep-2019)
resize2fs: 超级块中的幻数有错 尝试打开 /dev/vg0/lv0 时
找不到有效的文件系统超级块。

[root@localhost ~]# xfs_growfs /dev/vg0/lv0
meta-data=/dev/mapper/vg0-lv0     isize=512    agcount=4, agsize=19200 blks
         =                        sectsz=512   attr=2, projid32bit=1
         =                        crc=1        finobt=1, sparse=1, rmapbt=0
         =                        reflink=1
data     =                        bsize=4096   blocks=76800, imaxpct=25
         =                        sunit=0      swidth=0 blks
naming   =version 2               bsize=4096   ascii-ci=0, ftype=1
log      =internal log            bsize=4096   blocks=1368, version=2
         =                        sectsz=512   sunit=0 blks, lazy-count=1
realtime =none                    extsz=4096   blocks=0, rtextents=0
data blocks changed from 76800 to 128000
[root@localhost ~]# df -hT |grep data
/dev/mapper/vg0-lv0    xfs      495M  19M  476M    4% /data
```

XFS 文件系统不支持逻辑卷的缩小，也没有对应的命令。

7.3.3　卸载卷

可以创建 LVM 卷，可不可以卸载 LVM 卷呢？如何去卸载？下面介绍 LVM 的卸载命令。

（1）卸载物理卷：pvremove PVDEVICE。

（2）卸载卷组：vgremove VGNAME。

（3）卸载逻辑卷：lvremove LVDEVICEL。

卸载卷时，必须注意以下两个事项。

（1）卸载逻辑卷前，得先卸载逻辑卷所在的目录挂载点，并且先做好备份。由于文件系统是建立在逻辑卷上的，当卸载逻辑卷后，文件系统中的所有文件都将会消失，因此在卸载逻辑卷前，需检查是否有重要的资料，并且妥善做好备份。

（2）卸载卷组前，必须先卸载所有使用到该卷组的逻辑卷。同理，卸载物理卷前，必须先确保没有任何卷组使用到该物理卷。

```
[root@localhost ~]# umount /test
[root@localhost ~]# lvremove /dev/vg1/lv1
Do you really want to remove active logical volume lv1? [y/n]: y
  Logical volume "lv1" successfully removed
[root@localhost ~]# vgremove /dev/vg1
  Volume group "vg1" successfully removed
[root@localhost ~]# pvremove /dev/sdb7
  Labels on physical volume "/dev/sdb7" successfully wiped
```

7.4　LVM 高级应用

7.4.1　卷快照

LVM 提供了一个名为"快照"（Snapshot）的功能，可以把卷中的数据冻结起来，就像是为这些数据拍一张照片，以永久保存建立快照时的状态。

实际上，这个技巧主要用于备份文件系统内容。与其他备份解决方案相比，传统的备份解决方案通常是依序逐一备份文件系统中每一个文件，备份每个文件间的时间差可能会影响备份结果的完整性。如果文件系统中的文件数量众多，可能备份到最后一个文件时，先前备份的文件又改变了配置。

但 LVM 提供的快照功能，是将建立快照的那一刹那间整个文件系统的所有文件全部备份起来。用户通过 LVM 快照功能可以完整备份文件系统的实时状态，而且建立 LVM 快照后，还可以将其挂载，继续在 LVM 快照上读取、写入文件数据。

不过，LVM 目前仅允许为逻辑卷建立快照，因此，无法建立物理卷或卷组的快照。下面将具体介绍如何进行下列 3 项操作。

（1）建立一个逻辑卷快照。

（2）读取逻辑卷快照。

（3）卸载逻辑卷快照。

1. 产生逻辑卷快照

第一个步骤，即使用 lvcreate 命令来产生一个逻辑卷快照。

```
lvcreate -L SIZE -s -n LVNAME LVDEVICE
```

其中，SIZE 为逻辑卷快照的大小；LVNAME 为逻辑卷快照名称；LVDEVICE 为要建立快照的逻辑卷的设备文件名称。

建立逻辑卷快照的方法与建立逻辑卷类似。但不同的是：建立逻辑卷快照时，必须配合-s 参数；另外，建立快照时的 SIZE 可以不与原始的逻辑卷一样，一般来说，只需原始逻辑卷的 15%～20%就够了；如果将来需要在逻辑卷快照上存储更多的数据，也可使用 lvextend 命令放大快照的卷大小。

以下是建立逻辑卷快照的示范。

```
[root@localhost ~]# lvcreate -n lv0-snap -s -L 100M /dev/vg0/lv0
  Rounding up size to full physical extent 104.00 MiB
  Logical volume "lv0-snap" created.
[root@localhost ~]# lvdisplay /dev/vg0/lv0-snap
  --- Logical volume ---
  LV Path                /dev/vg0/lv0-snap
  LV Name                lv0-snap
  VG Name                vg0
  LV UUID                SuqLqy-c014-fYhG-9N75-Rq1M-TsLP-XDHxfH
  LV Write Access        read/write
  LV Creation host, time localhost.localdomain, 2016-01-07 20:15:08 +0800
  LV snapshot status     active destination for lv0
  LV Status              available
  # open                 0
  LV Size                152.00 MiB
  Current LE             19
  COW-table size         104.00 MiB
  COW-table LE           13
  Allocated to snapshot  0.01%
  Snapshot chunk size    4.00 KiB
  Segments               1
  Allocation             inherit
  Read ahead sectors     auto
  - currently set to     8192
  Block device           253:5
```

2. 读取逻辑卷快照

建立好逻辑卷快照后，整个工作就完成了。如果需要读取逻辑卷快照，只需挂载逻辑卷快照即可。

以下是读取逻辑卷快照的示范。

```
[root@instructor ~]# ls -l /data
total 10013
-rw-r--r--. 1 root root 10240000 Aug 24 22:00 aa.txt
drwx------. 2 root root    12288 Aug 24 21:30 lost+found
[root@instructor ~]# lvcreate -n lv0-snap -s -L 100M /dev/vg0/lv0
  Rounding up size to full physical extent 104.00 MiB
  Logical volume "lv0-snap" created
[root@instructor ~]# rm /data/aa.txt

rm: remove regular file `/data/aa.txt'? y
[root@instructor ~]# mount /dev/vg0/lv0-snap /aa
[root@instructor ~]# ls -l /aa
total 10013
-rw-r--r--. 1 root root 10240000 Aug 24 22:00 aa.txt
drwx------. 2 root root    12288 Aug 24 21:30 lost+found
[root@instructor ~]# cp /aa/aa.txt /data/
[root@instructor ~]# ls -l /data/
total 10013
-rw-r--r--. 1 root root 10240000 Aug 24 22:03 aa.txt
drwx------. 2 root root    12288 Aug 24 21:30 lost+found
```

3. 卸载逻辑卷快照

由于产生一个卷快照就会占用一部分的卷组空间，因此产生的快照越多，卷组的可用空间就会越少。如果将卷快照功能用于定期备份数据，则可能会很快地失去大量的磁盘空间。

因此，适当地卸载一些没有保存价值的快照可以有效地提高卷组的可用空间。要卸载逻辑卷快照，只需使用 lvremove 命令即可。当然，对于已经挂载的文件系统，用户必须将其先卸载掉才能顺利地卸载逻辑卷快照。

以下是卸载逻辑卷快照的示范。

```
[root@instructor ~]# ls -l /data
total 10013
-rw-r--r--. 1 root root 10240000 Aug 24 22:00 aa.txt
drwx------. 2 root root    12288 Aug 24 21:30 lost+found
[root@instructor ~]# lvcreate -n lv0-snap -s -L 100M /dev/vg0/lv0
  Rounding up size to full physical extent 104.00 MiB
  Logical volume "lv0-snap" created
[root@instructor ~]# rm /data/aa.txt
rm: remove regular file `/data/aa.txt'? y
[root@instructor ~]# mount /dev/vg0/lv0-snap /aa
```

```
[root@instructor ~]# ls -l /aa
total 10013
-rw-r--r--. 1 root root 10240000 Aug 24 22:00 aa.txt
drwx------. 2 root root    12288 Aug 24 21:30 lost+found
[root@instructor ~]# cp /aa/aa.txt /data/
[root@instructor ~]# ls -l /data/
total 10013
-rw-r--r--. 1 root root 10240000 Aug 24 22:03 aa.txt
drwx------. 2 root root    12288 Aug 24 21:30 lost+found
[root@instructor ~]# umount /aa
[root@instructor ~]# lvremove /dev/vg0/lv0-snap
Do you really want to remove active logical volume lv0-snap? [y/n]: y
  Logical volume "lv0-snap" successfully removed
```

7.4.2　移动卷

如果用来作为实体磁盘的分区快要出故障了，或者需要用更快的硬盘更换较慢的物理卷，用户可以使用 pvmove 命令将某一个物理卷上的数据移动到另外一个物理卷上。

将一个物理卷上的数据移动到另外一个物理卷上，操作步骤如下。

（1）加入新的物理卷到卷组中。

（2）移动旧物理卷上的数据到新加入的物理卷上。

（3）将旧的物理卷从卷组中卸载。

以下是详细的操作内容，以及应注意的事项。

1．加入新的物理卷

先建立一个新的物理卷，再把这个物理卷加入卷群组上。注意，新的物理卷大小必须大于或等于旧的物理卷已配置的大小。

以下是这个步骤的示范。

```
[root@instructor ~]# pvscan
  PV /dev/sda5   VG vg0     lvm2 [504.00 MiB / 204.00 MiB free]
  PV /dev/sda2   VG vgsrv   lvm2 [4.47 GiB / 384.00 MiB free]
  Total: 2 [4.96 GiB] / in use: 2 [4.96 GiB] / in no VG: 0 [0    ]
[root@instructor ~]# pvcreate /dev/sda6
  Physical volume "/dev/sda6" successfully created
[root@instructor ~]# vgextend vg0 /dev/sda6
  Volume group "vg0" successfully extended
[root@instructor ~]# pvscan
  PV /dev/sda5   VG vg0     lvm2 [504.00 MiB / 204.00 MiB free]
  PV /dev/sda6   VG vg0     lvm2 [788.00 MiB / 788.00 MiB free]
  PV /dev/sda2   VG vgsrv   lvm2 [4.47 GiB / 384.00 MiB free]
  Total: 3 [5.73 GiB] / in use: 3 [5.73 GiB] / in no VG: 0 [0    ]
```

2．移动物理卷

加入新的物理卷后，接着就可以正式地移动旧物理卷上的数据了。要把某一个物理卷的数据移动到另外一个物理卷，可以使用 pvmove 命令。

```
pvmove [OPTIONS…] [SOURCE] [DESTINATION…]
```

其中，OPTIONS 为 pvmove 的参数；SOURCE 为物理卷的设备文件名称；DESTINATION 为新物理卷的设备文件名。

以下是使用 pvmove 命令将一个物理卷数据移动到另外一个物理卷的示范。

```
[root@instructor ~]# pvscan
  PV /dev/sda5   VG vg0     lvm2 [504.00 MiB / 204.00 MiB free]
  PV /dev/sda6   VG vg0     lvm2 [788.00 MiB / 788.00 MiB free]
  PV /dev/sda2   VG vgsrv   lvm2 [4.47 GiB / 384.00 MiB free]
  Total: 3 [5.73 GiB] / in use: 3 [5.73 GiB] / in no VG: 0 [0    ]
[root@instructor ~]# pvmove /dev/sda5 /dev/sda6
  /dev/sda5: Moved: 1.3%
  /dev/sda5: Moved: 100.0%
[root@instructor ~]# pvscan
```

```
  PV /dev/sda5   VG vg0      lvm2 [504.00 MiB / 504.00 MiB free]
  PV /dev/sda6   VG vg0      lvm2 [788.00 MiB / 488.00 MiB free]
  PV /dev/sda2   VG vgsrv    lvm2 [4.47 GiB / 384.00 MiB free]
  Total: 3 [5.73 GiB] / in use: 3 [5.73 GiB] / in no VG: 0 [0    ]
```

移动物理卷数据是一个高风险的行为。在执行这个步骤前，务必备份好所有数据。

3. 卸载物理卷

旧物理卷上的数据顺利地移动到新物理卷之后，就可以把旧物理卷从卷组中卸载掉了。以下是卸载物理卷的示范。

```
[root@instructor ~]# pvscan
  PV /dev/sda5   VG vg0      lvm2 [504.00 MiB / 504.00 MiB free]
  PV /dev/sda6   VG vg0      lvm2 [788.00 MiB / 488.00 MiB free]
  PV /dev/sda2   VG vgsrv    lvm2 [4.47 GiB / 384.00 MiB free]
  Total: 3 [5.73 GiB] / in use: 3 [5.73 GiB] / in no VG: 0 [0    ]
[root@instructor ~]# vgreduce vg0 /dev/sda5
  Removed "/dev/sda5" from volume group "vg0"
[root@instructor ~]# pvscan
  PV /dev/sda6   VG vg0               lvm2 [788.00 MiB / 488.00 MiB free]
  PV /dev/sda2   VG vgsrv             lvm2 [4.47 GiB / 384.00 MiB free]
  PV /dev/sda5                        lvm2 [508.74 MiB]
  Total: 3 [5.74 GiB] / in use: 2 [5.24 GiB] / in no VG: 1 [508.74 MiB]
[root@instructor ~]# pvremove /dev/sda5
  Labels on physical volume "/dev/sda5" successfully wiped
[root@instructor ~]# pvscan
  PV /dev/sda6   VG vg0      lvm2 [788.00 MiB / 488.00 MiB free]
  PV /dev/sda2   VG vgsrv    lvm2 [4.47 GiB / 384.00 MiB free]
  Total: 2 [5.24 GiB] / in use: 2 [5.24 GiB] / in no VG: 0 [0    ]
```

由以上可知，目前/dev/sda5 处于完全未分配的状态，这表示可以将其从 vg0 中卸载；使用 vgreduce 命令将/dev/sda5 正式从 vg0 中分离，现在/dev/sda5 就没有加入任何一个卷组了；使用 pvremove 命令删除这个物理卷后，/dev/sda5 就正式从系统中消失了。

第8章
进程管理

Linux 是一个多用户、多任务的操作系统。在这样的系统中，各种计算机资源（如文件、内存、CPU 等）的分配和管理都以进程为单位。为了协调多个进程对这些共享资源的访问，操作系统要跟踪所有进程的活动，以及它们对系统资源的使用情况，从而实施对进程和资源的动态管理。

本章将对 Linux 的进程管理做详细的介绍，如进程的概念、状态、类型及进程的管理方式等；本章的最后，还会介绍计划任务的应用。

8.1　什么是进程

8.1.1　进程的概念

进程是指一个程序在其自身的虚拟地址空间中的一次执行活动，它是系统资源分配和调度的基本单位。而程序则是指存储在磁盘上的可执行机器指令和数据的静态实体。两者的不同之处主要如下。

程序和进程

（1）程序只是一个静态的指令集合，而进程是一个程序的动态执行过程，它具有生命周期，是动态地产生和消亡的。

（2）进程是系统资源分配和调度的基本单位，因此，它使用系统的运行资源。而程序不能申请系统资源，不能被系统调度，也不能作为独立运行的单位，因此，它不占用系统的运行资源。

（3）程序和进程无一一对应的关系。一方面，一个程序可以由多个进程所共用，即一个程序在运行过程中可以产生多个进程；另一方面，一个进程在生命期内可以顺序地执行若干个程序。

RHEL 操作系统是多任务的，如果一个应用程序需要几个进程并发地协调运行来完成相关工作，系统会安排这些进程并发运行，同时完成对这些进程的调度和管理任务，包括 CPU、内存、存储器等系统资源的分配。

8.1.2　进程的状态

通常在操作系统中，进程的运行并非一帆风顺，每个进程都会在 3 种基本状态之间转换，这 3 种状态分别是运行状态、就绪状态和等待状态（阻塞状态）。其具体含义如下。

（1）运行状态是指当前进程已分配到 CPU，它的程序正在处理器上执行时的状态。处于这种状态的进程个数不能大于 CPU 的数量。在一般的单 CPU 机制中，任何时刻处于运行状态的进程至多有一个。

（2）就绪状态是指进程已具备运行条件，但因为其他进程正在占用 CPU，所以暂时不能运行而等待分配 CPU 的状态。一旦把 CPU 分给它，立即就可以被运行。在操作系统中，处于就绪状态的进程数量可以是多个。

（3）等待状态是指进程因等待某种事件发生（例如等待某一输入、输出操作完成，等待其他进程发来的信号等）而暂时不能运行的状态。此时即使 CPU 空闲，等待状态的进程也不能运行。系统中处于这种状态的进程也可以是多个。

在 RHEL 系统中，进程被称作任务，其主要状态如下。

（1）运行状态（TASK_RUNNING）：此时，进程正在运行或准备运行（即就绪态）。

（2）等待状态：此时进程在等待一个事件的发生或某种系统资源。RHEL 系统分为两种等待进程：可中断的（TASK_INTERRUPTIBLE）和不可中断的（TASK_UNINTERRUPTIBLE）。可中断的等待进程可以被某一信号（Signal）中断，而不可中断的等待进程不受信号的打扰，将一直等待硬件状态的改变。

（3）停止状态（TASK_STOPPED）：进程被停止，通常是通过接收一个信号停止进程，正在被调试的进程可能处于停止状态。

（4）僵死状态（TASK_ZOMBIE）：由于某种原因进程被终止，但是该进程的控制结构 task_struct 仍然保留着。

8.1.3 进程的类型

RHEL 操作系统包括如下 3 种类型的进程。

（1）交互进程：由一个 Shell 启动的进程。交互进程既可以在前台运行，也可以在后台运行。

（2）批处理进程：不与特定的终端相关联，提交到就绪队列中顺序执行的进程。

（3）守护进程：在后台运行而又没有终端或登录 Shell 与之结合在一起的进程。守护进程经常在系统启动时开始运行，在系统结束时停止。这些进程没有控制终端，所以称为在后台运行。

8.2 进程管理

8.2.1 启动进程

在系统中，输入需要运行程序的程序名，执行一个程序，其实也就是启动了一个进程。在 RHEL 系统中每个进程都具有一个进程号，用于系统识别和调度。启动一个进程有两个主要途径：手工启动和调度启动。与前者不同的是，后者需要事先进行设置，根据用户要求自行启动。

进程管理命令

由用户输入命令，直接启动一个进程便是手工启动进程。手工启动进程又可以分为前台启动和后台启动。

1. 前台启动

前台就是指一个程序控制着标准输出和标准输入。在程序执行的时候，Shell 暂时挂起，程序执行完后退回到 Shell。因而当前台运行一个程序的时候，用户不能够再执行其他程序。

用户登录到系统后，会见到 Shell 提示符。最普遍的情况就是用户输入一条命令，Shell 执行它，然后在屏幕上将结果显示出来。在计算机处理此命令的时候，用户不能进行其他的操作。

前台启动是手工启动进程最常用的方式。一般地，当用户输入命令 ls -1 就会启动一个前台进程，这时系统实质上已经处于一个多进程状态。这是因为在通常情况下，用户在启动进程时，系统中已经存在许多进程，它们在系统启动时就已经自动启动了，并且在系统后台运行。

2. 后台启动

后台就是指一个程序不从标准输入设备接收输入，一般也不将结果输出到标准输出设备上。在运行之后不要求用户输出的程序适合在后台运行。

在用户运行某个程序的时候，一般情况是在 Shell 提示符后面输入程序名、参数，然后按 Enter键。这种情况下，程序大多数在前台执行。如果要让一个程序在后台运行，用户可以在输入完命令之后，在整个命令行的最后添上一个"&"符号。例如要在后台启动一个显示进程，输入以下命令：

```
[root@localhost ~]# ls -a > text &
[1] 19365
```

ls 命令用于显示当前目录下的所有文件的信息（包括子目录），用">"实现重新定向输出，将输出保存至文件 text 中。在这一条命令的后面跟了一个"&"符号，这个符号告诉 Shell 要在后台运行它。Shell 检测到命令行后面有一个"&"，就生成一个子 Shell 在后台运行这个程序，并立即显示提示符等待用户输入下一个命令。在命令输入完后，在下一行输出一行数字，19365 这个数字就是该进程的编号，也称为 PID。

如下一些程序适合在后台运行。

（1）该程序运行期间不需要用户的干预。

（2）该程序执行时间较长。

上述两种启动方式共同的特点在于新进程都是由当前 Shell 进程产生的。也就是说，是 Shell创建了新进程，于是就称这种关系为进程间的父子关系。这里 Shell 是父进程，而新进程是子进程。一个父进程可以有多个子进程，一般子进程结束后才能继续父进程；当然，如果是从后台启动，那不用等待子进程结束父进程就可以继续运行。

一种比较特殊的情况是在使用管道符的时候。例如：

```
[root@localhost ~]# cat f1 | grep"file" | wc -l
```

此时实际上是同时启动了 3 个进程，它们都是当前 Shell 的子程序，互相之间称为兄弟进程。

8.2.2　管理进程

1. 查看进程

显示当前进程可以使用 ps 命令，它可以列出当前正在运行的前台或后台进程。

格式：ps [选项]

功能：显示进程的状态。无选项时显示当前用户在当前终端启动的进程。

常用选项说明如下。

-A：显示所有进程。

-a：显示当前终端上所有的进程（包括其他用户的进程信息）。

-e：显示系统中所有进程（包括其他用户进程和系统进程的信息）。

-l：以长格式显示进程的信息。

-u：显示面向用户的格式（包括用户名、CPU 及内存使用情况等信息）。

-g：根据用户组的 ID 排列显示进程的信息。

-r：显示正在运行的进程。

-x：显示后台进程的信息。

-t 终端号：显示指定终端上的进程信息。

-f：显示进程的所有信息。

【例 8-1】 使用-l 选项显示当前进程的详细信息。

```
[root@localhost ~]# ps -l
F S UID  PID  PPID C  PRI N1 ADDR SZ  WCHAN TTY    TIME     CMD
0 S 0  2209 2207 0  75  0  -  1389 wait4 pts/0  00:00:00 bash
0 R 0  2238 2209 0  80  0  -  782  -    pts/0  00:00:00 ps
```

主要输出项说明如下。

S：进程状态，其中 R 表示运行状态；S 表示休眠状态；T 表示暂停或终止状态；Z 表示僵死状态。

UID：进程启动者的用户 ID。

PID：进程的 ID。

PPID：父进程的 ID。

C：进程最近使用 CPU 的估算。

PRI：进程的优先级。

N1：标准 UNIX 的优先级。

SZ：进程占用内存空间的大小，以 KB 为单位。

TTY：进程所在终端的终端号，其中桌面环境的终端窗口表示为 pts/0；字符界面的终端号为 tty1～tty6；"？"表示该进程不占用终端。

TIME：进程从启动以来占用 CPU 的总时间。尽管有的命令（如 sh）已经运转了很长时间，但是它们真正使用 CPU 的时间往往很短，所以该字段的值通常是 00:00:00。

CMD：启动该进程的命令名称。

【例 8-2】 使用-u 选项显示当前进程的详细信息。

```
[root@localhost ~]# ps -u
USER PID  %CPU  %MEM  VSZ  RSS  TTY   STAT START  TIME  COMMAND
root 2209 0.0   0.4   5556 840  pts/0 S    08:25  0:00  bash
root 2246 0.0   0.3   2620 672  pts/0 R    08:30  0:00  ps -u
```

主要输出项说明如下。

USER：用户名。

%CPU：占用 CPU 时间与总时间的百分比。

%MEM：占用内存与系统内存总量的百分比。

VSZ：进程占用的虚拟内存空间，单位为 KB。

RSS：进程占用的内存空间，单位为 KB。

STAT：进程的状态。

START：进程的开始时间。

【例 8-3】 使用-ef 选项显示系统中所有进程的全面信息。

```
[root@localhost ~]# ps -ef
```

结果略。

2. 切换进程

（1）显示作业命令 jobs

格式：jobs [选项]

功能：显示当前所有的作业。

常用选项说明如下。

-p：仅显示进程号。

-l：同时显示进程号和作业号。

【例 8-4】　显示所有的作业，同时显示其进程号。

```
[root@localhost ~]# jobs -l
[1]+    2331  停止   cat >text
[2]+    2336  停止   man bg
[3]-    2365  停止   cat >f
```

其中，第 1 列显示作业号，第 2 列显示进程号，第 3 列显示作业的工作状态，最后一列显示产生该作业的 Shell 命令行。

（2）进程的前后台转换

作业控制允许将进程挂起，并可以在需要时恢复进程的运行，被挂起的作业恢复后将从中止处开始继续运行。只要在键盘上使用 Ctrl+Z 组合键，即可挂起当前的前台作业。

恢复进程执行时，有两种选择：用 fg 命令将挂起的作业放回到前台执行；用 bg 命令将挂起的作业放回到后台执行。

①bg 命令

格式：bg [作业号]

功能：将前台作业切换到后台运行。若没有指定作业号，则将当前作业切换到后台。

②fg 命令

格式：fg [作业号]

功能：将后台作业切换到前台运行。若没有指定作业号，则将后台作业序列中的第一个作业切换到前台运行。

【例 8-5】　使用 cat 命令编辑 text 文件，然后使用 Ctrl+Z 组合键挂起 cat，再切换到后台，最后使其恢复前台运行。

```
[root@localhost ~]# cat >text          //执行程序
[Ctrl+Z]                               //使用组合键挂起进程
[1]+ Stopped cat >text                 //表示进程已经挂起，作业号为1
[root@localhost ~]# bg 1               //将该进程转为后台执行
[1]+ cat >text &                       //转后台执行成功
[root@localhost ~]# fg 1               //将该进程转为前台执行
cat >text                              //进程在前台执行
```

3. 设置进程优先级

每个进程都有一个优先级，优先级用数字表示，取值范围为-20～20。优先级为-20 的进程享有最大的优先级，而优先级为 20 的进程则拥有最少的 CPU 时间。用"&"标志在后台运行进程时，这些进程拥有默认的优先级 10。

有两种方法可以调整进程的优先级：在启动进程的时候就给它指定优先级，或者在进程运行过程中更改它的优先级，分别用 nice 命令和 renice 命令实现。

（1）nice 命令

格式：nice [-优先级值] 命令

功能：设置将启动进程的优先级。不指定优先级值时，将优先级设置为 10。

说明："优先级值"是一个数字，指定时会使进程在当前的优先级上加上这个数字，所以如果这个值是正值，就会使进程的优先级降低，而如果这个数字是一个负值，就会增加这个进程的优先级。

【例 8-6】 启动 Vi 程序，设置其优先级为 3 级。

```
[root@localhost ~]# nice -3 vi
```

按 Ctrl+Z 组合键，挂起当前作业，输入以下命令：

```
[root@localhost ~]# ps l
```

可以看到 Vi 进程的优先级被设置为 3，进程号为 2896。

【例 8-7】 启动 Vi 程序，设置其优先级为-5 级。

```
[root@localhost ~]# nice --5 vi
```

按 Ctrl+Z 组合键，挂起当前作业，输入以下命令：

```
[root@localhost ~]# ps l
```

可以看到 Vi 进程的优先级被设置为-5。

一般用户是不能设置优先级为负值的，因为如果允许普通用户随便提高进程的优先级，势必会妨碍系统上其他重要的操作，所以只有 root 用户才能够提高进程的优先级。

（2）renice 命令

格式：renice 优先级值 参数

功能：修改运行中进程的优先级，设置指定用户或组群的进程优先级。

注意：优先级值前无"-"符号。

常用选项说明如下。

-p：修改进程号所标识进程的优先级。

-u：修改指定用户所启动进程的优先级。

-g：修改指定组群中所有用户所启动进程的优先级。

【例 8-8】 修改上例中进程号为 2896 的 vi 进程，设置其优先级为 8 级。

```
[root@localhost ~]# renice 8 -p 2896
2896: old priority 3,new priority 8
```

4. 暂停进程命令 sleep

格式：sleep 时间值

功能：使进程暂停执行一段时间，其中"时间值"参数以 s 为单位。

【例 8-9】 暂停 Shell 进程 10s，然后查看/etc/passwd 文件的属性。

```
[root@localhost ~]# sleep 10; ls-l /etc/passwd
```

执行该命令后，Shell 终端暂停 10s，之后在屏幕上显示/etc/passwd 文件的属性信息。

8.2.3 终止进程

通常终止一个前台进程可以使用 Ctrl + C 组合键，但是，对于一个后台进程就需用 kill 命令来终止。kill 命令是通过向进程发送指定的信号来结束相应进程的。在默认情况下，采用编号为 15 的 TERM 信号，TERM 信号将终止所有不能捕获该信号的进程。对于那些可以捕获该信号的进程就要用编号为 9 的 kill 信号，强行终止该进程。

格式 1：kill [-s 信号|-p] 进程号

格式 2：kill -l [信号]

功能：终止正在运行的进程或作业。root 用户可终止所有进程，普通用户只能终止自己启动的进程。

常用选项说明如下。

-s：指定要发送的信号，既可以是信号名（如 kill），也可以是对应信号的号码（如 9）。

-p：指定 kill 命令只是显示进程的 pid（进程标识号），并不真正发出结束信号。

-l：显示信号名称列表，该列表也可以在/usr/include/linux/signal.h 文件中找到。

常用信号说明如表 8-1 所示。

表 8-1　　　　　　　　　　　常用信号说明

信号	对应数值	用途
SIGHUP	1	从终端上发出的结束信号
SIGINT	2	从键盘上发出的中断信号（Ctrl+C）
SIGQUT	3	从键盘上发出的退出信号（Ctrl+\）
SIGFPE	8	浮点异常（如被 0 除）
SIGKILL	9	结束接收信号的进程（强行"杀死"进程）
SIGTERM	15	kill 命令默认的终止信号
SIGCHLD	17	子进程终止或结束的信号
SIGSTOP	19	用键盘来执行的信号（Ctrl+D）

【例 8-10】　假设某进程的进程号为 2256，终止此进程。

```
[root@localhost ~]# kill -s kill 2256
```

【例 8-11】　终止进程号分别为 2250、2254、2256 的进程。

```
[root@localhost ~]# kill 2250 2254 2256
```

使用 kill 命令时应注意如下 6 点。

（1）kill 命令可以带信号号码选项，也可以不带。如果没有信号号码，kill 命令就会发出终止信号（TERM）。这个信号可以杀掉没有捕获到该信号的进程，也可以用 kill 命令向进程发送特定的信号。例如：kill -2 1234，其效果等同于在前台运行 PID 为 1234 的进程的时候，按 Ctrl+C 组合键。但是普通用户只能使用不带信号参数的 kill 命令，或者最多使用-9 信号。

（2）kill 命令可以带有进程 ID 号作为参数。只有进程的所有者可以用 kill 命令向这些进程发送信号。如果试图撤销一个没有权限撤销的进程，或者撤销一个不存在的进程，就会得到一个错误信息。

（3）可以向多个进程发信号，或者终止它们。

（4）当 kill 命令成功地发送了信号，Shell 会在屏幕上显示出进程的终止信息。有时这个信息不会马上显示，只有当按 Enter 键使 Shell 的命令提示符再次出现时才会显示出来。

（5）使用信号强行终止进程常会带来一些副作用，比如数据丢失或终端无法恢复到正常状态。发送信号时必须小心，只有在万不得已时才用 kill 信号（9），因为进程不能首先捕获它。

（6）要撤销所有的后台作业，可以输入"kill 0"。因为有些在后台运行的命令会启动多个进程，跟踪并找到所有要杀掉的进程的 PID 是一件很麻烦的事，这时，使用"kill 0"来终止所有由当前 Shell 启动的进程是一个有效的方法。

8.2.4　桌面环境下管理进程

1．查看进程

在桌面环境下单击"活动"菜单，在搜索窗口输入"monitor"，打开"系统监视器"窗口，如图 8-1 所示。"进程"选项卡中显示了当前用户启动的所有进程。

进程名	用户	% CPU	ID	内存	磁盘读取总计	磁盘写入总计	磁盘读取	磁盘写入	优先级
accounts-daemon	root	0	1201	744.0 KiB	6.6 MiB	772.0 KiB	不适用	不适用	普通
acpi_thermal_pm	root	0	179	不适用	不适用	不适用	不适用	不适用	非常高
alsactl	root	0	998	96.0 KiB	860.0 KiB	16.0 KiB	不适用	不适用	非常低
ata_sff	root	0	503	不适用	不适用	不适用	不适用	不适用	非常高
atd	root	0	1313	不适用	144.0 KiB	不适用	不适用	不适用	普通
at-spi2-registryd	root	0	10427	728.0 KiB	120.0 KiB	不适用	不适用	不适用	普通
at-spi-bus-launcher	root	0	10418	28.0 KiB	108.0 KiB	不适用	不适用	不适用	普通
auditd	root	0	966	128.0 KiB	1.4 MiB	276.0 KiB	不适用	不适用	高
bluetoothd	root	0	1035	316.0 KiB	3.4 MiB	不适用	不适用	不适用	普通
boltd	root	0	7025	348.0 KiB	2.3 MiB	不适用	不适用	不适用	普通
cpuhp/0	root	0	13	不适用	不适用	不适用	不适用	不适用	普通
crond	root	0	1314	256.0 KiB	21.5 MiB	不适用	不适用	不适用	普通
crypto	root	0	24	不适用	不适用	不适用	不适用	不适用	非常高
cupsd	root	0	5895	556.0 KiB	7.1 MiB	28.0 KiB	不适用	不适用	普通
dbus-daemon	root	0	10329	1.2 MiB	10.0 MiB	不适用	不适用	不适用	普通
dbus-daemon	root	0	10423	352.0 KiB	24.0 KiB	不适用	不适用	不适用	普通

图 8-1　"系统监视器"窗口

单击菜单中的"首选项"命令，弹出"系统监视器首选项"对话框，如图 8-2 所示。在"进程"选项卡中，用户还可以调整"进程"选项卡中显示的进程信息，例如可以设置进程的更新时间间隔、是否启用平滑刷新、结束或杀死进程前是否出现警告，以及是否显示总 CPU 使用率除以 CPU 数。

单击"文件系统"选项卡，可设置在进程列表中显示进程的详细信息项目，如图 8-3 所示。

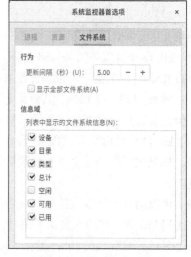

图 8-2　"进程"选项卡　　　　　　　　图 8-3　"文件系统"选项卡

2. 修改进程优先级

从进程列表中选择需要修改优先级的进程，单击鼠标右键，在弹出的快捷菜单中选择"改变优先级"选项，可以改变进程的优先级。滑块上方显示优先级值，下方显示优先级，拖动滑块就可以调整当前优先级的等级（非常高优先级、高优先级、普通优先级、低优先级或非常低优先级）。

3. 终止进程

从进程列表中选择要终止的进程，单击鼠标右键，在弹出的快捷菜单中选择"结束进程"选项，弹出"结束进程"对话框，单击"结束进程"按钮即可。或者选中要终止的进程后，单击右下角的"杀死进程"按钮，也将完成相同的操作。

8.3　系统监视工具

8.3.1　桌面环境下监视系统

在 RHEL 系统中用户通过系统监视器可以实现对 CPU、硬盘、内存和交换分区的实时监视。单击"应用程序"→"系统工具"→"系统监视器"选项，打开"系统监视器"窗口。单击"资源"选项卡，可以查看系统主要资源的使用情况，如图 8-4 所示。

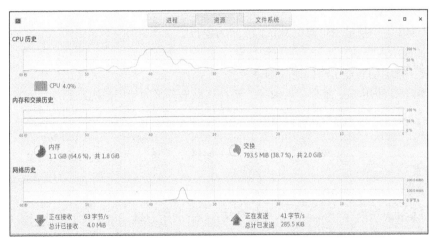

图 8-4　"资源"选项卡

8.3.2　系统监视命令

1. who 命令

格式：who [选项]

功能：查看当前登录的所有用户。

常用选项说明如下。

-m：显示当前用户的用户名。

-H：显示用户的详细信息。

【例 8-12】　假设 root 用户登录到图形终端，user 用户登录到字符终端，用 who 命令显示当前所有用户的详细信息。

```
[root@localhost ~]# who -H
NANE    LINE     TIME              COMMENT
root    pts/0    JUN 23 13:41
user    tty1     JUN 23 13:43      (:0.0)
```

其中，LINE 显示用户登录的终端号；TIME 显示用户登录的时间。

2. top 命令

格式：top [-d 秒数]

功能：动态显示 CPU 利用率、内存利用率和进程状态等相关信息。默认每 5s 更新一次显示信息，也可以通过-d 参数指定刷新频率。

【例 8-13】 利用 top 命令对系统进行监视，要求每 10s 刷新一次。

```
[root@localhost ~]# top -d 10
```

执行该命令后，终端将显示系统当前的工作情况，包括当前系统时间、系统运行时间、登录用户数量、进程个数、各种状态的进程数量、用户进程对 CPU 的使用情况、系统进程对 CPU 的使用情况、空闲 CPU 的百分比等。按 Ctrl+C 组合键或者 q 键结束 top 命令。

3. free 命令

格式：free [选项]

功能：显示内存和交换分区的相关信息。

常用选项说明如下。

-m：以 MB 为单位显示信息，默认以 KB 为单位。

-t：增加显示内存和交换分区的总和信息。

-s 秒数：指定动态显示时的刷新频率。

【例 8-14】 使用 free 命令显示内存、缓存和交换分区的使用情况，每 10s 刷新一次。

```
[root@localhost ~]# free -s 10
                 total     used      free      shared    buffers    cached
Mem:             190628    182304    8324      0         23256      76140
-/+buffers/cache: 82908    107720
Swap:            385552    25692     359860
```

其中，Mem 表示内存；Swap 表示交换分区；total 表示总量；used 表示已使用的数量；free 表示空闲数量。

8.4 计划任务

在 RHEL 系统中，系统可以通过计划任务功能，一次性或者周期性地自动完成某些任务。

8.4.1 一次性计划任务

一次性计划任务使用 at 命令调度。

格式：at [选项] [时间]

功能：在指定的时刻执行命令序列。

计划任务

常用选项说明如下。

-f 文件名：从指定的文件中而不是从标准输入读取所要执行的命令。

-l：显示等待执行的调度作业。如果是 root 用户，则列出队列中的所有作业。

-d：删除指定的调度作业。

-v：显示作业执行的时间。

-c：将命令行上所列的作业送到标准输出设备。

进程开始执行的时间可以采用以下形式。

1. 绝对计时法

绝对计时法是指使用 HH:MM（即"小时:分钟"）进行计时，其分为 24 小时计时制和 12 小时计时制。通常指当天的时间，如果当天的时间已经过去，则在第 2 天同一时间执行。如果采用 12 小时计时制，则时间后面加上 am（上午）或 pm（下午）。

用户也可以指定命令执行的具体日期，指定格式为 month day（月日）、mm/dd/yy（月/日/年）或者 dd.mm.yy（日.月.年）。指定的日期必须跟在指定时间的后面。

【例 8-15】　在 2021 年 5 月 1 日 13 点执行文件 job 中的作业。

```
[root@localhost ~]# at -f job 13:00 5/1/2021
```

2. 直接计时法

直接计时法是指直接使用绝对时间，如 today（今天）、tomorrow（明天）、midnight（深夜）、noon（中午）、teatime（饮茶时间，一般是下午 4 点）等。

【例 8-16】　在明天下午 3 点执行文件 job 中的作业。

```
[root@localhost ~]# at -f job 3:00pm tomorrow
```

3. 相对计时法

相对计时法指定格式为：now + 时间间隔，时间单位可以是 minutes（分钟）、hours（小时）、days（天）、weeks（星期）。这种计时法对于安排不久就要执行的命令是很有好处的。

【例 8-17】　在两天后上午 9 点执行文件 job 中的作业。

```
[root@localhost ~]# at -f job 9:00am+2days
```

对于 at 命令来说，需要定时执行的命令是从标准输入或者使用-f 选项指定的文件中读取并执行的。如果一个用户使用 su 命令切换到另一个用户后，在其 Shell 中执行 at 命令，那么后者被认为是执行用户，所有的错误和输出结果都会送给这个用户。但是如果有邮件送出，收到邮件的将是原来的用户。

在任何情况下，root 用户都可以使用 at 命令。对于其他用户来说，是否可以使用就取决于两个文件：/etc/at.allow 和/etc/at.deny。如果/etc/at.allow 文件存在，那么只有在其中列出的用户才可以使用 at 命令；如果该文件不存在，那么将检查/etc/at.deny 文件是否存在，在这个文件中列出的用户均不能使用该命令。如果两个文件都不存在，那么只有 root 用户可以使用该命令。空的/etc/at.deny 文件意味着所有的用户都可以使用该命令，这也是系统的默认状态。

【例 8-18】　设置 at 调度，要求在 2021 年 12 月 31 日 23 点 59 分向登录在系统上的所有用户发送 "Happy New Year!" 信息。

```
[root@localhost ~]# at 23:59 12312021
at>who
at>wall Happy New Year!
at><EOT>
job 1 at 2021-12-31 23:59
```

输入 at 命令后，系统将出现 "at>" 提示符，等待用户输入将执行的命令。输入完成后，按 Ctrl+D 组合键结束输入，屏幕将显示 at 调度的执行时间。

8.4.2　周期性计划任务

at 调度是在一定时间内完成一定任务，但是只能执行一次。在很多时候要不断重复一些命令，比如数据备份，此时就要使用 cron 调度来完成了。

cron 是一个守护程序，这意味着它将一直在后台服务。这样的一个程序不应该是由某一个用户运行 cron 这个命令来启动的，事实上一般的用户也没有这个权限来运行它。

cron 守护进程启动以后，它将首先检查是否有用户设置了 crontab 文件。cron 守护进程首先会搜索/var/spool/cron 目录，寻找以/etc/passwd 文件中的用户名命名的 crontab 文件，并将找到的文件载入内存。例如一个用户名为 user 的用户，它所对应的 crontab 文件就应该是/var/spool/cron/user。也就是说，以该用户命名的 crontab 文件存放在/var/spool/cron 目录下面。 cron 守护进程还将搜索/etc/crontab 文件，这个文件是系统安装时设置好的自动安排进程任务的文件。由于 cron 守护进程没有发现相应的 crontab 文件时就转入 "休眠" 状态，释放系统资源，因此该后台进程占用资源极少。cron 守护进程每分钟唤醒一次，当 crontab 中的时间和日期与系统的当前时间和日期相同时，就执行相应的 crontab 任务。crontab 任务执行结束后，任何输出都将作为邮件发送给安排 crontab 任务的所有者，或者是/etc/crontab 文件中 MAILTO 环境变量中指定的用户。

cron 调度与 crond 进程、crontab 命令和 crontab 配置文件相关。

1．crond 进程

crond 进程在系统启动时自动启动，并一直运行于后台。crond 进程负责检测 crontab 配置文件，并按照其设置内容，定期重复执行指定的 cron 调度工作。

2．crontab 命令

格式：crontab [选项]

功能：维护用户的 crontab 配置文件。

常用选项说明如下。

-e（edit）：创建并编辑 crontab 配置文件，编辑结束时文件被自动安装。

-l（list）：在标准输出设备上显示 crontab 配置文件的内容。

-r（erase）：删除 crontab 配置文件。

3．crontab 配置文件

用户的 crontab 配置文件保存于/var/spool/cron 目录中，其文件名与用户名相同。crontab 配置文件保留 cron 调度的内容，共有 7 个字段。

格式：

```
minute hour day-of-month  month-of-year day-of-week [username] commands
```
各项内容的取值范围如下。

minute：0～59。

hour：0～23。

day-of-month：01～31。

month-of-year：01～12。

day-of-week：0～6，0 为星期日。

username：以指定的用户身份执行 commands，省略此字段时表示以安排本任务的用户身份执行 commands。

commands：执行的 Linux 命令，通常要求使用绝对路径。

除 username 外所有的字段不能为空，字段之间用空格分开；如果不指定字段内容，则使用"*"符号。用户可以使用"-"符号表示一段时间，如果在日期栏中输入"1-5"则表示每个月前 5 天每天都要执行该命令；可以使用","符号来表示指定的时间，如果在日期栏中输入"5,15,25"则表示每个月的 5 日、15 日和 25 日都要执行该命令；可以用"/n"表示步长，例如"8-18/2"表示时间序列 8、10、12、14、16、18。如果执行的命令未使用输出重定向，那么系统会把执行结果以邮件的方式发送给 crontab 文件的所有者。

【例 8-19】　root 用户设置 cron 调度，要求每周一的 8:00 查看/etc/passwd 文件。

```
[root@localhost  ~]# crontab -e
```

启动 vi 编辑器输入下面内容：

```
00 08 * * 1 /bin/ls /etc/passwd
```

存盘并退出后，/var/spool/cron 目录中就会生成一个名为 root 的文件，系统将根据用户设置的时间执行指定命令。

第9章
软件管理

在一个 Linux 系统中，可能会安装很多个应用软件，这么多的应用软件都需要系统管理员进行管理。

本章介绍 Linux 中安装软件的常用方法，如 YUM 安装、RPM 包安装和源代码安装等。

9.1 使用 YUM

9.1.1 Linux 下的可执行文件

在 RHEL 中执行的命令，大部分是可执行文件（Executable File）。Linux 下的可执行文件可以分为以下 3 种。

软件包封装类型　使用 YUM 源

1. 程序

程序（Program）是一种存储可以被 CPU 执行的机器码（Machine Code）的特殊文件。由于存储在程序文件中的机器命令都是采用二进制（Binary）格式，因此，人们习惯称可执行文件为二进制文件（Binary File）。

当需要 RHEL 执行某个程序文件时，RHEL 会把存储在程序文件内的机器码直接交给 CPU 执行。一般来说，程序文件执行的速度比较快，但最大的缺点是程序文件无法在不同的 CPU 中执行。

2. 链接库

链接库（Link Library）与程序类似，也是一个存储机器码的二进制文件。但链接库与程序文件的不同之处在于，程序文件会存储执行进入点（Enter Entry），所以 RHEL 知道将从哪里开始执行程序的内容；链接库则没有存储执行进入点的信息，因而无法直接启动 RHEL 的链接库。

链接库的主要功能是给其他程序或链接库加载执行。

3. 脚本

脚本（Script）以文本文件的格式存储要 CPU 执行的命令。支持脚本类型的程序语言都会提供一个编译器（Interpruter）程序，每次执行一个脚本时，RHEL 都会把脚本中的命令交给编译器，转译出 CPU 可以执行的机器码，然后才让 CPU 去执行这些机器码。

一般来说，脚本的好处是与计算机的平台无关，只要计算机中提供适当的编译器程序，就可以直接执行脚本；脚本最大的缺点则是执行速度远远慢于程序文件。

9.1.2　传统管理软件的方法

假设今天有一位应用软件提供者打算提供一套在各种 UNIX 系统间都可以执行的应用软件，那么他会遇到一个非常麻烦的问题：不同的 UNIX 系统提供的系统呼叫（System Calls）可能都不一样；即使有相同的系统呼叫，不同的 UNIX 系统间提供的链接库可能也都不相同；甚至就算链接库都一样，不同平台的机器码也不一样。这样会造成应用软件提供者的困扰，因为他必须为不同平台、不同链接库的 UNIX 系统提供数百份不同的版本。

为了解决这个问题，传统的 UNIX 软件提供者多半选择将软件的源码文件（Source Files）提供给用户。用户取得应用软件的源码文件后，只需要在自己的 UNIX 系统上重新编译一次，即可产生能在该 UNIX 上执行的程序文件，这样将大幅减少 UNIX 软件提供者的麻烦。

基于上述的原因，在传统的 UNIX 世界中，软件多半是以源码的方式发布（Distributed）的。RHEL 既然是一套兼容于 UNIX 的操作系统，当然也具备这样的特性。目前有数以万计的应用软件可以在 RHEL 上执行，这些软件绝大多数提供源码，让系统管理者可以编译、安装其所需软件。

不同软件的安装步骤都不相同，但总不会脱离下面 4 个步骤。

（1）获得软件。

（2）编译前的准备工作。

（3）开始编译。

（4）安装与部署。

具体的步骤可参阅后续内容。

9.1.3　RPM

如果 RHEL 的系统管理者要管理系统上的所有软件，并且都必须通过传统软件管理的方法，那么应该就不会有人愿意使用 RHEL 了。为了减少系统管理者在软件管理上的不便，Red Hat 特别设计了一个名为 RPM（Red Hat Package Manager）的软件包管理系统。通过 RPM，系统管理者可以更轻松、方便地管理 RHEL 上的所有软件。

当然，Red Hat 是利用 RPM 的技术制作出 RHEL 系统中的每一个软件包，所以身为这些系统的管理者，一定要懂得如何使用 RPM。

当谈到 RPM 时，人们通常指的是下面 3 个组成部分的结合。

（1）RPM 数据库。

（2）RPM 软件包文件。

（3）RPM 可执行文件。

一般来说，一个软件可以是一个独立的 RPM 软件包，也可以是由多个 RPM 软件包组成的。多数情况下，一个软件是由多个相互依赖的软件包组成的，也就是说安装一个软件需要使用到许多软件包，而大部分的 RPM 包又有相互之间的依赖关系。例如，安装 A 软件需要 B 软件的支持，而安装 B 软件又需要 C 软件的支持，那么，想要安装 A 软件，必须先安装 C 软件，再安装 B 软件，最后才能安装 A 软件。如此复杂的依赖关系，把刚开始使用 RHEL 系统的用户弄得无所适从，那么有没有一种更加简单、更加人性化的软件安装方法呢？有，那就是在 RHEL 8 中使用的 YUM 软件。

9.1.4　YUM

RHEL 5 以后，YUM 就已经整合到 RHEL 系统上，用户可以利用 YUM 来安装、升级、删除

RHEL 中的软件。

YUM（Yellowdog Updater Modified）是一个基于 RPM 却胜于 RPM 的管理工具，用户使用 YUM 可以更轻松地管理 RHEL 系统中的软件。例如，可以使用 YUM 来安装或卸载软件，也可以利用 YUM 来更新系统，更可以利用 YUM 来搜索一个尚未安装的软件。不管是安装、更新还是删除，YUM 都会自动解决软件间的依赖性问题。使用 YUM 会比单纯使用 RPM 更方便。

YUM 包含下列 3 项组件。

1. YUM 下载源

如果把所有 RPM 文件放在同一个目录中，这个目录就可称为“YUM 下载源”（YUM Repository）。用户可以把 YUM 下载源通过 HTTP、FTP 等方式分享给其他计算机使用；当然，还可以直接使用别人建好的 YUM 下载源来取得需安装的软件。

如果你是合法的 RHEL 用户，并且已经成功地在 RHN 上登录了你的 RHEL 系统，则可以不用建立自己的 YUM 下载源。因为 RHEL 会自动安装一个名为 yum-rhn-plugin 的软件，通过这个软件包，YUM 会自动使用 RHN 作为默认下载源。

但若尚未登录 RHN 系统，就必须自己建立 YUM 下载源，才能顺利通过 YUM 来安装、升级与卸载软件。

建立 YUM 下载源的步骤其实很简单，主要包括以下 3 个步骤。

（1）将所有 RPM 文件放入同一个目录中。

（2）在该目录中建立 YUM 下载源数据。

这个步骤中需要使用一个名为 createrepo 的工具，必须安装 createrepo 软件包才能使用这个工具。createrepo 的用法如下：

```
createrepo [OPTIONS] DIRECTORY
```

其中，DIRECTORY 为 RPM 文件存放的路径，而 OPTIONS 则为参数。

（3）通过 HTTP 或 FTP 分享这个目录。

完成上面的步骤，就已经建立好专用的 YUM 下载源了。

以下是建立本机的 RHEL 下载源的示范。

```
[root@server rpm]# cd /var/www/html/rpm/
[root@server rpm]# ls
vim-common-8.0.1763-13.el8.x86_64.rpm
vim-enhanced-8.0.1763-13.el8.x86_64.rpm
vim-filesystem-8.0.1763-13.el8.noarch.rpm
vim-minimal-8.0.1763-13.el8.x86_64.rpm
vim-X11-8.0.1763-13.el8.x86_64.rpm
[root@server rpm]# createrepo /var/www/html/rpm/
Directory walk started
Directory walk done - 5 packages
Temporary output repo path: /var/www/html/rpm/.repodata/
Preparing sqlite DBs
Pool started (with 5 workers)
Pool finished
[root@server rpm]# ls
repodata
vim-common-8.0.1763-13.el8.x86_64.rpm
vim-enhanced-8.0.1763-13.el8.x86_64.rpm
vim-filesystem-8.0.1763-13.el8.noarch.rpm
vim-minimal-8.0.1763-13.el8.x86_64.rpm
vim-X11-8.0.1763-13.el8.x86_64.rpm
```

其中，/var/www/html/rpm 目录用来预定作为 YUM 下载源的目录，这个目录存储了 5 个 RPM 软件包文件。利用 createrepo 将/var/www/html/rpm 目录建成 YUM 下载源，现在 YUM 下载源目录中多了一个名为 repodata/的目录，这个目录就是 YUM 下载源的数据目录。YUM 下载源数据目录会存储这些由 createrepo 产生的数据文件。

2. 设置 YUM

如果需要使用某一个 YUM 下载源，则必须先设置 YUM。YUM 的配置文件可以分为以下两种。

（1）YUM 工具的配置文件。

（2）YUM 下载源的定义文件。

其中，YUM 工具的配置文件为/etc/yum.conf，而 YUM 下载源定义文件则存储于/etc/yum.repos.d/目录中，而且文件必须以.repo 作为扩展名。

一个 YUM 下载源定义文件可以存储多个 YUM 下载源的设置，每一个 YUM 下载源的设置格式如下：

```
[REPOS_ID]
NAME=VALUE.
...
```

其中，REPOS_ID 为 YUM 下载源的识别名称；NAME 为参数名称；VALUE 为参数的值。常用的参数如表 9-1 所示。

表 9-1　　　　　　　　　　　　　　YUM 配置文件参数

参数	说明
name	用来定义 YUM 源的完整名称
baseurl	指定 YUM 源的 URL
enabled	是否启用 YUM 源
gpgcheck	安装这个 YUM 源终端软件包前是否检查 RPM 软件包的数字签名
gpgkey	软件包数字签名的密钥
mirrorlist	定义映像（Mirror）站点列表

下面是一个 YUM 下载源的案例，文件名为：/etc/yum.repos.d/server.repo。

```
[AppStream]
name=AppStream
baseurl=file:///dvd/AppStream
gpgcheck=0
enabled=1
[BaseOS]
name=BaseOS
baseurl=file:///dvd/BaseOS
gpgcheck=0
enabled=1
```

3. yum 命令

yum 是 YUM 系统中的管理命令。这个命令格式如下：

```
yum [OPTIONS…] COMMAND [ARGVS…]
```

其中，OPTIONS 是 yum 可用的参数；COMMAND 是 yum 的命令，执行 yum 时必须指定 COMMAND；ARGVS 是 yum 命令的自变量，不同的命令，自变量也不同。

（1）列出软件包

如果需要列出 YUM 下载源中的软件和 RHEL 系统中的软件，可以执行 yum list 命令。

以下是使用 yum 命令列出已安装的软件包中名称符合 "httpd-*" 的示范。

```
[root@server rpm]# yum list httpd-*
Updating Subscription Management repositories.
Unable to read consumer identity
This system is not registered to Red Hat Subscription Management. You can use su
bscription-manager to register.
上次元数据过期检查: 1:41:23 前，执行于 2021年03月24日 星期三 14时55分13秒。
已安装的软件包
httpd-filesystem.noarch       2.4.37-21.module+el8.2.0+5008+cca404a3       @dvd
httpd-tools.x86_64            2.4.37-21.module+el8.2.0+5008+cca404a3       @dvd
可安装的软件包
httpd-devel.x86_64           2.4.37-21.module+el8.2.0+5008+cca404a3       dvd
httpd-manual.noarch          2.4.37-21.module+el8.2.0+5008+cca404a3       dvd
```

（2）清除缓存

在 YUM 系统中会建立一个名为 YUM 缓存的空间，用来存储一些 YUM 的数据，借以降低网络的流量，并提高 YUM 的执行效率。YUM 默认会先使用 YUM 缓存来获得软件的相关信息或软件包。大部分的情况下，无须费心管理 YUM 缓存中的数据，因为 YUM 会自动地控制 YUM 缓存。

有些时候可能会发现 YUM 运行不太正常，这也许是由 YUM 缓存错误造成的。此时，可以利用 yum clean all 命令来清除 YUM 缓存。

```
[root@server ~]# yum clean all
Updating Subscription Management repositories.
Unable to read consumer identity
This system is not registered to Red Hat Subscription Management. You can
 use subscription-manager to register.
12 文件已删除
```

（3）查看信息

在 YUM 系统中可以使用 yum info 命令获知某一个软件的软件包信息（Package Information）。与 yum list 一样，yum info 也支持通配符。以下是使用 yum info 来获得软件包信息的示范。

```
[root@server ~]# yum info httpd
Updating Subscription Management repositories.
Unable to read consumer identity
This system is not registered to Red Hat Subscription Management. You can
 use subscription-manager to register.
上次元数据过期检查: 0:00:05 前，执行于 2021年03月24日 星期三 16时40分02秒

已安装的软件包
名称     : httpd
版本     : 2.4.37
发布     : 21.module+el8.2.0+5008+cca404a3
架构     : x86_64
大小     : 4.3 M
源       : httpd-2.4.37-21.module+el8.2.0+5008+cca404a3.src.rpm
仓库     : @System
来自仓库 : dvd
概况     : Apache HTTP Server
URL      : https://httpd.apache.org/
协议     : ASL 2.0
描述     : The Apache HTTP Server is a powerful, efficient, and
         : extensible web server.
```

（4）安装软件

使用 yum install 命令可以安装软件。YUM 会自己解决软件间的依赖问题（Dependences），全程不需手动处理依赖问题。

以下是使用 YUM 来安装 telnet-server 软件的示范。

```
[root@server ~]# yum install telnet-server
Updating Subscription Management repositories.
Unable to read consumer identity
This system is not registered to Red Hat Subscription Management. You can
 use subscription-manager to register.
```

```
上次元数据过期检查：0:01:01 前，执行于 2021年03月24日 星期三　16时40分02秒。
依赖关系解决。
========================================================================
 软件包              架构           版本              仓库        大小
========================================================================
安装：
 telnet-server       x86_64         1:0.17-73.el8     dvd         48 k

事务概要
========================================================================
安装　1 软件包
```

使用 yum install 安装 telnet-server 软件包时，YUM 会检查该软件包的依赖性。这时，发现要安装 xinetd 软件包。当执行到这里，YUM 会停下来询问是否愿意进行下列的动作。如果确定要安装该软件及相应的所有软件包，请输入"y"，然后按 Enter 键。等 YUM 执行完成后，再查询一次，此时 telnet-server 软件包就已经成功安装完毕。

（5）升级软件

除了可以安装软件外，用户也可以用 YUM 来升级 RHEL 系统中的部分（或全部）软件。yum update 命令表示升级所有已安装的软件。如果没有要升级的软件，就出现如下信息。

```
[root@server ~]# yum update
Updating Subscription Management repositories.
Unable to read consumer identity
This system is not registered to Red Hat Subscription Management. You can
 use subscription-manager to register.
上次元数据过期检查：0:03:05 前，执行于 2021年03月24日 星期三　16时40分02秒。
依赖关系解决。
无需任何处理。
完毕！
```

（6）卸载软件

通过 YUM 可轻松地卸载软件。以往在 RHEL 上要删除一个软件，用户需自己费心解决软件的依赖问题；而 YUM 会自动检查软件彼此间的依附性问题，然后自动安排要删除的软件列表。通过 YUM 来卸载软件，使用 yum remove PACKAGES 命令，其中的 PACKAGES 是要删除的软件包名称。以下是卸载软件的示范。

```
[root@localhost ~]# yum remove telnet-server -y
Updating Subscription Management repositories.
Unable to read consumer identity
This system is not registered to Red Hat Subscription Management. You can use subscri
ption-manager to register.
依赖关系解决。
========================================================================
 软件包              架构           版本              仓库        大小
========================================================================
移除：
 telnet-server       x86_64         1:0.17-73.el8     @app        60 k

事务概要
========================================================================
移除　1 软件包

将会释放空间：60 k
运行事务检查
事务检查成功。
运行事务测试
事务测试成功。
运行事务
  准备中  ：                                                      1/1
  运行脚本：telnet-server-1:0.17-73.el8.x86_64                     1/1
  删除    ：telnet-server-1:0.17-73.el8.x86_64                     1/1
  运行脚本：telnet-server-1:0.17-73.el8.x86_64                     1/1
  验证    ：telnet-server-1:0.17-73.el8.x86_64                     1/1
Installed products updated.

已移除：
 telnet-server-1:0.17-73.el8.x86_64
```

（7）列出软件组

YUM 下载源中也可能会定义"软件包群组（Package Group）"，即把相同性质的软件区分为不同的类别。用户可利用 yum grouplist 命令来列出所有的 YUM 下载源中已经定义的软件包群组。

以下是使用 yum grouplist 命令列出所有的软件包群组的示范。

```
[root@localhost ~]# yum grouplist
Updating Subscription Management repositories.
Unable to read consumer identity
This system is not registered to Red Hat Subscription Management. You can use subscri
ption-manager to register.
上次元数据过期检查: 0:02:15 前，执行于 2021年04月14日 星期三 23时59分59秒。
可用环境组:
    服务器
    最小安装
    工作站
    虚拟化主机
    定制操作系统
已安装的环境组:
    带 GUI 的服务器
已安装组:
    容器管理
    无头系统管理
可用组:
    .NET 核心开发
    RPM 开发工具
    开发工具
    图形管理工具
    传统 UNIX 兼容性
    网络服务器
    科学记数法支持
    安全性工具
    智能卡支持
    系统工具
```

（8）安装软件组

YUM 下载源中可能会定义一些软件包群组，用户可以使用 yum groupinstall 命令来安装指定的软件包群组。当安装软件包群组时，YUM 会安装该群组中的每一个软件包。而 YUM 下载源通常以功能来定义软件包群组，因此，通过软件包群组可以更轻松地安装所需功能的软件。

以下是使用 yum groupinstall 命令来安装软件包群组的示范。

```
[root@server ~]# yum groupinstall 'RPM 开发工具'
Updating Subscription Management repositories.
Unable to read consumer identity
This system is not registered to Red Hat Subscription Management. You can
 use subscription-manager to register.
上次元数据过期检查: 0:08:12 前，执行于 2021年03月24日 星期三 16时40分02秒。
依赖关系解决。
================================================================
 软件包            架构         版本          仓库       大小
================================================================
安装组/模块包:
 rpmdevtools       noarch       8.10-7.el8    dvd        87 k
安装组:
 RPM Development Tools


事务概要
================================================================
安装  1 软件包
总计: 87 k
安装大小: 170 k
确定吗? [y/N]:  y
下载软件包:
运行事务检查
事务检查成功。
运行事务测试
事务测试成功。
运行事务
    准备中   :                                          1/1
    安装    : rpmdevtools-8.10-7.el8.noarch             1/1
```

```
运行脚本: rpmdevtools-8.10-7.el8.noarch                              1/1
验证    : rpmdevtools-8.10-7.el8.noarch                              1/1
Installed products updated.
```

```
已安装:
  rpmdevtools-8.10-7.el8.noarch
```

```
完毕!
```

（9）卸载软件组

与其他动作一样，YUM 也允许使用 yum groupremove 命令删除整个软件包群组中的所有软件。以下是使用 yum groupremove 命令来卸载软件包群组的示范。

```
[root@server ~]# yum groupremove 'RPM 开发工具'
Updating Subscription Management repositories.
Unable to read consumer identity
This system is not registered to Red Hat Subscription Management. You can
 use subscription-manager to register.
依赖关系解决。
================================================================================
 软件包            架构          版本              仓库          大小
================================================================================
移除:
 rpmdevtools       noarch        8.10-7.el8        @dvd          170 k
删除组:
 RPM Development Tools

事务概要
================================================================================
移除  1 软件包

将会释放空间: 170 k
确定吗? [y/N]:  y
运行事务检查
事务检查成功。
运行事务测试
事务测试成功。
运行事务
  准备中  :                                                         1/1
  删除    : rpmdevtools-8.10-7.el8.noarch                           1/1
  运行脚本: rpmdevtools-8.10-7.el8.noarch                           1/1
  验证    : rpmdevtools-8.10-7.el8.noarch                           1/1
Installed products updated.
```

```
已移除:
  rpmdevtools-8.10-7.el8.noarch
```

```
完毕!
```

9.1.5　DNF

在 RHEL 8 中，DNF（Dandified Yum）已经取代了 YUM，成为新一代 RPM 发行版软件包管理器。

DNF 早在 Fedora 18 中就已经出现，并在 Fedora 22 中替代 YUM，DNF 克服了 YUM 的一些瓶颈，提升了包括用户体验、内存占用、依赖分析、运行速度等多方面的性能。DNF 使用 RPM、Libsolv 和 Hawkey 库进行包管理操作。DNF 从 YUM 分离出来，使用专注于性能的 C 语言库 Hawkey 进行依赖关系解析工作，大幅度提升了包管理操作效率并降低内存消耗。YUM 不支持 Python 3，而 DNF 支持 Python 2 和 Python 3。

用户可以使用 dnf list 命令列出所有来自库的可用软件包和所有已经安装在系统上的软件包；如果只想列出所有已经安装了的 RPM 包，可以使用 dnf list installed 命令；如果想列出可供安装的 RPM 包，则使用 dnf list available 命令。

如果不知道想要安装的软件包的名称，可以在 dnf search 命令后添加关键字来搜索软件包，如 dnf search "web server"；想看某软件包的详细信息，可以使用"dnf info 软件包名"的方式查看；DNF 也可以像 YUM 一样去使用 provides 命令查询某个命令或某个文件是由哪个软件包提供的，如 yum provides ssh。

可以这么说，DNF 和 YUM 在很多地方都是类似的，DNF 的大多数命令和 YUM 的命令相同，并且两者使用相同的 RPM 包存储库。

```
[root@server ~]# ls -l /usr/bin/yum
lrwxrwxrwx. 1 root root 5 2月  18 2020 /usr/bin/yum -> dnf-3
[root@server ~]# ls -l /usr/bin/dnf
lrwxrwxrwx. 1 root root 5 2月  18 2020 /usr/bin/dnf -> dnf-3
[root@server ~]#
```

可以看到，在 RHEL 8 中，yum 命令和 dnf 命令其实只是 dnf-3 命令的一个符号链接文件。之所以保留 yum 命令，其实还是为了与之前的版本进行兼容。在 RHEL 8 中，我们其实已经正式进入 DNF 软件安装时代了。

9.2　安装 RPM 软件

9.2.1　RPM 介绍

RPM 由下面 4 个部分组成。

使用 RPM
命令

1.　RPM 软件包文件（RPM Package File）

RPM 软件包文件是一种特殊的文件，它里面封装了软件的程序、配置文件、说明文件、链接库及源代码。

2.　RPM 管理工具（RPM Utility）

Red Hat 提供了一个叫作 RPM 的管理工具及其他相关的工具程序。利用这些 RPM 相关工具可以查询、安装、升级、更新与删除 RPM 软件包文件。

3.　网络资源

因特网上有许多提供 RPM 软件包文件的服务器，我们可以通过这些服务器取得 RPM 软件包文件；也有部分网站提供搜索 RPM 软件包文件的功能，我们可以利用这些网站搜索所需的 RPM 软件包。

此外，Red Hat 也提供一个叫作 RHN 的网站，让系统管理者可以更新或者远程管理 RHEL。

4.　RPM 数据库（RPM Database）

RPM 数据库会记录安装过的软件信息，例如软件的版本号、制作者、发行单位、内容、文件路径等。RPM 数据库在 RHEL 系统中存储于/var/lib/rpm/目录下。

9.2.2　RPM 软件包文件

首先介绍 RPM 软件包文件。

目前有许多软件都以 RPM 软件包文件类型发布应用软件，RHEL 内置的软件也全都是以 RPM 软件包文件的类型存储在安装光盘中的。

1.　RPM 软件包文件的种类

我们可以把 RPM 软件包文件分成下列两类。

（1）二进制 RPM 软件包文件

二进制 RPM 软件包文件（Binary RPM File）封装着可以直接执行的执行文件（Binary Executable），

以及这些执行文件所需的相关文件，例如配置文件、链接库、文件、数据库等。

安装二进制 RPM 软件包文件后，就可以使用其中的执行文件。不过由于二进制 RPM 软件包文件提供的是与 CPU 有关的程序文件，所以只能安装当前计算机可以使用的版本。

（2）源码 RPM 软件包文件

这种 RPM 文件封装着应用软件的源代码，所以被称为源码 RPM 软件包文件（Source RPM File）。源码 RPM 软件包文件主要用来制作其他种类的 RPM 软件包文件。

另外，还有一种比较特殊的 RPM 软件包文件，提供与平台无关但又可以直接使用的文件，被称为独立的 RPM 软件包文件（Independent RPM File）。比如文件或者程序文件，甚至比如 Java 的 Bytecode，都可以是独立 RPM 文件的内容。

2. RPM 软件包文件的命名规则

RPM 软件包文件的文件名必须符合下面的格式。

```
PACKAGE-VERSION-RELEASE.TYPE.rpm
```

上述每一个字段的说明如下。

PACKAGE：软件包的名称。

VERSION：用来标识软件的版本号。

RELEASE：RPM 软件包文件的版本号（Release Number）。RPM 软件包文件的包装者（Packager）每次推出新版本的 RPM 软件包时，便会增加这个数值。因此也可以把这个版本号视为 RPM 软件包文件第几次修改的版本数字。

TYPE：标识 RPM 软件包文件的类型，常见的类型如下。

- i386、i486、i586、i686：针对 Intel 80x86 兼容 CPU 所编译的 Binary RPM 软件包文件。
- ia32、ia64：针对 Intel IA32 与 IA64 架构编译的 Binary RPM 软件包文件。
- alpha：针对 DEC Alpha 平台编译的 Binary RPM 软件包文件。
- sparc：针对 Sun SPARC 平台编译的 Binary RPM 软件包文件。
- src：源码 RPM（Source RPM）文件。
- noarch：表示独立的 RPM 软件包。

例如，有一个软件叫作 foo，版本号为 1.0，是第 13 次制作出来的二进制 RPM 软件包文件，并且是给 i386 平台使用的，那么这个 RPM 软件包文件的名称便为 foo-l.0-13.i386.rpm。

9.2.3　RPM 命令

1. 查询软件包

可以使用 rpm -q 命令查询已经安装的 RPM 软件包的信息。通常可以查询以下 4 个项目。

（1）已经安装过的软件包。

（2）某一个 RPM 软件包的信息。

（3）RPM 软件包提供的文件。

（4）RPM 软件包所需的组件。

以下针对上述的项目详细说明其用法。

（1）查询已安装的软件包

可以使用 rpm -q 命令来查询 RHEL 中已经安装的 RPM 软件包。格式如下：

```
rpm -q PACKAGES…
```

其中，PACKAGES 为软件包的名称。如果 RHEL 已经安装过软件包，那就会显示软件包的名称与版本信息；如果尚未安装这个软件包，则会显示"未安装软件包　PACKAGE"或"package PACKAGE is not installed"的提示信息。

```
[root@server ~]# rpm -q zip
zip-3.0-23.el8.x86_64
[root@server ~]# rpm -q zoo
未安装软件包 zoo
[root@server ~]#
```

使用 rpm -q 命令时，必须指定软件包的名称；假若不确定该软件包的名称，或者想知道 RHEL 共安装了哪些软件包，可以使用 rpm -qa 命令来查询所有已安装的软件包数据。

以下是使用 rpm -qa 命令查询所有安装过的软件包，然后通过管道（Pipeline）操作符，用 grep 命令搜索出带有 "zip" 的 RPM 软件包的示范。

```
[root@server ~]# rpm -qa |grep zip
zip-3.0-23.el8.x86_64
gzip-1.9-9.el8.x86_64
bzip2-1.0.6-26.el8.x86_64
unzip-6.0-43.el8.x86_64
bzip2-libs-1.0.6-26.el8.x86_64
```

（2）查询软件包的信息

每一个 RPM 软件包的包装者都会提供这个软件包的信息（Package Information）。比如软件包的名称、分类、相关网址、简介与完整说明等。这些信息也会在制作 RPM 软件包时封装到 RPM 软件包文件中。

当安装 RPM 软件包文件后，rpm 命令便会把该软件包文件中的信息存储至 RPM 数据库，此后就可以使用 rpm 命令向 RPM 数据库查询某一个软件的软件包信息了。

如果想要查询某一个已经安装过的软件包的基本信息，可以使用 rpm -qi 命令，其格式如下：

```
rpm -qi PACKAGES…
```

其中，PACKAGES 为软件包的名称。以下是使用 rpm -qi 命令查询 zip 这个软件信息的示范。

```
[root@server ~]# rpm -qi zip
Name        : zip
Version     : 3.0
Release     : 23.el8
Architecture: x86_64
Install Date: 2021年02月02日 星期二 17时13分32秒
Group       : Applications/Archiving
Size        : 842877
License     : BSD
Signature   : RSA/SHA256, 2018年12月15日 星期六 09时33分01秒, Key ID 199e
2f91fd431d51
Source RPM  : zip-3.0-23.el8.src.rpm
Build Date  : 2018年11月20日 星期二 20时32分18秒
Build Host  : x86-vm-02.build.eng.bos.redhat.com
Relocations : (not relocatable)
Packager    : Red Hat, Inc. <http://bugzilla.redhat.com/bugzilla>
Vendor      : Red Hat, Inc.
URL         : http://www.info-zip.org/Zip.html
Summary     : A file compression and packaging utility compatible with PK
ZIP
Description :
The zip program is a compression and file packaging utility.  Zip is
analogous to a combination of the UNIX tar and compress commands and
is compatible with PKZIP (a compression and file packaging utility for
MS-DOS systems).

Install the zip package if you need to compress files using the zip
program.
```

（3）查询软件包的内容

可以使用 rpm 命令查询某一个 RPM 软件包提供了哪些文件。这些 RPM 软件包中封装的文件是在安装该 RPM 软件包时才存储到 RHEL 中的。可以使用 rpm -ql 命令来查询某一个 RPM 软件包中的内容，格式如下：

```
rpm -ql PACKAGES…
```

此语句表示要查询 PACKAGES 所有的内容。

以下是查询 zip 软件包内容的示范。

```
[root@server ~]# rpm -ql zip
/usr/bin/zip
/usr/bin/zipcloak
/usr/bin/zipnote
/usr/bin/zipsplit
/usr/lib/.build-id
/usr/lib/.build-id/2a
/usr/lib/.build-id/2a/c86267c851df56ddc472c9176994231476a5f7
/usr/lib/.build-id/7c
/usr/lib/.build-id/7c/2204a91e522c1a7271547efaa643ef4051b3c0
/usr/lib/.build-id/ae
/usr/lib/.build-id/ae/8e111976b3fcd0476bb3e98fd21a755e7a4df4
/usr/lib/.build-id/f7
/usr/lib/.build-id/f7/8ae5c1221aa30f54fb51dd9de353f4ef23686c
/usr/share/doc/zip
/usr/share/doc/zip/CHANGES
/usr/share/doc/zip/README
```

（4）查询文件提供者

如果想要知道 RHEL 中的某一个文件是由哪个软件包提供的，可以使用下面的命令：

```
rpm -qf FILES…
```

其中，FILES 为 Linux 中的文件名。

以下是查询提供/bin/ls 这个文件的软件包的示范。

```
[root@server ~]# rpm -qf /bin/ls
coreutils-8.30-6.el8.x86_64
```

2. 安装软件包

可以使用 rpm -i 命令来安装 RPM 软件包文件。格式如下：

```
rpm -i [-v][-h]FILES…
```

FILES：为 RPM 文件的名称。另外，FILES 可以使用统一资源位置（URL）的表示方式来表示 RPM 文件存放的位置。

-v：显示冗长（Verberos）的信息。

-h：显示执行进度。当加上-h 参数时，会以 50 个 "#" 符号显示执行的进度，每执行 2%就会显示一个 "#" 符号。

以下是安装 telnet 软件包文件的示范。

```
[root@server Packages]# cd /dvd/AppStream/Packages/
[root@server Packages]# rpm -ivh telnet-0.17-73.el8.x86_64.rpm
警告: telnet-0.17-73.el8.x86_64.rpm: 头 V3 RSA/SHA256 Signature, 密钥
ID fd431d51: NOKEY
Verifying...
   (################################ [100%]
准备中...
(100################################ [100%]
正在升级/安装...
   1:telnet-1:0.17-73.el8
   (################################ [100%]
```

首先进入存放 RPM 软件包的目录（非常重要），然后安装 RPM 软件包。

3. 升级与更新软件包

在介绍升级与更新的方法之前，首先说明 rpm 命令中升级与更新之间的差异。

（1）升级（Upgrade）

当升级 RPM 软件包时，RPM 会先删除旧版软件包中除配置文件外的所有文件，再把新版本的文件安装到系统里，而旧版软件包中的配置文件将会被更名为 FILENAME.rpmsave。

（2）更新（Refresh）

如果使用更新的方式，RPM 直接用新版本软件包中的文件覆盖掉原先的文件，而新版中的配置文件则会更名为 FILENAME.rpmnew。

更新与升级的结果是一样的，唯一的差别在于该软件包是否已经安装过。如果软件包尚未安装，则升级会安装这个软件包；而更新则会忽略，将造成更新失败。

rpm -U（注意大写）命令用于升级某一个 RPM 软件包；rpm -FU 命令用于更新 RPM 软件包。不管是升级还是更新，都可以加上-v 和-h，以便显示更多的信息或执行进度。以下是 rpm -U 与 rpm -F 的格式。

```
rpm {-U|-F}[-v][-h] FILES…
```

与安装 RPM 软件包一样，FILES 可以是一个以 ftp://或 http://开头的 URL。以下是升级 telnet 软件包的示范。

```
[root@server Packages]# rpm -Uvh telnet-0.17-73.el8.x86_64.rpm
警告: telnet-0.17-73.el8.x86_64.rpm: 头 V3 RSA/SHA256 Signature, 密钥
ID fd431d51: NOKEY
Verifying...
################################### [100%]
准备中...
################################### [100%]
        软件包 telnet-1:0.17-73.el8.x86_64 已经安装
```

4. 卸载软件包

可以使用 rpm -e 命令删除一个已经安装过的 RPM 软件包。其格式如下：

```
rpm -e PACKAGES…
```

其中，PACKAGES 为软件包的名称。以下是删除 telnet 这个软件包的示范。

```
[root@server Packages]# rpm -e telnet
[root@server Packages]# rpm -e telnet
错误: 未安装软件包 telnet
```

当删除成功时，没有任何提示；当再次删除时，提示"错误：未安装软件包 telnet"。

5. 检验软件包状态

如果想要检查某一个 RPM 软件包提供的文件从安装至今有没有被改动过，可以使用 rpm -V（注意大写）命令检验某一个软件包的状态。

```
rpm -V PACKAGES…
```

使用 RPM 检验软件包的状态时，如果软件包的某些状态改变了，RPM 就会显示该状态的标签（Status Flag），显示有哪些状态变动过。如果软件包所有的状态都维持原状，RPM 就不会显示任何信息。常用的状态标签如表 9-2 所示。

表 9-2　　　　　　　　　　　　　常用的状态标签

标签	说明
S	文件大小不一致
M	文件的模式已经修改过，包含文件的权限与类型

续表

标签	说明
5	MD5 散列值不符合
D	设备文件的主要号码与次要号码不一致
L	这是一个链接文件,然而其源文件路径已经改变了
U	文件的拥有者已经修改
G	文件的拥有组已经修改
T	文件最后改动的"时间戳"状态已经改变

如果想检验所有软件包的状态,可以使用 rpm -V --all 命令。为了能够监控 RHEL 的安全状态,建议最好每隔一段时间就执行一次 rpm -V --all 命令,即使这需要花上很长的时间。

```
[root@server Packages]# rpm -V telnet
[root@server Packages]# touch /usr/bin/telnet
[root@server Packages]# rpm -V telnet
.......T.   /usr/bin/telnet
```

如上所示,系统有一个/usr/bin/telnet 文件,该文件是由 telnet 软件包提供的。先检验一下 telnet 软件包目前的状态。因为 telnet 提供的所有文件的状态都与安装时一样,所以 RPM 不会显示任何信息。当修改/usr/bin/telnet 的最后变动时间为现在,再使用 rpm -V 命令检验 telnet 软件包的状态时,RPM 会在/usr/bin/telnet 处显示 T 标签,代表/usr/bin/telnet 最后改动的"时间戳"状态已经改变了。

9.3　源代码安装

在传统的 UNIX 世界中,软件多半是以源码的方式发布(Distributed)的。RHEL 既然是一套兼容于 UNIX 的操作系统,当然也具备这样的特性。目前有数以万计的应用软件可以在 RHEL 上执行,这些软件几乎全部都提供源码,让系统管理者可以编译、安装其所需软件。

源代码安装

不同的软件在安装的过程中,步骤可能都不相同,但总不脱离下面 4 个步骤。

(1)获得软件。

(2)编译前的准备工作。

(3)开始编译。

(4)安装与部署。

以下将详细介绍上述的每一个步骤。

9.3.1　获得软件

首先,必须想办法获得这个软件的源码。源码可以由下面 3 个渠道获得。

(1)直接从软件提供者处获得:可以直接向软件提供者索取软件的源码文件。例如,若需要安装 Apache HTTP Server,那么就可以向 Apache 基金会索取,而要安装新版的 Samba 软件,就可以从 Samba 研发团队提供的网站中下载。

(2)从重要的 FTP 服务器取得:国内外有许多 FTP 服务器也会提供知名的 UNIX 软件,像网易、搜狐的许多 FTP 服务器皆提供了 UNIX 软件的原始程序代码。

（3）通过搜索软件搜索获得：例如 Google 服务、百度搜索等。

大部分的软件源码都是压缩文件，用户必须解压缩源码文件后，才能继续后续的工作。用户可以在任何位置解压缩软件的源码，建议在/usr/src/、/usr/local/src/或/tmp/目录中进行解压缩操作。

下面是将下载的 Apache 源码软件进行解压缩的示范。

```
[root@instructor ~]# tar xzvf httpd-2.2.9.tar.gz -C /usr/local/
httpd-2.2.9/
httpd-2.2.9/.deps
httpd-2.2.9/.gdbinit
httpd-2.2.9/ABOUT_APACHE
httpd-2.2.9/acinclude.m4
httpd-2.2.9/Apache.dsw
httpd-2.2.9/apachenw.mcp.zip
httpd-2.2.9/build/
httpd-2.2.9/build/apr_common.m4
httpd-2.2.9/build/binbuild.sh
httpd-2.2.9/build/bsd_makefile
httpd-2.2.9/build/build-modules-c.awk
httpd-2.2.9/build/buildinfo.sh
httpd-2.2.9/build/config-stubs
httpd-2.2.9/build/config.guess
httpd-2.2.9/build/config.sub
httpd-2.2.9/build/config_vars.sh.in
httpd-2.2.9/build/default.pl
httpd-2.2.9/build/fastgen.sh
```

9.3.2　编译前的准备工作

在开始编译前，必须先完成下面 3 项工作。

（1）详细阅读文件。

（2）准备编译所需的组件。

（3）设置编译参数。

以下是每一项工作的详细介绍。

1．详细阅读文件

大部分软件的提供者都会提供完整且丰富的文件。通常，用户可以看到以下这些文件。

（1）README。这个文件通常提供软件的基本信息，例如这个软件提供了什么功能、制作者是谁及遇到问题可以向谁咨询等信息。

（2）INSTALL。这个文件会指导如何安装这个软件。

（3）ChangeLog 或 Changes。这个文件是软件版本修改的记录，比如何时增加了哪项新功能、何时修正了错误。

阅读完相关的文件后，就可以继续以下的步骤了。

2．准备编译所需的组件

某些软件在编译期间或执行期间可能需要依赖其他的软件或链接库，如果有这样的情况，需要在开始编译前先确认 RHEL 是否存有这些软件。如果没有，就必须先安装这些所需的软件。

```
[root@instructor ~]# cd /usr/local/httpd-2.2.9/
[root@instructor httpd-2.2.9]# ./configure
checking for chosen layout... Apache
checking for working mkdir -p... yes
checking build system type... x86_64-unknown-linux-gnu
checking host system type... x86_64-unknown-linux-gnu
checking target system type... x86_64-unknown-linux-gnu

Configuring Apache Portable Runtime library ...

checking for APR... reconfig
```

```
configuring package in srclib/apr now
checking build system type... x86_64-unknown-linux-gnu
checking host system type... x86_64-unknown-linux-gnu
checking target system type... x86_64-unknown-linux-gnu
Configuring APR library
Platform: x86_64-unknown-linux-gnu
checking for working mkdir -p... yes
APR Version: 1.3.0
checking for chosen layout... apr
checking for gcc... no
checking for cc... no
checking for cl.exe... no
configure: error: no acceptable C compiler found in $PATH
See `config.log' for more details.
configure failed for srclib/apr
```

这里的提示就表示由于没有安装 GCC 编译器而导致编译的过程中断，因此，用户需要先安装 GCC 软件（使用 yum install gcc 命令安装就可以）。

大部分软件的制作者都会在软件源码提供的 README 或 INSTALL 文件中告知需要准备哪些软件。通常需要的组件是 GCC 编译器，用户可以安装"开发工具"软件组，以安装相应的编译所需组件。

3．设置编译参数

软件编译前，也必须先设置好编译的参数，以便配置软件编译的环境和要启用的功能等。以往这个工作需要丰富的软件开发经验才能顺利完成。现在，大部分软件源码都会提供由 autoconf/automake 产生的 configure 文件，用户通过 configure 这个 Shell 脚本文件可以轻松地设置编译参数。

执行 configure 命令时，可能需要提供额外的参数；不同软件提供的 configure 文件需要配置的参数可能会不一样。如果想要知道这个软件的 configure 文件需要配置哪些参数，可以执行./configure　--help 命令查看。

下面是进行 Apache 源码软件编译前的设置示范。

```
[root@instructor httpd-2.2.9]# ./configure
checking for chosen layout... Apache
checking for working mkdir -p... yes
checking build system type... x86_64-unknown-linux-gnu
checking host system type... x86_64-unknown-linux-gnu
checking target system type... x86_64-unknown-linux-gnu

Configuring Apache Portable Runtime library ...

checking for APR... reconfig
configuring package in srclib/apr now
checking build system type... x86_64-unknown-linux-gnu
checking host system type... x86_64-unknown-linux-gnu
checking target system type... x86_64-unknown-linux-gnu
Configuring APR library
Platform: x86_64-unknown-linux-gnu
checking for working mkdir -p... yes
APR Version: 1.3.0
```

安装好 GCC 编译器，在编译前设置编译参数就可以了。如果想查看更多的参数，可以使用./configure - -help 命令。

```
[root@server19 httpd-2.2.9]# ./configure --help
`configure' configures this package to adapt to many kinds of systems.

Usage: ./configure [OPTION]... [VAR=VALUE]...

To assign environment variables (e.g., CC, CFLAGS...), specify them as
VAR=VALUE.  See below for descriptions of some of the useful variables.
```

```
Configuration:
  -h, --help              display this help and exit
      --help=short        display options specific to this package
      --help=recursive    display the short help of all the included packages
  -V, --version           display version information and exit
  -q, --quiet, --silent   do not print `checking...' messages
      --cache-file=FILE   cache test results in FILE [disabled]
  -C, --config-cache      alias for `--cache-file=config.cache'
  -n, --no-create         do not create output files
      --srcdir=DIR        find the sources in DIR [configure dir or `..']

Installation directories:
  --prefix=PREFIX         install architecture-independent files in PREFIX
                          [/usr/local/apache2]
  --exec-prefix=EPREFIX   install architecture-dependent files in EPREFIX
                          [PREFIX]

By default, `make install' will install all the files in
`/usr/local/apache2/bin', `/usr/local/apache2/lib' etc.  You can specify
an installation prefix other than `/usr/local/apache2' using `--prefix',
for instance `--prefix=$HOME'.

For better control, use the options below.

Fine tuning of the installation directories:
  --bindir=DIR            user executables [EPREFIX/bin]
  --sbindir=DIR           system admin executables [EPREFIX/sbin]
  --libexecdir=DIR        program executables [EPREFIX/libexec]
  --sysconfdir=DIR        read-only single-machine data [PREFIX/etc]
  --sharedstatedir=DIR    modifiable architecture-independent data [PREFIX/com]
  --localstatedir=DIR     modifiable single-machine data [PREFIX/var]
  --libdir=DIR            object code libraries [EPREFIX/lib]
  --includedir=DIR        C header files [PREFIX/include]
  --oldincludedir=DIR     C header files for non-gcc [/usr/include]
  --datarootdir=DIR       read-only arch.-independent data root [PREFIX/share]
  --datadir=DIR           read-only architecture-independent data [DATAROOTDIR]
  --infodir=DIR           info documentation [DATAROOTDIR/info]
  --localedir=DIR         locale-dependent data [DATAROOTDIR/locale]
  --mandir=DIR            man documentation [DATAROOTDIR/man]
  --docdir=DIR            documentation root [DATAROOTDIR/doc/PACKAGE]
  --htmldir=DIR           html documentation [DOCDIR]
  --dvidir=DIR            dvi documentation [DOCDIR]
  --pdfdir=DIR            pdf documentation [DOCDIR]
  --psdir=DIR             ps documentation [DOCDIR]
```

后面的参数还有很多，请读者自行查阅。

9.3.3 开始编译

完成编译前的准备工作后，就可以正式开始编译软件了。编译软件最简单的方式是通过 make 命令编译。其格式如下：

```
make [-f MAKEFIIE][OPTIONS…][TARGET…]
```

当 make 命令执行时，系统会查看目前目录中是否有 MAKEFILE 这个配置文件，如果有，就以 MAKEFILE 中的设置值作为 make 命令的参数；如果找不到 MAKEFILE 文件，就会显示"make:***No targets specified and no makefile found.Stop."信息，然后终止 make 命令的执行。如果系统中找不到 MAKEFILE 文件，那么用户可以使用 make 命令配合-f MAKEFILE 参数，其中的 MAKEFILE 就是自定义的配置文件名称。

每一个 MAKEFILE 中都会定义许多的 TARGET，每一个 TARGET 则定义要在 Shell 执行的工作内容。MAKEFILE 中 TARGET 的格式如下：

```
TARGET: DEPENDENCE_TARGETS…
ACTIONS…
```

其中，ACTIONS 为 make 命令在 Shell 中执行的工作。如果要执行 MAKEFILE 中的某一个 TARGET，可以在执行 make 命令时指定 TARGET 参数；如果没有特别指定 TARGET，那么 make 命令就会将 MAKEFILE 中第一个 TARGET 作为默认值。

执行 autoconf/automake 提供的 configure 文件后，会自动产生源码目录中相关的 MAKEFILE 文件。

下面是进行 Apache 源码软件编译的示范。

```
[root@instructor httpd-2.2.9]# make
Making all in srclib
make[1]: Entering directory `/usr/local/httpd-2.2.9/srclib'
Making all in apr
make[2]: Entering directory `/usr/local/httpd-2.2.9/srclib/apr'
make[3]: Entering directory `/usr/local/httpd-2.2.9/srclib/apr'
/bin/sh /usr/local/httpd-2.2.9/srclib/apr/libtool --silent --mode=compile gcc -g
 -O2 -pthread   -DHAVE_CONFIG_H -DLINUX=2 -D_REENTRANT -D_GNU_SOURCE   -I./inclu
de -I/usr/local/httpd-2.2.9/srclib/apr/include/arch/unix -I./include/arch/unix -
I/usr/local/httpd-2.2.9/srclib/apr/include/arch/unix -I/usr/local/httpd-2.2.9/sr
clib/apr/include  -o passwd/apr_getpass.lo -c passwd/apr_getpass.c && touch pass

wd/apr_getpass.lo
/bin/sh /usr/local/httpd-2.2.9/srclib/apr/libtool --silent --mode=compile gcc -g
 -O2 -pthread   -DHAVE_CONFIG_H -DLINUX=2 -D_REENTRANT -D_GNU_SOURCE   -I./inclu
de -I/usr/local/httpd-2.2.9/srclib/apr/include/arch/unix -I./include/arch/unix -
I/usr/local/httpd-2.2.9/srclib/apr/include/arch/unix -I/usr/local/httpd-2.2.9/sr
clib/apr/include  -o strings/apr_cpystrn.lo -c strings/apr_cpystrn.c && touch st
rings/apr_cpystrn.lo
```

编译的过程有点长，视系统的硬件和时间的不同而不同，硬件性能越好，编译速度越快。

9.3.4　安装与部署

成功编译出软件的相关文件后，需要对软件进行安装。在这里，我们可以使用 make 命令配合 install 这个 MAKEFILE 配置文件定义的 TARGET 进行安装。安装完成后，找到安装路径中的 bin 目录，执行相应的程序，用户就可以使用安装好的软件了。

下面是进行 Apache 源码软件安装的示范。

```
[root@instructor httpd-2.2.9]# make install
Making install in srclib
make[1]: Entering directory `/usr/local/httpd-2.2.9/srclib'
Making install in apr
make[2]: Entering directory `/usr/local/httpd-2.2.9/srclib/apr'
make[3]: Entering directory `/usr/local/httpd-2.2.9/srclib/apr'
make[3]: Nothing to be done for `local-all'.
make[3]: Leaving directory `/usr/local/httpd-2.2.9/srclib/apr'

/usr/local/httpd-2.2.9/srclib/apr/build/mkdir.sh /usr/local/apache2/lib /usr/loc
al/apache2/bin /usr/local/apache2/build \
                    /usr/local/apache2/lib/pkgconfig /usr/local/apache2/include
mkdir /usr/local/apache2
mkdir /usr/local/apache2/lib
mkdir /usr/local/apache2/bin
mkdir /usr/local/apache2/build
mkdir /usr/local/apache2/lib/pkgconfig
mkdir /usr/local/apache2/include
/usr/bin/install -c -m 644 /usr/local/httpd-2.2.9/srclib/apr/include/apr.h /usr/
local/apache2/include
for f in /usr/local/httpd-2.2.9/srclib/apr/include/apr_*.h; do \
        /usr/bin/install -c -m 644 ${f} /usr/local/apache2/include; \
     done
```

安装完成后，进入安装目录下的 bin 目录中执行./apachectl start 命令，就可以使用编译、安装好的 Apache 软件来启动 HTTP 服务器了，如下所示。

```
[root@instructor httpd-2.2.9]# cd /usr/local/apache2/bin/
[root@instructor bin]# ./apachectl start
[root@instructor bin]# netstat -an |grep :80
tcp        0      0 :::80                          :::*
EN
```

以上输出结果表示 80 端口开放，HTTP 服务器启动成功。至此，使用源代码安装操作
完成。

第 10 章 服务管理

在 Linux 中有一些特殊的程序，启动后就会持续在后台执行，等待用户或者其他软件调用，这种程序称为服务（Service）。

本章介绍如何管理 RHEL 系统中的服务应用及 systemd 服务和管理命令的使用方法。

10.1 systemd 简介

10.1.1 服务分类

在开始介绍 systemd 服务前，先介绍一下 RHEL 的服务究竟有哪些、这些服务的分类方法，以及一些关于服务的基本概念。

服务管理

RHEL 提供了许多服务，这些服务依照其功能可以分为系统服务与网络服务。

1. 系统服务

某些服务的服务对象是 RHEL 系统本身，或者 RHEL 系统的用户，这类服务称为系统服务。比如负责用来监控软件磁盘阵列状态的 mdmonitor 服务，就是一个系统服务。

2. 网络服务

另外，还有许多服务，提供给网络中的其他客户端调用，这类服务统称为网络服务。例如网站服务（Web Service）、网络文件系统服务（Networking File System Service）等，都属于网络服务。

依照服务启动的方法与执行时的特性，还可以将服务分为独立系统服务（Standalone Service）与临时服务（Transient Service）两种。

1. 独立系统服务

服务一经启动，除非因为关闭系统或管理者手动结束，否则都将在后台执行，不管有没有被用到。这样的服务称为独立系统服务，有时候又被称为 SysV 服务。

独立系统服务具备下面两个特性。

（1）响应速度较快

由于独立系统服务一经启动，除非被 RHEL 或者系统管理者停止，否则将会持续在后台执行，因此一旦客户端调用 RHEL 的独立系统服务，独立系统服务就可以马上响应，故独立系统服务的响应速度较启动文件快。

（2）占用系统资源

也因为独立系统服务会持续地执行，即使在没有人调用时也一样，因此独立系统服务较耗费系统的 CPU、内存等资源。

2. 临时服务

与独立系统服务不同，临时服务（Transient Service）平时并不会启动，而是当客户端需要时才会被启动，使用完毕就会结束。

与独立系统服务相比，临时服务具备下面的特性。

（1）响应速度较慢

临时服务的第一个特性就是响应速度较慢。由于临时服务只有在客户端调用时才会被启动，因此客户端必须要等到服务完全启动后才能使用临时服务。对 UNIX/Linux 系统来说，启动一个程序是一个高成本的行为。

一个忙碌的 RHEL 系统启动一个程序可能需要几秒钟，甚至数分钟，这会造成客户端可能得等上些许的时间，才能顺利地调用启动文件。

（2）较节省系统资源

临时服务具有平时不会执行的特性，不会占用 CPU 与内存，因此，临时服务较节省 RHEL 的系统资源。

10.1.2　systemd 的起源

systemd 是 Linux 的一种 init 软件，由 Lennart Poettering 带头开发，并在 LGPL 2.1 及其后续版本许可证下开源发布框架以表示系统服务间的依赖关系，且依此实现系统初始化时服务的并行启动，同时达到降低 Shell 的系统开销的效果，最终代替常用的 System V 与 BSD 风格的 init 程序。

systemd 是 Linux 中的一个与 System V 和 LSB 初始化脚本兼容的系统和服务管理器。systemd 使用 socket 和 D-Bus 来开启服务，提供基于守护进程的按需启动策略，保留了 cgroups 的进程追踪功能，支持快照和系统状态恢复，维护挂载和自挂载点，实现了各服务间基于从属关系的更为精细的逻辑控制，拥有前卫的并行性能。systemd 无须经过任何修改便可以替代 sysvinit。

10.1.3　systemd 的主要特性

（1）使用 socket 的前卫并行性能：为了加速整个系统启动和并行启动更多的进程，systemd 在实际启动守护进程之前创建监听 socket，然后传递 socket 给守护进程。在系统初始化时，首先为所有守护进程创建 socket，然后启动所有的守护进程。如果一个服务因为需要另一个服务的支持而没有完全启动，且这个连接可能正在提供服务的队列中排队，那么这个客户端进程在这次请求中就处于阻塞状态。不过只有这一个客户端进程会被阻塞，而且仅是在这一次请求中被阻塞。服务间的依赖关系也不再需要通过配置来实现真正的并行启动（因为一次开启了所有的 socket，如果一个服务需要其他的服务，它显然可以连接到相应的 socket）。

（2）D-Bus 激活策略启动服务：通过使用总线激活策略，服务可以在接入时马上启动。同时，总线激活策略使系统可以用微小的消耗实现 D-Bus 服务的提供者与消费者的同步开启请求（同时开启多个服务，如果某一个服务比总线激活策略中其他服务快就在 D-Bus 中排队其请求，直到其他管理确定自己的服务信息为止）。

（3）提供守护进程的按需启动策略。

（4）保留了使用 cgroups 进程的追踪功能：每一个执行了的进程获得它自己的一个 cgroup，配置 systemd 可以非常容易地将其存放在 cgroup 中（如使用 libcgroups utilities）。

（5）支持快照和系统状态恢复：快照可以用来保存/恢复系统初始化时所有的服务和 unit 的状

态。它有两种主要的使用情况：允许用户暂时进入一个如同"Emergency Shell"的特殊状态，终止当前的服务；提供一个回到先前状态的简单方法，重新启动先前暂时终止的服务。

（6）维护挂载和自挂载点：systemd 监视所有的挂载点的进出情况，也可以用来挂载或卸载挂载点。/etc/fstab 也可以作为这些挂载点的一个附加配置源。通过使用 comment=fstab 选项，可以标记 /etc/fstab 条目使挂载点成为由 systemd 控制的自挂载点。

（7）实现了各服务间基于依赖关系的一个精细的逻辑控制：systemd 支持服务（或 unit）间的多种依赖关系。在 unit 配置文件中使用 after/before、requires 和 wants 选项可以固定 unit 激活的顺序。requires 和 wants 表示一个正向（强制或可选）的需求和依赖关系，conflicts 表示一个负向的需求和依赖关系。其他选项较少用到。如果一个 unit 需要启动或关闭，systemd 就把它和它的依赖关系添加到临时执行列表，然后确认它们的相互关系是否一致（或所有 unit 的先后顺序是否含有循环）。如果答案是否的话，systemd 将尝试修复它，删除可以消除循环的无用工作。

10.2　systemd 单元管理

运行目标（target）定义了不同软件执行的组合，RHEL 可以通过 target 来定义在不同的环境下要执行哪些程序，target 替代了运行级别的概念，提供了更大的灵活性，RHEL 还可以自己定义相关的运行目标。

10.2.1　systemd 的基本概念

系统初始化需要做的事情非常多，需要启动后台服务，比如启动 SSHD 服务；需要做配置工作，比如挂载文件系统。这个过程中的每一步都被 systemd 抽象为一个配置单元，即 unit。我们可以认为一个服务是一个配置单元；一个挂载点是一个配置单元；一个交换分区的配置是一个配置单元等。

服务管理工具

systemd将配置单元归纳为以下一些不同的类型。然而systemd正在快速发展，新功能不断增加，所以配置单元类型可能在不久的将来继续增加。

（1）service：代表一个后台服务进程，比如 httpd、vsftpd，service 是最常用的一类。

（2）socket：此类配置单元封装系统和互联网中的一个套接字。当下，systemd 支持流式、数据报和连续包的 AF_INET、AF_INET6、AF_UNIX socket。每一个套接字配置单元都有一个相应的服务配置单元。相应的服务在第一个"连接"进入套接字时就会启动（例如：nscd.socket 在有新连接后便启动 nscd.service）。

（3）device：此类配置单元封装一个存在于 Linux 设备树中的设备。每一个使用 udev 规则标记的设备都将会在 systemd 中作为一个设备配置单元出现。

（4）mount：此类配置单元封装文件系统结构层次中的一个挂载点。systemd 对这个挂载点进行监控和管理，比如可以在启动时自动将其挂载，可以在某些条件下自动卸载。systemd 会将 /etc/fstab 中的条目都转换为挂载点，并在开机时处理。

（5）automount：此类配置单元封装系统结构层次中的一个自挂载点。每一个自挂载配置单元对应一个挂载配置单元，当该自动挂载点被访问时，systemd 执行挂载点中定义的挂载行为。

（6）swap：与挂载配置单元类似，交换配置单元用来管理交换分区，用户可以用交换配置单元来定义系统中的交换分区，可以让这些交换分区在启动时被激活。

（7）target：此类配置单元为其他配置单元进行逻辑分组。它们本身实际上并不做什么，只是引用其他配置单元而已，这样便可以对配置单元做一个统一的控制，就可以实现大家都已经非常熟悉的运行级别概念。比如想让系统进入图形化模式，需要运行许多服务和配置命令，这些操作都由一个个的配置单元表示，将所有这些配置单元组合为一个运行目标（target），就表示需要将这些配置单元全部执行一遍以便进入目标所代表的系统运行状态（例如：multi-user.target 相当于在传统使用 System V 的系统中运行级别 5）。

（8）timer：定时器配置单元用来定时触发用户定义的操作，这类配置单元取代了 atd、crond 等传统的定时服务。

（9）snapshot：与 target 配置单元相似，快照是一组配置单元，它保存了系统当前的运行状态。

每个配置单元都有一个对应的配置文件，系统管理员的任务就是编写和维护这些不同的配置文件，比如一个 httpd 服务对应一个 httpd.service 文件。这种配置文件的语法非常简单，用户不需要再编写和维护复杂的 System V 脚本了。

10.2.2　target 和 runlevel

RHEL 6 定义了 0～6 共 7 个标准的 runlevel，而在 RHEL 8 中有相应的目标分别对应 0～6 这 7 个 runlevel。表 10-1 列举了 systemd 下的目标和常见 runlevel 等的对应关系。

表 10-1　　　　　systemd 下的目标和常见 runlevel 等的对应关系

运行级别及模式	systemd 目标	备注
0	runlevel0.target（poweroff.target）	关闭系统
1（s、single）	runlevel1.target（rescue.target）	单用户模式
2、4	runlevel2.target、runlevel4.target（multi-user.target）	用户定义/域特定运行级别，默认等同于 3
3	runlevel3.target（multi-user.target）	多用户、非图形化，用户可以通过多个控制台或网络登录
5	runlevel5.target（graphical.target）	多用户、图形化，通常为所有运行级别 3 的服务外加图形化登录
6	runlevel6.target（reboot.target）	重启
emergency	emergency.target	紧急 Shell

1．runlevel0.target

runlevel0.target 代表 RHEL 要开始关闭（shutdown）了。当 RHEL 切换为 runlevel0.target 时，会进行以下的工作。

（1）关闭所有可登录的虚拟控制台，以强迫所有用户注销系统。

（2）结束所有启动的服务。

（3）卸除所有文件系统。

（4）停止所有的外部设备。

完成上述工作后，如果计算机支持 ATX 电源，RHEL 便会通知 BIOS 关闭电源；如果计算机不支持 ATX 电源设备，RHEL 就会在屏幕上显示 "System halted" 的信息，代表 RHEL 已经完成关机的程序，等待手动关闭电源，以关闭 RHEL。

2. runlevel1.target

当 RHEL 切换到 runlevel1.target 环境时，会执行以下的工作。

（1）关闭所有可登录的虚拟控制台。

（2）关闭网络。

（3）关闭大部分的服务和应用程序。

当切换到 runlevel1.target 时，会关闭所有可登录的虚拟控制台，最后直接以 root 身份开启一个控制台，执行 Shell 程序。在切换到 runlevel1.target 后，可以不需要密码，就直接以 root 身份使用 RHEL 系统。

由于此时没有任何用户可以通过网络或者本机的虚拟控制台使用 RHEL 系统，只有 root 可以直接使用整个 RHEL 系统，因此 runlevel1.target 也被称为"单用户模式"（Single User Mode）。

3. runlevel2.target 和 runlevel4.target

其中 runlevel4.target 是为用户保留的，可用于自定义运行目标，但默认与 runlevel3.target 相同。

4. runlevel3.target

当 RHEL 切换成为 runlevel3.target 环境时，会执行以下的工作。

（1）开启可登录的虚拟控制台，启用本机账号与域账号。

（2）开启网络联机。

（3）启动所需的网络服务。

值得注意的是，在 runlevel3.target 不会启动 X Window System，可以降低系统的负担，进而提高 RHEL 的运行效率。

大部分的 RHEL 作为网络服务器，通常在安装并配置好 RHEL 后，就会被丢到机房，静静地提供服务给客户端使用。这时候，可以考虑把 RHEL 设置为开机后直接进入 runlevel3.target。

5. runlevel5.target

runlevel5.target 相当于 runlevel3.target 加上图形模式，也就是说当 RHEL 进入 runlevel5.target 时，会执行与 runlevel3.target 相同的工作，完成后再启动 X Window System 的显示，让用户可以使用 X Window System 登录 RHEL。

6. runlevel6.target

runlevel6.target 代表 RHEL 要重新启动（reboot）。当切换至 runlevel6.target 时，RHEL 会先执行与 runlevel1.target 相同的工作，但与 runlevel1.target 的不同之处是，runlevel6.target 完成关闭系统工作后，会通知 BIOS 重置（reset）整个系统，就比如按下计算机上的重置按钮一样，以便重新启动 RHEL。

7. emergency.target

emergency.target 代表紧急 Shell，系统出现故障 initramfs 初始化完成，且系统 root 以只读形式挂载于根"/"上。

10.2.3　查看与切换 target

1. 查看

target 的切换管理命令和服务管理命令相同，即 systemctl 命令，如果想要查看 Target Enterprise Linux 图形界面 graphical.target 目标的相依性，可以使用 systemctl list-dependencies graphical.target 这个命令。

当执行 systemctl list-dependencies graphical.target 命令时会依序显示依赖关系。

```
graphical.target
● ├─accounts-daemon.service
● ├─gdm.service
● ├─rtkit-daemon.service
● ├─systemd-update-utmp-runlevel.service
● ├─udisks2.service
● └─multi-user.target
●   ├─atd.service
●   ├─auditd.service
●   ├─avahi-daemon.service
●   ├─chronyd.service
●   ├─crond.service
●   ├─cups.path
●   ├─dbus.service
●   ├─dnf-makecache.timer
●   ├─firewalld.service
●   ├─irqbalance.service
●   ├─kdump.service
●   ├─ksm.service
●   ├─ksmtuned.service
●   ├─libstoragemgmt.service
●   ├─libvirtd.service
●   └─mcelog.service
lines 1-23
```

根据以上显示的结果，可以知道 graphical.target 的依赖关系。

2．切换至不同的 target

可以使用 systemctl 命令切换到其他的 target。systemctl isolate <target>命令用于改变系统当前的运行 target。

（1）关机操作

```
systemctl isolate runlevel0.target
```

（2）重新启动操作

```
systemctl isolate runlevel6.target
```

（3）切换到字符模式

```
systemctl isolate runlevel3.target
systemctl isolate multi-user.target
```

（4）切换到图形模式

```
systemctl isolate runlevel5.target
systemctl isolate graphical.target
```

3．默认 target 修改

（1）查看默认 target

```
systemctl get-default
```

（2）修改默认 target 为多用户模式

```
systemctl set-default multi-user.target
```

10.2.4 管理 systemd 服务

在 RHEL 启动过程中，systemd 服务是第一个执行的程序。systemd 服务负责以下 5 项任务。

（1）建立系统使用环境。RHEL 中所有的环境都是由 systemd 服务管控的，比如提供虚拟控制台、启动 X Window System 的登录程序、切换到其他 target 等。

（2）确保系统正常运行。RHEL 上所有的进程都可视为 systemd 服务的衍生后代，如果 RHEL 上出现了僵尸进程（Orphan Process），则 systemd 服务必须结束这些僵尸进程，以确保 RHEL 正常运转。

（3）监控串行端口的周边设备。systemd 服务也会监控通过串行端口连接到的外部设备，比如 UPS、调制解调器等。此外，systemd 服务还具备下面几项特色。

①PID 永远为 1。由于 systemd 服务是 RHEL 启动后第一个被启动的程序，因此，systemd 服务第一个特性就是其进程标识符（Process ID，PID）永远为 1。

②无法被系统管理者终止。RHEL 系统上所有的进程都可以视为 systemd 的子进程，如果 systemd 可以被任意终止，那么 RHEL 所有的进程都会被结束掉。为了避免这种情况发生，systemd 服务被设计成没有办法被任何用户终止，即使是 root 用户也没有权限。

10.3　使用 systemctl 命令控制和管理系统

systemctl 是 RHEL 最主要的命令之一。它融合 service 和 chkconfig 的功能于一体，用户可以使用它永久性或只在当前会话中启用/禁用服务。

下面命令用于列出正在运行的服务及对服务的其他操作。

（1）运行一个服务
```
systemctl start foo.service
```
（2）关闭一个服务
```
systemctl stop foo.service
```
（3）重启一个服务
```
systemctl restart foo.service
```
（4）显示一个服务（无论运行与否）的状态
```
systemctl status foo.service
```
（5）在开机时启用一个服务
```
systemctl enable foo.service
```
（6）在开机时禁用一个服务
```
systemctl disable foo.service
```
（7）检查一个服务是否是开机启用
```
systemctl is-enabled foo.service; echo $?
```
0 表示已开机启用，1 表示没有开机启用。在 RHEL 8 中，除了返回值外，相应的"enable"或"disable"也会显示到标准输出。

表 10-2 显示了 systemctl 命令、service 命令和 chkconfig 命令的对应关系。

表 10-2　　　　systemctl 命令、service 命令和 chkconfig 命令的对应关系

任务	指令	新指令
使某服务自动启动	chkconfig-level 3 sshd on	systemctl enable sshd service
使某服务不自动启动	chkconfig-level 3 sshd off	systemctl disable sshd service
显示所有已启动的服务	chkconfig –list	systemctl list-units -type=service
检查服务状态	service sshd status	systemctl status sshd service（服务详细信息） systemctl is-active sshd service（仅显示是否 active）
启动某服务	service sshd start	systemctl start sshd service
停止某服务	service sshd stop	systemctl stop sshd service
重启某服务	service sshd restart	systemctl restart sshd service

第三部分
Linux 的网络服务与安全

第11章
网络基础

网络功能是 Linux 操作系统的特色之一。网络的配置与管理是系统管理员最重要的一项工作。

本章主要介绍网络的基础知识，如 TCP/IP 网络模型、网络配置文件、网络的基本配置和高级配置及网络的基本管理命令。

11.1 网络配置基础——TCP/IP 网络模型

1. TCP/IP 概述

TCP/IP（Transmission Control Protocol/Internet Protocol，传输控制协议/网际协议）是由美国国防部高级研究计划局（DARPA）研究创立的，它表示 Internet 中所使用的体系结构或指整个 TCP/IP 协议族，由两个主要协议（即 TCP 和 IP）而得名。TCP/IP 是当前最成熟、应用最广泛的互联网技术，目前它已成为互联网与所有网络进行交流的共同"语言"。

网络配置

TCP/IP 从一开始就考虑到多种异构网的互联问题，并将网际协议 IP 作为 TCP/IP 的重要组成部分。TCP/IP 有较好的网络功能，它提供了面向连接的服务和无连接服务。TCP/IP 是一项从实践中诞生，并在实践中不断得到发展和完善的网络技术，现在已成为业界普遍接受的网络标准。遵循 TCP/IP 建立的网络也逐渐进入科研、教育、工商业、政府机关等行业和部门，成为一种信息基础设施。

2. TCP/IP 体系结构

TCP/IP 是按照模块化的思想设计的。它将通信协议分为多个层次，每个层次分别用一段代码处理，同时各层次的代码之间又相互联系。TCP/IP 的体系结构如图 11-1 所示。

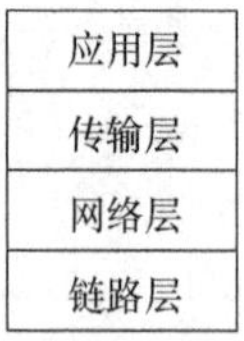

| 应用层 |
| 传输层 |
| 网络层 |
| 链路层 |

图 11-1 TCP/IP 体系结构

（1）链路层（也称作数据链路层或网络接口层）包括了能使用 TCP/IP 与物理网络进行通信的协议。TCP/IP 标准并没有定义具体的网络接口协议，而是旨在提供灵活性，以适应各种网络类型，如 LAN、MAN 和 WAN。

（2）网络层（也称作互联网层）主要功能是寻址，以及把逻辑地址和名称转换成物理地址。该层还可以控制子网的操作，判定从源计算机到目标计算机的路由。在 TCP/IP 协议族中，网络层协议包括 IP（网际协议）、ICMP（互联网控制报文协议）及 IGMP（互联网组管理协议）。

（3）传输层（又称通信层）主要为两台主机上的应用程序提供点到点的通信。在 TCP/IP 协议族中，有两个互不相同的传输协议：TCP（传输控制协议）和 UDP（用户数据报协议）。这两种传输协议在不同的应用程序中有不同的用途。

（4）应用层负责处理特定应用程序的细节。几乎所有的 TCP/IP 实现都会提供下面这些通用的应用程序。

①Telnet（远程终端协议）。

②FTP（文件传输协议）。

③SMTP（简单邮件传输协议）。

④SNMP（简单网络管理协议）。

3. TCP/IP 协议组

在 TCP/IP 的体系结构中共包含了 4 个层次，但实际上只有 3 个层次包含了实际的协议，且每一层中包含了多种协议，具体含义如下。

（1）网络层协议

①网际协议（Internet Protocol，IP）。IP 的任务是对数据包进行相应的寻址和路由，使其通过网络进行传输。IP 在每个发送的数据包前加入一个控制信息，其中包含了源主机的 IP 地址、目标主机的 IP 地址和其他一些信息。IP 的另一项工作是分割和重编在传输层被分割的数据包。由于数据包要从一个网络发送到另一个网络，因此当两个网络所支持传输的数据包大小不同时，IP 就要在发送端将数据包分割，然后在分割的每一段前加入控制信息再进行传输。当接收端接收到数据包后，IP 将所有的片段重新组合，形成原始的数据。

IP 是一个无连接的协议。无连接是指主机之间在通信传输时，不建立可靠的端到端的连接，源主机只是简单地将 IP 数据包发送出去，而数据包可能会丢失、重复、延迟或者 IP 包的次序会混乱。因此，要实现数据包的可靠传输，就必须依靠高层的协议或应用程序，如传输层的 TCP。

②互联网控制报文协议（Internet Control Message Protocol，ICMP）。互联网控制报文协议为 IP 提供差错报告。由于 IP 是无连接的，且不进行差错检验，因此当网络上出现错误时它不能检测错误。向发送 IP 数据包的主机汇报错误就是 ICMP 的责任。例如，如果某台设备不能将一个 IP 数据包传送至下一个网络，它就向数据包的来源发送一个消息，并用 ICMP 解释这个错误。ICMP 能够报告的普通错误类型有目标无法到达、阻塞、回波请求和回波应答等。

③互联网组管理协议（Internet Group Management Protocol，IGMP）。IP 只是负责网络中点到点的数据包传输，而点到多点的数据包传输则要依靠 IGMP 完成。IGMP 主要负责报告主机组之间的关系，以便相关的设备（路由器）支持多播发送。

④地址解析协议（Address Resolution Protocol，ARP）和反向地址解析协议（RARP）。计算机网络中各主机之间要进行通信时，必须要知道彼此的物理地址（数据链路层的地址，也称 MAC 地址）。因此，在 TCP/IP 的网络层有 ARP 和 RARP，它们的作用是将源主机和目的主机的 IP 地址与它们的物理地址相匹配。

（2）传输层协议

①传输控制协议（Transmission Control Protocol，TCP）。TCP 是传输层一种面向连接的通信协议，提供可靠的数据传送。对于大量数据的传输，通常都要求有可靠的数据传送。

TCP 将源主机应用层的数据分成多个分段，然后将每个分段传送到网络层，网络层将数据封装为 IP 数据包，并发送到目的主机。目的主机的网络层将 IP 数据包中的分段传送给传输层，再由传输层对这些分段进行重组，还原成原始数据传送给应用层。另外，TCP 还要完成流量控制和差错检验的任务，以保证可靠的数据传输。

②用户数据报协议（User Datagram Protocol，UDP）。UDP 是一种无连接的协议，因此，它不

能提供可靠的数据传输，而且 UDP 不进行差错检验，必须由应用层的应用程序实现可靠性机制和差错控制，以保证端到端数据传输的正确性。虽然 UDP 与 TCP 相比显得非常不可靠，但在一些特定的环境下还是非常有优势的，例如，要发送的信息较短，不值得在主机之间建立一次连接。另外，面向连接的通信通常只能在两个主机之间进行，若要实现多个主机之间的一对多或多对多的数据传输，即广播或多播，就需要使用 UDP。

（3）应用层协议

在 TCP/IP 模型中，应用层包括了所有的高层协议，而且总是不断有新的协议加入。应用层的协议主要有以下 10 种。

①远程终端协议（Telnet）：用于实现本地主机作为仿真终端，登录到远程主机上运行应用程序。

②文件传输协议（FTP）：用于实现主机之间的文件传送。

③简单邮件传输协议（SMTP）：用于实现主机之间电子邮件的传送。

④域名系统（DNS）：用于实现主机名与 IP 地址之间的映射。

⑤动态主机配置协议（DHCP）：用于实现对主机的地址分配和配置工作。

⑥路由信息协议（RIP）：用于网络设备之间交换路由信息。

⑦超文本传输协议（HTTP）：用于 Internet 中的客户机与 WWW 服务器之间的数据传输。

⑧网络文件系统（NFS）：用于实现主机之间的文件系统的共享。

⑨引导程序协议（BOOTP）：用于无盘主机或工作站的启动。

⑩简单网络管理协议（SNMP）：用于实现网络的管理。

4. IP 地址

在采用 TCP/IP 的网络中，每一台机器必须有唯一的地址，这个地址称为 "IP 地址"。每一个 IP 地址由两个部分组成：网络地址和主机地址。网络地址用于描述主机所在的网络，主机地址用来识别特定的机器。

每个 IP 地址都由 4 字节组成，可以用几种不同的形式表示：第一种是带圆点的十进制表示法，如 192.168.1.10；另一种是十六进制表示法，如 0xA18BDC32。使用得最多的是十进制表示法。

IP 地址模式主要有 4 种：A 类地址、B 类地址、C 类地址和 D 类地址。其中，A 类、B 类、C 类地址用来标识共享一个公用网络的计算机；D 类地址，又称为特殊地址，主要用于标识共享一个公用协议的计算机集合。

（1）A 类地址。A 类地址的第 0 位为 0，第 1～7 位表示网络地址，第 8～31 位表示主机地址，如图 11-2 所示。A 类地址的网络地址的取值范围只能是 1～127，因此最多有 127 个 A 类网络，每个网络可以容纳 2^{24} = 16777216 台主机。

（2）B 类地址。B 类地址前两位固定为 1、0，第 2～15 位表示网络地址，第 16～31 位表示主机地址，如图 11-3 所示。B 类地址的网络地址的取值范围只能是 128～191，每个网络中可拥有 2^{16} = 65536 台主机。

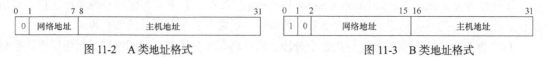

图 11-2　A 类地址格式　　　　图 11-3　B 类地址格式

（3）C 类地址。C 类地址前 3 位固定为 1、1、0，第 3～23 位表示网络地址，第 24～31 位表示主机地址，如图 11-4 所示。C 类网络是三类网络中最小的一种，每个 C 类网络最多只能容纳 254 台主机（不是 256 台，因为 0XFF 被留作他用）。由于用 24 位来标识网络，因此可以定义上百万的 C 类网络。

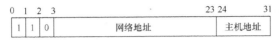

图 11-4　C 类地址格式

A 类地址的首字节为 0～127，B 类地址为 128～191，C 类地址为 192～223。例如一个 IP 地址 132.33.5.140 的首字节为 128～191，因此该地址是一个 B 类地址。由于 B 类地址的前两字节用于网络号，因此可以推断出网络地址是 132.33，主机号是 5.140。一般来说，给定一个 IP 地址，解释其第一字节就可以确定它属于哪一类网络。特别需要注意的是，全 0 和全 1 的 IP 地址被保留，因此这些地址不能用于在网络中指定一个节点。全 0 的地址表示网络上的所有节点，全 1 的地址通常用来向网络中的所有节点发送广播消息。因此，向 IP 地址为 196.34.255.255 的主机发送的广播被 IP 以 196.34 开头的所有主机收到。

除了上面提到的保留节点地址以外，还有两个 A 类 IP 地址具有特殊意义，不能用来指定网络，它们是网络号 0 和 127。网络号 0 表示缺省路径，而网络号 127 表示本主机或反馈地址。路由器寻址时，将所有不知道目的地的报文都使用默认地址转发。反馈地址用来指明本地主机，像给其他主机发报文一样给自己的网络接口发送一个 IP 报文。通常，127.0.0.1 指本地主机，但用户也可以用其他网络地址为 127 的 A 类地址指明本地主机，例如，127.36.4.57 与 127.0.0.1 的含义是一样的。这是因为发送给本地网络接口的数据在任何情况下都不会发送到网络中。

5. 子网

一个网络上的每台主机都有一个特定的 IP 地址，以便在与其他主机进行通信时标识身份。由于网络地址的类别不同，一个网络可以拥有的主机数量不等。但是，将 A 类或 B 类地址限制在一个拥有数以千计或数以万计主机的网络是不切实际的。为了解决这个问题，人们开发出了子网（Subnet）技术，将主机地址进一步分成附加网络。

子网接收地址的主机部分，然后通过使用子网掩码（Subnet Mask）将其分开。实质上，子网掩码是将网络和主机间的分界线从地址中的一个位置移到另外一个位置，产生的效果是增加了可用网络的数量，但减少了主机的数量。

子网是通过子网掩码来实现的。在子网掩码中，如果某位为 1，地址中相应的位就表示为组成网络地址的位，否则表示主机的地址位。

表 11-1 列出了 A、B、C 三类地址及其对应的默认子网掩码。

表 11-1　　　　　　　　　　　　　　　默认子网掩码

地址类别	子网掩码
A 类地址	255.0.0.0
B 类地址	255.255.0.0
C 类地址	255.255.255.0

子网掩码通常用于判断多台主机是否在同一网络中。例如，已知两台主机的 IP 地址分别为 192.1.1.34 和 192.1.1.220，判断它们是否在同一网络中。判断的过程是分别用每个 IP 地址与相应的子网掩码进行"与"运算，如果得到的结果相同，表明它们在同一个网络中，否则说明它们分别处于不同的网络。本例中由于是一个 C 类地址，其子网掩码为 255.255.255.0。分别用两个 IP 地址和 255.255.255.0 进行"与"运算，得到的结果均为 192.1.1.0，故说明这两台主机处于同一个

网络。但如果其中一台主机的 IP 地址为 192.1.2.220，由于"与"运算的结果分别为 192.1.1.0 和 192.1.2.0，两者不同，说明它们不在同一子网中。

6. IP 路由的实现

属于同一网络的主机之间交换数据不需要路由，只有当数据在不同网络的主机之间交换时，路由器才会参与数据的传送。

IP 通过将报文的网络号与自己主机的网络号进行比较来判断目的主机是否和自己的主机属于同一网络。如果源主机和目的主机的网络号不同，IP 就试图在网络中寻找一个路由器来协助发送，如果一个网络中有多个路由器，IP 就选择它认为最近的一个发送。如果找到了一个这样的路由器，数据报文就发给它。通过查询一个叫作路由信息表（Routing Information Table，RIT）的路由数据库，IP 可以知道应该向哪一个路由器发送数据。

7. 路由信息表

IP 通过查找一个包含路径协议的数据库来完成路由功能，这个数据库就是路由信息表（RIT）。此表由 RIP（路由信息协议）来构造和维护。RIP 是一个运行在所有主机和路由器上的协议，它提供路径查询功能，即标识互联网上的所有网络及距离每个网络最近的路由器。每个 RIP 都以自己所运行的主机和路由器为基点来构造和维护路由数据库。RIP 包括距离、下一个路由器和输出端口。

使用 netstat -rn 命令可以显示 RIT 的内容。

```
[root@server25 ~]# netstat -rn
Kernel IP routing table
Destination     Gateway         Genmask         Flags   MSS Window  irtt Iface
0.0.0.0         172.25.254.254  0.0.0.0         UG        0 0          0 eno16777736
172.25.254.0    0.0.0.0         255.255.255.0   U         0 0          0 eno16777736
```

其中一些字段的含义如下。

Destination：目的网络或主机地址。

Gateway：下一个路由器地址。

Flags：表示路由器的状态，不同的标志表示不同的状态。

（1）U：路由存在，目的地可到达。

（2）H：该路径是特定的，指向一台主机。

（3）G：该路径借助其他路由器间接可达。没有设置 G 表示主机或路由器与目的地直接相连。

8. 地址解析协议

每个网卡都有唯一的 48 位硬件地址，该地址通常被称为媒体访问层（Medium Access Layer）地址。分配给主机的 IP 地址和 MAC 地址是互不相关的，因此每台主机都要维护两个地址：IP 地址和 MAC 地址。IP 地址只对 TCP/IP 有意义，MAC 地址只对链路层有意义，网络上数据帧的交换依赖于 MAC 地址，因此这两种地址之间必须存在某种联系。

地址解析协议（ARP）的工作过程如下。

例如有一台主机 host 的 IP 地址是 192.168.1.33，另一台主机 192.168.1.55 上用户输入 Telnet host 之后，Telnet 协议将主机名称 host 解析成相应的 IP 地址 192.168.1.33，并将此地址传给 TCP/IP，请求连接到目的主机。TCP 将请求打包在 TCP 头中，再与地址一起交给 IP，请求将报文送到相应的主机。IP 将 host 的地址与路由数据库中的其他目的地址进行比较，因为源主机和目的主机具有相同的网络标识（192.168.1.0），IP 可以直接传送。于是，IP 将 TCP 交给它的请求封装到一个 IP 报文中，还包括目的和源主机 IP 地址，然后 IP 将报文及 host 的 IP 地址一起交给链路层。ARP 将源主机 IP 地址转换成相应的物理地址，并用此地址在数据链路层来标识自己。ARP 从 MAC 接口发出一个被称为 ARP 请求的报文,其内容大致是自己的物理地址和 IP,要知道主机 192.168.1.33 的物理地址。收到广播的主机 host 回答这个 ARP,给出自己的物理地址。这样双方都知道了对方的物理地址,然后网络层把 IP 数据封装成数据帧格式送到主机 host,进入数据交换阶段。

11.2 网络服务介绍

在 RHEL 8 中,默认使用的网络服务是 NetworkManager 服务。NetworkManager 是监控和管理网络设置的守护进程,该服务简化了网络连接的工作,让桌面本身和其他应用程序能感知网络。NetworkManager 服务的当前版本为 1.22.8。

NetworkManager 是由一个管理系统网络连接,并且将其状态通过 D-Bus(是一个提供简单应用程序互相通信途径的自由软件项目,它是作为 freedesktoporg 项目的一部分来开发的)进行报告的后台服务,以及一个允许用户管理网络连接的客户端程序组成的。NetworkManager 服务不同于 RHEL 6 使用的 Network 服务,Network 服务只能进行设备和配置的一对一绑定设置,而 NetworkManager 服务引入了连接的概念。

连接是设备使用的配置集合,由一组配置组成。每个连接具有一个标识自身的名称或 ID,所以一个网络接口可能有多个连接,以供不同设备使用或者以便为同一设备更改配置,但是一次只能有一个连接处于活动。

后面所讲到的图形界面和命令行管理网络的基本配置,实际上都是对 NetworkManager 服务所做的配置设置。

11.3 基于图形界面的网络基本配置

root 用户在桌面环境下单击右上角的"网络"图标,打开网络设置对话框,如图 11-5 所示。在该对话框中单击切换到"IPv4"选项卡,选中"Manual",输入本机的 IP 地址(Address)、网络掩码(Netmask)、网关(Gateway)、DNS,最后单击"Apply"按钮完成设置,如图 11-6 所示。

图 11-5 网络设置

图 11-6 自动以太网对话框

如果是在字符界面下,可以使用 nmtui 命令打开配置界面来进行网络地址和主机名的修改,如图 11-7 所示。

选择"编辑连接"选项，找到网卡名称，选择"编辑"选项可以修改网络地址信息，添加 IP 地址、网关、DNS 服务器等配置，选择"自动连接"选项，每次开机会自动启用网卡，如图 11-8 所示。

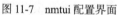

图 11-7　nmtui 配置界面

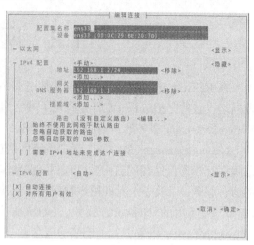

图 11-8　使用 nmtui 配置网络

选择网卡，确认网卡是启用的（前面有星号标识），否则，需要先停用再激活网卡才能使网络设置生效，如图 11-9 所示。

选择"设置系统主机名"选项，修改主机名，选择"确定"选项，退出就可以生效了，如图 11-10 所示。

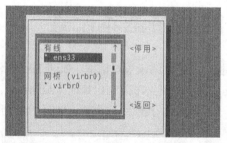

图 11-9　使用 nmtui 激活网卡

图 11-10　使用 nmtui 配置主机名

nmtui 命令相较于图形界面工具，适用范围更加广泛，它可以在字符界面下提供图形式的配置界面；相较于 nmcli 命令，它更加直观、方便，故推荐使用 nmtui 命令。

11.4　基于命令行的网络基本配置

在命令行模式下，用户可以通过 nmcli 命令来管理网络，如进行配置、查看、修改等操作。

11.4.1　查看网络信息

1．查看连接信息

格式：nmcli connection show [连接名]

功能：查看网卡上所有可用网络连接，包括活动网卡连接和禁用网卡连接（可使用--active 选项仅列出活动连接）；nmcli 命令后加上连接名表示查看该连接的相关详细信息。

【例 11-1】　查看所有可用网络连接。

```
[root@server25 ~]# nmcli connection show
NAME          UUID                                    TYPE            DEVICE
eno16777736   a2eb4f0b-3f9e-4ac9-a46c-01787e5ee880    802-3-ethernet  eno16777736
```

【例 11-2】　查看可用网络连接 eno16777736 的详细信息。

```
[root@server25 ~]# nmcli connection show eno16777736
connection.id:                        eno16777736
connection.uuid:                      a2eb4f0b-3f9e-4ac9-a46c-01787e5ee880
connection.interface-name:            --
connection.type:                      802-3-ethernet
connection.autoconnect:               no
connection.timestamp:                 1457248044
connection.read-only:                 no
connection.permissions:
connection.zone:                      --
connection.master:                    --
connection.slave-type:                --
connection.secondaries:
connection.gateway-ping-timeout:      0
802-3-ethernet.port:                  --
802-3-ethernet.speed:                 0
802-3-ethernet.duplex:                --
802-3-ethernet.auto-negotiate:        yes
802-3-ethernet.mac-address:           00:0C:29:F6:1D:F6
802-3-ethernet.cloned-mac-address:    --
802-3-ethernet.mac-address-blacklist:
```

2. 查看设备信息

格式：nmcli device show [设备名]

功能：查看可用网卡设备信息；nmcli 命令后跟上网卡设备名称表示查看该设备的相关详细信息。

【例 11-3】　查看可用网卡设备信息。

```
[root@server25 ~]# nmcli device show
GENERAL.DEVICE:                eno16777736
GENERAL.TYPE:                  ethernet
GENERAL.HWADDR:                00:0C:29:F6:1D:F6
GENERAL.MTU:                   1500
GENERAL.STATE:                 100 (connected)
GENERAL.CONNECTION:            eno16777736
GENERAL.CON-PATH:              /org/freedesktop/NetworkManager/ActiveCon
on/0
WIRED-PROPERTIES.CARRIER:      on
IP4.ADDRESS[1]:                ip = 172.25.254.233/24, gw = 172.25.254.2
IP4.ADDRESS[2]:                ip = 172.25.254.33/24, gw = 172.25.254.25
IP4.DNS[1]:                    172.25.254.250
IP4.DOMAIN[1]:                 ilt.example.com
IP4.DOMAIN[2]:                 example.com
IP6.ADDRESS[1]:                ip = fe80::20c:29ff:fef6:1df6/64, gw = ::
```

【例 11-4】　查看网卡 eno16777736 的详细信息。

```
[root@server25 ~]# nmcli device show
eno16777736  help          lo
[root@server25 ~]# nmcli device show eno16777736
GENERAL.DEVICE:                eno16777736
GENERAL.TYPE:                  ethernet
GENERAL.HWADDR:                00:0C:29:F6:1D:F6
GENERAL.MTU:                   1500
GENERAL.STATE:                 100 (connected)
GENERAL.CONNECTION:            eno16777736
GENERAL.CON-PATH:              /org/freedesktop/NetworkManager
```

11.4.2　创建和启用/关闭网络连接

1. 创建网络连接

格式：nmcli connection add con-name [name] ifname [eth] type [type] autoconnect yes/no

功能：创建一个网络连接。其中，con-name 选项后是该连接的名称；ifname 选项为设备名称；type 选项后是网络类型（一般为 Ethernet）；autoconnect 选项为是否开机启动该连接，创建的连接 IP 地址默认为 DHCP 动态获取。

【例 11-5】　为网络设备 eno16777736 创建一个名为 file 的网络连接。

```
[root@server25 ~]# nmcli connection add con-name file ifname
eno16777736 type ethernet autoconnect yes
Connection 'file' (f934a47c-7536-4b3b-a742-ceb10e86b3a7) succ-
essfully added.
```

【例 11-6】　为网络设备 eno16777736 创建一个名为 wifi 的网络连接，设置 IP 地址为 172.16.0.10、掩码为 24 位、网关为 172.16.0.1，并使该连接开机自动生效。

```
[root@server25 ~]# nmcli connection add con-name wifi ifname
eno16777736 type ethernet autoconnect yes ip4 172.16.0.10/24
gw4 172.16.0.1
Connection 'wifi' (f5e0e147-33c4-4bd6-81e8-cd21d2c4f1d3) succ-
essfully added.
```

2. 配置连接是否生效

格式：nmcli connection up | down [con-name]

功能：使连接启用或者连接关闭。

【例 11-7】　让网络设备 eno16777736 上的连接 Wi-Fi 生效。

```
[root@server25 ~]# nmcli connection up wifi
Connection successfully activated (D-Bus active path: /org/fr-
eedesktop/NetworkManager/ActiveConnection/1)
[root@server25 ~]# ip addr
1: lo: <LOOPBACK,UP,LOWER_UP> mtu 65536 qdisc noqueue state U-
NKNOWN
    link/loopback 00:00:00:00:00:00 brd 00:00:00:00:00:00
    inet 127.0.0.1/8 scope host lo
       valid_lft forever preferred_lft forever
    inet6 ::1/128 scope host
       valid_lft forever preferred_lft forever
2: eno16777736: <BROADCAST,MULTICAST,UP,LOWER_UP> mtu 1500 qd-
isc pfifo_fast state UP qlen 1000
    link/ether 00:0c:29:f6:1d:f6 brd ff:ff:ff:ff:ff:ff
    inet 172.16.0.10/24 brd 172.16.0.255 scope global eno1677-
7736
       valid_lft forever preferred_lft forever
    inet6 fe80::20c:29ff:fef6:1df6/64 scope link tentative da-
dfailed
       valid_lft forever preferred_lft forever
```

11.4.3　删除和修改网络连接

1. 删除网络连接

格式：nmcli connection delete [con-name]

功能：用于删除某一个网络连接，即直接删除网络连接，而不在意该连接是否正在使用。

【例 11-8】　删除网络设备 eno16777736 上的 file 连接。

```
[root@server25 ~]# nmcli connection delete file
```

2. 修改网络连接属性及参数

格式：nmcli connection modify [con-name] [Option]

功能：用于修改某一网络连接的各种属性及相关参数。

常用 IPv4 的相关选项和通用选项（输入 nmcli connection modify 后按两次 Tab 键会列出所有可用选项）如表 11-2 所示。

表 11-2　　　　　　　　　　　　　　　　IPv4 的相关选项和通用选项

选项	说明
ipv4.addresses	修改 IPv4 地址信息
ipv4.dns	修改 IPv4 的 DNS 信息
ipv4.method	修改 IPv4 连接的连接方式（静态或动态）
connection.autoconnect	修改 IPv4 连接是否自动连接
connection.type	修改 IPv4 连接的网络类型
connection.id	修改连接的名称

【例 11-9】　修改连接 Wi-Fi 的名称为 links，将 IP 地址改为 192.168.0.10-DNS 改为 192.168.0.1。

```
[root@server25 ~]# nmcli connection modify wifi connection.id
 links ipv4.addresses 192.168.0.10/24 ipv4.dns 192.168.0.1
```

【例 11-10】　为 links 增加一个辅助 DNS，地址为 8.8.8.8。

```
[root@server25 ~]# nmcli connection modify links +ipv4.dns 8.8.8.8
```

【例 11-11】　修改连接 links 的连接方式为 DHCP 动态获取，并且不自动连接。

```
[root@server25 ~]# nmcli connection modify links ipv4.method
 auto connection.autoconnect no
```

 修改网络连接参数后，重启连接才会生效。

11.5　系统网络配置文件

在 RHEL 中，网络配置文件有着非常重要的作用：一方面，这些文件记录了 TCP/IP 网络子系统的主要参数，当需要改变网络参数时，可以直接修改这些文件；另一方面，这些文件的内容与网络的安全也有着直接的关系，全面了解这些文件的内容和作用有助于堵住安全漏洞、提高系统的安全性。

1. 主机名文件：/etc/hostname

查看当前主机上 hostname 文件的命令如下：

```
[root@server25 ~]# hostname
server25.example.com
```

另外，用户可以在/etc/hostname 文件中指定静态主机名（hostnamectl 命令用于修改此文件），也可以查询主机名状态。如果文件不存在，则主机名在接口分配 IP 时由反向 DNS 查询设定。

```
[root@server25 ~]# hostnamectl set-hostname desktop.example.com
[root@server25 ~]# hostname
desktop.example.com
```

2. /etc/hosts 文件

该文件提供简单、直接的主机名称与 IP 地址之间的转换。当以主机名称来访问一台主机时，系统检查/etc/hosts 文件，并根据该文件将主机名称转换为 IP 地址。

/etc/hosts 文件的每一行描述一个主机名称到 IP 地址的转换，格式如下：

```
IP 地址　主机名全称　别名
```

其中，第 1 列指定主机的 IP 地址，第 2 列为主机的正式名称或全名，第 3 列为主机的别名，注释行以"#"开头。

下面是 hosts 文件的一个例子。

```
[root@server ~]# cat /etc/hosts
127.0.0.1    localhost localhost.localdomain localhost4 localhost4.localdomain4
::1          localhost localhost.localdomain localhost6 localhost6.localdomain6
```

与/etc/hosts 文件相关的文件有/etc/host.conf（指定域名搜索的顺序）、/etc/hosts.allow（指定允许登录的主机）、/etc/hosts.deny（指定禁止登录的主机）。

3. /etc/services 文件

该文件列出系统中所有可用的网络服务。对于每一个服务，文件的每一行提供的信息有正式的服务名称、端口号、协议名称和别名。与其他网络配置文件一样，每一项由空格或制表符分隔，其中端口号和协议名合起来为一项，中间用"/"分隔。该文件部分内容如下。

```
# /etc/services:
# service-name  port/protocol  [aliases ...]    [# comment]

tcpmux        1/tcp                              # TCP port service multiplexer
tcpmux        1/udp                              # TCP port service multiplexer
rje           5/tcp                              # Remote Job Entry
rje           5/udp                              # Remote Job Entry
echo          7/tcp
echo          7/udp
discard       9/tcp          sink null
discard       9/udp          sink null
systat        11/tcp         users
systat        11/udp         users
daytime       13/tcp
daytime       13/udp
qotd          17/tcp         quote
qotd          17/udp         quote
chargen       19/tcp         ttytst source
chargen       19/udp         ttytst source
ftp-data      20/tcp
ftp-data      20/udp
```

4. /etc/sysconfig/network-scripts 目录

该目录包含部分网络命令及网络接口的配置文件，如下所示。

ifcfg-lo：本地回送接口的相关信息。

ifcfg-eno16777736：第一块网卡接口的配置文件。ifcfg-eno16777736 的内容如下。

```
TYPE="Ethernet"
BOOTPROTO="none"
DEFROUTE="yes"
IPV4_FAILURE_FATAL="no"
IPV6INIT="yes"
IPV6_AUTOCONF="yes"
IPV6_DEFROUTE="yes"
IPV6_FAILURE_FATAL="no"
NAME="eno16777736"
UUID="3ce4d3a2-3073-4df2-ae66-12d3875c5f26"
DEVICE="eno16777736"
ONBOOT="yes"
DNS1=114.114.114.114
IPADDR=192.168.1.100
PREFIX=24
GATEWAY=192.168.1.1
IPV6_PEERDNS=yes
IPV6_PEERROUTES=yes
IPV6_PRIVACY=no
```

- BOOTPROTO：获取地址方式为默认，如果自动获取，设置为 DHCP。
- DEVICE：设备名称。

- ONBOOT：网卡状态，默认启用。
- DNS1：设置第一台 DNS 服务器地址。
- IPADDR：设置 IP 地址。
- PREFIX：设置掩码位数。
- GATEWAY：设置网关。

网卡配置文件设置完成后需要重启系统或者重启 NetworkManager 服务。

5. /etc/resolv.conf 文件

该文件记录了客户机的域名（Domain Name）及域名服务器的 IP 地址。其中可供设置的项目如下。

nameserver：设置 DNS 服务器的 IP 地址，最多可以设置 3 个，并且每个 DNS 服务器的记录自成一行。当主机需要进行域名解析时，首先查询第 1 个 DNS 服务器，如果无法成功解析，则查询第 2 个 DNS 服务器。

domain：指定主机所在的网络域名，可以不设置。

search：指定 DNS 服务器的域名搜索列表，最多可以设置 6 个。其作用在于进行域名解析工作时，系统会将此处设置的网络域名自动加在要查询的主机名之后进行查询。通常不设置此项。

例如，查看本地机器的/etc/resolv.conf 文件内容如下。

```
# Generated by NetworkManager
search example.com
nameserver 114.114.114.114
```

11.6　网络设置命令

11.6.1　查看和修改主机名称命令 hostname 和 hostnamectl

1. hostname 命令

格式：hostname [主机名]

功能：查看计算机的主机名。

【例 11-12】　查看当前计算机的主机名。

```
[root@server25 ~]# hostname
server25.example.com
```

网络设置命令

2. hostnamectl 命令

格式：hostnamectl set-hostname [主机名]

功能：修改计算机的主机名。

【例 11-13】　将主机名修改为 desktop.example.com。

```
[root@server25 ~]# hostnamectl set-hostname desktop.example.com
[root@server25 ~]# hostname
desktop.example.com
```

使用 hostnamectl 命令修改主机名，不需要重启即可生效，系统会自动创建/etc/hostname 文件，记录刚才修改的主机名信息。

11.6.2　网络配置命令 ip

ip 是 iproute2 软件包里面一个强大的网络配置命令，它能够替代一些传统的网络管理工具或命令，例如 ifconfig、route 等。

格式：ip [option] [动作] [命令]

常用选项说明如下。

-s：显示出该设备的统计数据（Statistics），例如总接收封包数等。

动作：就是可以针对哪些网络参数进行动作，常用动作包括以下几个。

- link：关于设备（Device）的相关设定，例如修改 MTU、MAC 地址等。
- addr/address：关于额外的 IP 地址相关设定，例如多 IP 的实现等。
- route：与路由有关的相关设定。

由上文可以知道，ip 命令除了可以设定一些基本的网络参数外，还可以进行额外的 IP 设定。下面就分 3 个部分（link、addr、route）来介绍 ip 命令。

1. 关于设备（Device）的相关设定：ip link

【例 11-14】 显示出所有的设备信息。

```
[root@server25 ~]# ip -s link show
1: lo: <LOOPBACK,UP,LOWER_UP> mtu 65536 qdisc noqueue state U
NKNOWN mode DEFAULT
    link/loopback 00:00:00:00:00:00 brd 00:00:00:00:00:00
    RX: bytes  packets  errors  dropped overrun mcast
    87584      1088     0       0       0       0
    TX: bytes  packets  errors  dropped carrier collsns
    87584      1088     0       0       0       0
2: eno16777736: <BROADCAST,MULTICAST,UP,LOWER_UP> mtu 1500 qd
isc pfifo_fast state UP mode DEFAULT qlen 1000
    link/ether 00:0c:29:f6:1d:f6 brd ff:ff:ff:ff:ff:ff
    RX: bytes  packets  errors  dropped overrun mcast
    88418      737      0       0       0       0
    TX: bytes  packets  errors  dropped carrier collsns
    39020      331      0       0       0       0
```

【例 11-15】 启动/关闭设备。

```
[root@server25 ~]# ip link set dev eno16777736 up
```

【例 11-16】 修改 MTU 值。

```
[root@server25 ~]# ip link set dev eno16777736 mtu 1500
```

【例 11-17】 修改网络设备的 MAC 地址。

```
[root@server25 ~]# ip link set dev eno16777736 address 00:11:22:33:44:55
[root@server25 ~]# ip link show
1: lo: <LOOPBACK,UP,LOWER_UP> mtu 65536 qdisc noqueue state UNKNOWN mode DEFAULT
    link/loopback 00:00:00:00:00:00 brd 00:00:00:00:00:00
2: eno16777736: <BROADCAST,MULTICAST,UP,LOWER_UP> mtu 1500 qdisc pfifo_fast state UP
mode DEFAULT qlen 1000
    link/ether 00:11:22:33:44:55 brd ff:ff:ff:ff:ff:ff
```

2. 关于额外的 IP 地址相关设定：ip address

【例 11-18】 显示所有设备的 ip 参数。

```
[root@server25 ~]# ip address show
1: lo: <LOOPBACK,UP,LOWER_UP> mtu 65536 qdisc noqueue state UNKNOWN
    link/loopback 00:00:00:00:00:00 brd 00:00:00:00:00:00
    inet 127.0.0.1/8 scope host lo
       valid_lft forever preferred_lft forever
    inet6 ::1/128 scope host
       valid_lft forever preferred_lft forever
2: eno16777736: <BROADCAST,MULTICAST,UP,LOWER_UP> mtu 1500 qdisc pfifo_fast
    link/ether 00:11:22:33:44:55 brd ff:ff:ff:ff:ff:ff
    inet 172.25.0.11/24 brd 172.25.0.255 scope global eno16777736
       valid_lft forever preferred_lft forever
    inet6 fe80::20c:29ff:fe43:6a35/64 scope link
       valid_lft forever preferred_lft forever
```

【例 11-19】 为以太网接口 eno16777736 增加一个地址 192.168.0.11，标签为 eno16777736:1。

```
[root@server25 ~]# ip addr add 192.168.0.11/24 brd + dev eno16777736 label eno16777736:1
```

【例 11-20】 删除一个协议地址。

```
[root@server25 ~]# ip add del 192.168.0.11/24 brd + dev eno16777736 label eno16777736:1
[root@server25 ~]# ip add show
1: lo: <LOOPBACK,UP,LOWER_UP> mtu 65536 qdisc noqueue state UNKNOWN
    link/loopback 00:00:00:00:00:00 brd 00:00:00:00:00:00
    inet 127.0.0.1/8 scope host lo
       valid_lft forever preferred_lft forever
    inet6 ::1/128 scope host
       valid_lft forever preferred_lft forever
2: eno16777736: <BROADCAST,MULTICAST,UP,LOWER_UP> mtu 1500 qdisc pfifo_fast state UP ql
    link/ether 00:11:22:33:44:55 brd ff:ff:ff:ff:ff:ff
    inet 172.25.0.11/24 brd 172.25.0.255 scope global eno16777736
       valid_lft forever preferred_lft forever
    inet6 fe80::20c:29ff:fe43:6a35/64 scope link
       valid_lft forever preferred_lft forever
```

3. 关于路由的设定：ip route

show：单纯地显示出路由表，也可以使用 list。

add|del：增加（add）或删除（del）路由。

【例 11-21】　显示当前路由信息。

```
[root@server25 ~]# ip route show
default via 172.25.0.254 dev eno16777736  proto static  metric 1024
172.25.0.0/24 dev eno16777736  proto kernel  scope link  src 172.25.0.11
```

【例 11-22】　增加通往外部的路由，需要通过外部路由器。

```
[root@server25 ~]# ip route add 192.168.10.0/24 via 172.25.0.254 dev eno16777736
[root@server25 ~]# ip route show
default via 172.25.0.254 dev eno16777736  proto static  metric 1024
172.25.0.0/24 dev eno16777736  proto kernel  scope link  src 172.25.0.11
192.168.10.0/24 via 172.25.0.254 dev eno16777736
```

【例 11-23】　删除路由。

```
[root@server25 ~]# ip route del 192.168.10.0/24
[root@server25 ~]# ip route show
default via 172.25.0.254 dev eno16777736  proto static  metric 1024
172.25.0.0/24 dev eno16777736  proto kernel  scope link  src 172.25.0.11
```

11.6.3　检查网络状况命令 netstat

格式：netstat [选项]

功能：查看网络当前连接状态、检查网络接口配置信息或路由表、获取各种网络协议的运行统计信息。

常用选项说明如下。

-a：显示所有连接的信息（包括正在侦听的信息）。

-I：显示所有已配置的网络设备的统计信息。

-c：持续更新网络状态（每秒一次）直至被人为终止（Ctrl+C）。

-r：显示内核路由表。

-n：以 IP 地址代替主机名称，显示网络连接情况。

-v：显示 netstat 的版本信息。

-t：显示 TCP 的连接情况。

-u：显示 UDP 的连接情况。

例如，显示当前网络套接字连接的状态。

```
[root@server25 ~]# netstat -vat
Active Internet connections (servers and established)
Proto Recv-Q Send-Q Local Address           Foreign Address         State
tcp        0      0 0.0.0.0:sunrpc          0.0.0.0:*               LISTEN
tcp        0      0 0.0.0.0:ssh             0.0.0.0:*               LISTEN
tcp        0      0 localhost:ipp           0.0.0.0:*               LISTEN
```

```
tcp        0      0 localhost: smtp           0.0.0.0: *              LISTEN
tcp        0      0 0.0.0.0:36294             0.0.0.0: *              LISTEN
tcp6       0      0 [::]:sunrpc               [::]:*                  LISTEN
tcp6       0      0 [::]:ssh                  [::]:*                  LISTEN
tcp6       0      0 localhost:ipp             [::]:*                  LISTEN
tcp6       0      0 localhost: smtp           [::]:*                  LISTEN
tcp6       0      0 [::]:42399                [::]:*                  LISTEN
```

主要字段的含义如下。

Proto：显示连接使用的协议。

State：显示套接字当前的状态。

再如，显示当前网络接口的状况。

```
[ root@server25 ~] # netstat -i
Kernel Interface table
Iface      MTU     RX- OK RX- ERR RX- DRP RX- OVR   TX- OK TX- ERR TX- DRP TX- OVR Flg
eno16777   1500    1049      0       0 0              37     0       0       0 BMRU
lo         65536   1158      0       0 0            1158     0       0       0 LRU
```

主要字段的含义如下。

MTU：接口的最大传输单位。

RX-OK：正确接收的数据包数量。

TX-OK：正确发送的数据包数量。

RX-ERR：接收的错误数据包数量。

TX-ERR：发送的错误数据包数量。

RX-DRP：接收时丢弃的错误数据包数量。

TX-DRP：发送时丢弃的错误数据包数量。

RX-OVR：接收时因误差所遗失的数据包数量。

TX-OVR：发送时因误差所遗失的数据包数量。

Flg：接口设置的标记，各标记字母的含义如下。

- B：已经设置了一个广播地址。
- L：接口为回送设备。
- M：接收所有的数据包。
- N：避免跟踪。
- O：接口禁用 ARP。
- P：接口的连接是点到点的连接。
- R：接口正在运行。
- U：接口处于活动（启用）状态。

11.6.4 ping 命令

格式：ping [选项] IP 地址 | 主机名

功能：主要用于测试本机与网络上另一台计算机的网络连接是否正确，因此在架设网络和排除网络故障时显得特别有用。ping 命令实际上是利用 ICMP，向目标主机发送 ECHO-REQUEST 数据包，试图使目标主机回应 ECHO-RESPONSE 数据包。如果能够正确收到目标主机的回应，则表明网络是畅通的，否则表明网络连接有问题。

常用选项说明如下。

-c 次数：指定发送数据包的次数。

-f：快速、大量地向目标主机发送数据包。

-i 秒数：设置发送数据包的时间间隔。默认情况下，ping 命令每隔 1s 发送一次数据包，并等待目标主机的回应。

-s 大小：指定数据包的大小（不含封装数据包用的网络包头）。默认情况下，数据包的大小为 56Byte，加上网络包头 8Byte，共计 64Byte。

-r：绕开路由表，直接向目标主机发送数据包。它通常用于检查网络配置是否有问题，如果有问题，命令返回-1。

-q：不显示任何传送信息，只显示最后的结果。

-l 次数：在指定的次数内，以最快的方式发送数据包到目标主机。

-p patten：指定数据包的模式。

【例 11-24】　检查本机网络设备的工作情况（假定本机的 IP 地址为 192.168.1.1）。

```
[root@server25 ~]# ping 192.168.1.1
PING 192.168.1.1 (192.168.1.1) 56(84) bytes of data.
64 bytes from 192.168.1.1: icmp_seq=1 ttl=64 time=14.2 ms
64 bytes from 192.168.1.1: icmp_seq=2 ttl=64 time=143 ms
64 bytes from 192.168.1.1: icmp_seq=3 ttl=64 time=30.0 ms
^C
--- 192.168.1.1 ping statistics ---
3 packets transmitted, 3 received, 0% packet loss, time 2004ms
rtt min/avg/max/mdev = 14.263/62.710/143.835/57.724 ms
```

如果使用本机的 IP 地址作为目标主机的地址，则可以测试本机网络设备是否能正常工作。在 RHEL 系统中，ping 命令无休止地向目标主机发送数据包，用户可用 Ctrl+C 组合键终止数据包的发送。在以上返回的信息中，ttl 表示数据包在被丢弃前所能经历的路由器的最大数量；time 表示从发送数据包到接收到目标主机的回应数据包之间的时间间隔。在 ping 命令返回信息的最后是一些统计信息，主要包括发送数据包的个数、接收到的回应数据包的个数、数据包丢失所占百分比及传送时间的统计信息。根据 ping 命令的返回信息，用户能够直观地判断网络的工作情况是否正常。

【例 11-25】　检查与指定主机的网络连接情况（假定目标主机的 IP 地址为 192.168.1.100）。

```
[root@server25 ~]# ping 192.168.1.100
PING 192.168.1.100 (192.168.1.100) 56(84) bytes of data.
From 192.168.1.11 icmp_seq=1 Destination Host Unreachable
From 192.168.1.11 icmp_seq=2 Destination Host Unreachable
From 192.168.1.11 icmp_seq=3 Destination Host Unreachable
```

此时表明网络连接不通。

11.6.5　nslookup 命令

格式：nslookup [-option] [name|Server]

功能：显示可用来诊断域名系统（DNS）基础结构的信息。只有在已安装 TCP/IP 的情况下才可以使用 nslookup 命令。

nslookup 有两种模式：交互式和非交互式。

如果仅需要查找一块数据，用户可以使用非交互式模式。对于第 1 个参数，输入要查找的计算机的名称或 IP 地址。对于第 2 个参数，输入 DNS 名称服务器的名称或 IP 地址。如果省略第 2 个参数，nslookup 使用默认 DNS 名称服务器。

如果需要查找多块数据，用户可以使用交互式模式。为第 1 个参数输入连字符（"-"），为第 2 个参数输入 DNS 名称服务器的名称或 IP 地址。或者，省略两个参数，则 nslookup 使用默认 DNS 名称服务器。下面是一些在交互式模式下工作的提示。

要随时中断交互式命令，按 Ctrl+B 组合键。要退出，输入"exit"。如果查找请求失败，nslookup 将提示出错消息。

【例 11-26】 检查当前主机的 DNS 服务器地址。

```
[root@server25 ~]# nslookup
> server
Default server: 172.25.0.11
Address: 172.25.0.11#53
>
```

11.6.6 traceroute 命令

格式：traceroute [-dFlnrvx] [-f <存活数值>] [-g <网关>…] [-i <网络界面>] [-m <存活数值>] [-p <通信端口>] [-s <来源地址>] [-t <服务类型>] [-w <超时秒数>] [主机名称或 IP 地址] [数据包大小]

功能：显示数据包到主机间的路径。traceroute 命令可以追踪网络数据包的路由途径，预设数据包大小是 40Byte，用户可另行设置。

参数说明如下。

-d：使用 Socket 层级的排错功能。

-f <存活数值>：设置第一个检测数据包的存活数值 TTL 的大小。

-F：设置勿离断位。

-g <网关>：设置来源路由网关，最多可设置 8 个。

-i <网络界面>：使用指定的网络界面发送出数据包。

-I：使用 ICMP 回应取代 UDP 资料信息。

-m <存活数值>：设置检测数据包的最大存活数值 TTL 的大小。

-n：直接使用 IP 地址而非主机名称。

-p <通信端口>：设置 UDP 的通信端口。

-r：忽略普通的 Routing Table，直接将数据包送到远端主机上。

-s <来源地址>：设置本地主机发送出数据包的 IP 地址。

-t <服务类型>：设置检测数据包的 TOS 数值。

-v：详细显示指令的执行过程。

-w <超时秒数>：设置等待远端主机回报的时间。

-x：开启或关闭数据包的正确性检验。

【例 11-27】 跟踪到主机 172.25.254.250 之间的路由。

```
[root@server25 ~]# traceroute 172.25.254.250
traceroute to 172.25.254.250 (172.25.254.250), 30 hops max,
60 byte packets
  1  foundation0.ilt.example.com (172.25.254.250)  0.550 ms
0.291 ms  0.294 ms
```

第 12 章
访问网络文件共享服务

网络文件共享服务功能的作用是可以让 Liunx 系统和其他的操作系统之间进行文件的共享。本章主要介绍 Linux 系统之间的共享服务 NFS、Linux 与 Windows 系统之间的共享服务 SMB，以及自动挂载共享服务 AutoFS。

12.1 NFS 网络文件系统

12.1.1 NFS 服务简介

NFS 服务

NFS 最早是由 Sun 公司于 1984 年开发出来的，其目的就是让类 UNIX 系统之间可以彼此共享文件。NFS 使用起来非常方便，因此很快便得到了大多数 UNIX/Linux 系统的广泛支持，而且被 IETF（Internet Engineering Task Force，国际互联网工程任务组）制定为 RFC1904、RFC1813 和 RFC3010 标准。

NFS 采用客户机/服务器工作模式。在 NFS 服务器上将某个目录设置为输出目录（即共享目录）后，其他客户端就可以将这个目录挂载到自己系统中的某个目录下，这个目录可以与服务器上的输出目录和其他客户机中的目录不同。如果某用户登录到客户机，并进入挂载目录，那么该用户就可以看到 NFS 服务器内/nfs/public 目录下的所有子目录及文件，并且只要其具有相应的权限，就可以使用 cp、cd、mv、rm 和 df 等命令对磁盘或文件进行相应的操作。

1. 安装 NFS 服务器

使用 yum install nfs-utils 命令可以安装 NFS 服务器，如下所示。默认系统已经安装。

```
[root@server25 ~]# yum install nfs-utils
Updating Subscription Management repositories.
Unable to read consumer identity
This system is not registered to Red Hat Subscription Management. You can u-
se subscription-manager to register.
上次元数据过期检查: 0:24:45 前，执行于 2021年03月24日 星期三 16时40分02秒。
软件包 nfs-utils-1:2.3.3-31.el8.x86_64 已安装。
依赖关系解决。
无需任何处理。
完毕!
```

2. 启动服务器命令

启动 NFS 服务器，如下所示。

```
[root@server25 ~]# systemctl restart nfs-server
[root@server25 ~]# systemctl enable nfs-server
Created symlink /etc/systemd/system/multi-user.target.wants/nfs-server.serv
ice → /usr/lib/systemd/system/nfs-server.service.
```

12.1.2 配置 NFS 服务

NFS 的配置文件是/etc/exports，在 exports 文件中可以设置 NFS 系统的共享目录、访问权限和允许访问的主机等参数。在默认情况下，这个文件是一个空文件，没有配置任何共享目录，这是基于安全性的考虑，即使系统启动 NFS 服务也不会共享任何资源。

exports 文件中每一行提供了一个共享目录的设置，其命令格式为：

<共享目录>[主机1(选项1,选项2,…)] [主机2(选项1,选项2,…)]

（1）共享目录：共享目录是必选参数，其他参数都是可选的。不过值得注意的是，格式中的共享目录和主机之间、主机和主机之间都使用空格分隔，但是主机和选项之间不能有空格。共享目录是要提供共享的实际目录，一行只能出现一个目录。

（2）主机：主机是可以访问 NFS 共享目录的客户端计算机。客户端计算机的指定非常灵活，可以是单个计算机的 IP 地址或者域名，也可以是某个子网或者域中的计算机。客户端主机常用的指定方式如表 12-1 所示。

表 12-1　　　　　　　　　　　客户端主机常用的指定方式

客户端主机	说明
192.168.1.20	指定 IP 地址的客户端主机
192.168.1.0/24（或者 192.168.1.*）	指定子网中所有的客户端主机
pc1.example.com	指定域名的客户端主机
*.example.com	指定域中的所有客户端主机
*（或者缺省）	所有客户端主机

（3）选项：用来设置共享目录的访问权限、用户映射等。exports 文件中的选项比较多，一般可分为以下 3 种。

①访问权限选项。用于控制共享目录访问权限的选项，此类选项只有 ro 和 rw 两项。

● ro：设置共享目录只读。
● rw：设置共享目录可读写。

②用户映射选项。在默认情况下，当客户端主机访问 NFS 服务器的时候，如果远程访问的用户是 root 用户，那么 NFS 服务器会将其映射为一个本地的匿名用户（使用 nfsnobody 账号），并且将它所属的用户组也映射为匿名用户组（用户组也为 nfsnobody），这样有助于提高系统的安全性。用户映射选项主要有以下 6 个。

● all_squash：将远程访问的所有普通用户及所属用户组都映射为匿名用户或用户组，一般均为 nfsnobody。
● no_all_squash：不将远程访问的所有普通用户及所属用户组都映射为匿名用户或用户组。
● root_squash：将 root 用户及所属用户组都映射为匿名用户或用户组。
● no_root_squash：不将 root 用户及所属用户组都映射为匿名用户或用户组。
● amonuid=xxx：将远程访问的所有用户都设置为匿名用户，并指定该匿名用户的账户为本地用户账户 xxx。
● amongid=xxx：将远程访问的所有用户组都设置为匿名用户，并指定该匿名用户的账户组为本地用户组账户 xxx。

③其他选项。针对其他选项的设置可以实现对共享目录进行更为全面的控制。其他选项主要

有以下 8 个。

- secure：限制客户端只能从小于 1024 的 TCP/IP 端口连接 NFS 服务器。
- insecure：允许客户端从大于 1024 的 TCP/IP 端口连接 NFS 服务器。
- sync：将数据同步写入内存缓冲区与磁盘中，虽然这样做效率较低，但是可以保证数据的一致性。
- async：将数据先保存在内存缓冲区，必要时才写入磁盘。
- wdelay：检查是否有相关的写操作，如果有则将这些写入一起执行，这样可以提高效率。
- no_wdelay：如果有写操作，则立即执行。它需要与 sync 配合使用。
- subtree_check：如果共享目录是一个子目录，则 NFS 服务器将检查其父目录的权限。
- no_subtree_check：即使共享目录是一个子目录，NFS 服务器也不会检查其父目录的权限，这样可以提高效率。

12.1.3　NFS 服务配置实例

创建 NFS 服务器的过程如下。

（1）检查当前操作系统中是否安装 nfs-utils 软件，以及显示已安装软件的组件和版本。

```
[root@server25 ~]# yum install nfs-utils
Updating Subscription Management repositories.
Unable to read consumer identity
This system is not registered to Red Hat Subscription Management. You can u-
se subscription-manager to register.
上次元数据过期检查: 0:24:45 前, 执行于 2021年03月24日 星期三 16时40分02秒。
软件包 nfs-utils-1:2.3.3-31.el8.x86_64 已安装。
依赖关系解决。
无需任何处理。
完毕!
```

（2）在/home 目录中创建一个目录，其名称为 nfs，用于 NFS 服务器共享目录。在 nfs 目录中创建一个文本文件 hello.txt，其内容为 "hello,world."。

```
[root@server25 ~]# mkdir /home/nfs
[root@server25 ~]# echo 'hello,world.' > /home/nfs/hello.txt
[root@server25 ~]# cat /home/nfs/hello.txt
hello,world.
```

（3）编辑 NFS 服务器的配置文件/etc/exports，共享/home/nfs 目录，仅允许当前网段的主机访问，访问方式为只读。

```
[root@server25 ~]# cat /etc/exports
/home/nfs        172.25.0.0/24(ro,sync)
```

（4）启动 NFS 服务器，使更改的配置文件生效，并使服务随系统启动。

```
[root@server25 ~]# systemctl restart nfs-server.service
[root@server25 ~]# systemctl enable nfs-server.service
```

（5）在局域网上另一台 RHEL 操作系统的计算机上，使用 showmount 命令查看共享 NFS 服务器的信息。

使用 showmount 命令测试 NFS 服务器的输出目录状态，showmount 命令的基本格式如下：

```
showmount [选项] NFS 服务器名称或地址
```

常用选项说明如下。

-a：显示指定 NFS 服务器的所有客户端主机及其所连接的目录。

-d：显示指定的 NFS 服务器中已被客户端连接的所有输出目录。

-e：显示指定的 NFS 服务器上所有输出的共享目录。

```
[root@server25 ~]# showmount -e 172.25.0.110
Export list for 172.25.0.110:
/home/nfs 172.25.0.0/255.255.255.0
```

（6）使用 mount 命令将共享文件夹挂载到本地的/mnt 目录下，并查看文件内容。

挂载 NFS 服务器上输出目录的命令格式如下：

mount 服务器名或 IP 地址:输出目录　本地挂载目录

```
[root@server25 ~]# ls /mnt
[root@server25 ~]# mount 172.25.0.110:/home/nfs /mnt
[root@server25 ~]# ls /mnt
hello.txt
[root@server25 ~]# cat /mnt/hello.txt
hello,world.
```

（7）启动时自动连接 NFS。

要想让系统在启动时自动挂载 NFS 服务器上的输出目录，应编辑文件/etc/fstab，在该文件中加入如下格式的语句。

NFS 服务器名或 IP 地址:输出目录 本地挂载目录 nfs defaults 0 0

```
/dev/mapper/rhel-root    /                          xfs     defaults     1 1
UUID=66240786-49fb-41c8-9b5c-a0c587143b4d /boot     xfs     defaults     1 2
/dev/mapper/rhel-swap    swap                       swap    defaults     0 0
172.25.0.110:/home/nfs   /mnt                       nfs     defaults     0 0
```

12.2　SMB/CIFS 通用网络文件系统

12.2.1　Samba 服务概述

Samba 服务

Windows 操作系统在局域网中可以通过"网上邻居"访问其他计算机的共享资源，如打印机和文件共享。这种方法是通过使用服务器消息块（Server Message Block，SMB）实现的，NetBIOS（Network Basic Input Output System，网络基本输入/输出系统）协议可以实现在"网上邻居"的计算机之间共享资源和数据。如果要在局域网中实现 Linux 主机和 Windows 主机交换数据，就需要在 Linux 操作系统中设置 Samba 服务器。

SMB 服务使用 NetBIOS 共享资源，因此要求每一个在网络上的计算机都应该具有一个 NetBIOS 名称。NetBIOS 名称最长为 16 个字符，但是用户命名的长度不要超过 15 位。SMB 最初是为小型局域网设计的，不能用于大型网络。微软公司后来开发了通用互联网文件系统（Common Internet File System，CIFS），用它实现访问包括 UNIX 系统的更大网络。CIFS 仍然使用 SMB 访问网络上的计算机。

1991 年，澳大利亚的 Andrew Tridgel 开发了 SMB 客户端和服务器端软件，取名 Samba。通过 Samba 软件，UNIX 和 Linux 操作系统可以使用 SMB 连接到 Windows 网络。Windows 的"网上邻居"也可以访问 UNIX 和 Linux 操作系统的共享文件和打印机等资源。

Samba 软件包括两个服务器守护程序和其他工具程序。访问 Samba 服务器的用户都应该在 Samba 服务器上具有合法的账户名，就像使用 Windows 系统的用户需要具有合法的 Windows 账户一样。如果从 Windows 系统访问 Samba 服务器，就需要建立从 Windows 账户名到 Samba 服务器账户名的映射。以下是在 Samba 服务器配置过程中常用的命令。

1. 安装 Samba 服务器

使用 yum install –ysamba-*命令可以安装 Samba 服务器，默认系统没有安装。

```
[root@server25 ~]# yum install -y samba-*
```

2. 启动服务器命令

重启 Samba 服务器。

```
[root@server25 ~]# systemctl restart smb nmb
```

3. 永久启动服务

想要 SMB 服务在下次启动时随系统启动而启动，执行如下命令。

```
[root@server25 ~]# systemctl enable smb nmb
```

12.2.2　配置 Samba

Samba 服务的主要配置文件是/etc/samba/smb.conf。这里介绍一些重要的指令。

1. workgroup 指令

workgroup 指令的作用是设置主机的工作组名称，默认值是 "workgroup = NT-Domain-Name or Workgroup-Name"。用户可以设置一个与 Windows 系统相同的工作组名称，这样在 Windows 系统中就可以在 "网上邻居" 中方便地访问这个系统了。

2. netbios name 指令

netbios name 指令可以命名 NetBIOS 名称。工作组中的计算机使用 NetBIOS 协议传送数据，网络中所有计算机都应该具有 NetBIOS 名称。

3. server string 指令

server string 指令用于为工作组中计算机设置描述信息，默认值是 "server string=samba server"。

4. 共享文件夹设置指令

在 Samba 服务器上建立共享目录，需要如下形式的配置信息。

```
[myshare]                                    //共享文件夹的名称
        comment = Mary's and Fred's stuff    //说明
        path = /usr/somewhere/shared         //共享文件夹路径
        public = yes                         //允许所有用户访问
        writable = no                        //只读访问
```

12.2.3　创建 Samba 服务器

创建 Samba 服务器的过程如下。

（1）检查当前操作系统中是否安装 Samba 软件，以及显示已安装软件的组件和版本。

```
[root@server25 ~]# yum install samba* -y
Updating Subscription Management repositories.
Unable to read consumer identity
This system is not registered to Red Hat Subscription Management. You can use
 subscription-manager to register.
上次元数据过期检查: 0:29:43 前，执行于 2021年03月24日 星期三 16时40分02秒。
软件包 samba-4.11.2-13.el8.x86_64 已安装。
软件包 samba-client-4.11.2-13.el8.x86_64 已安装。
软件包 samba-client-libs-4.11.2-13.el8.x86_64 已安装。
软件包 samba-common-4.11.2-13.el8.noarch 已安装。
软件包 samba-common-libs-4.11.2-13.el8.x86_64 已安装。
软件包 samba-common-tools-4.11.2-13.el8.x86_64 已安装。
软件包 samba-krb5-printing-4.11.2-13.el8.x86_64 已安装。
软件包 samba-libs-4.11.2-13.el8.x86_64 已安装。
```

```
软 件 包  samba-pidl-4.11.2-13.el8.noarch 已安装。
软 件 包  samba-test-4.11.2-13.el8.x86_64 已安装。
软 件 包  samba-test-libs-4.11.2-13.el8.x86_64 已安装。
软 件 包  samba-winbind-4.11.2-13.el8.x86_64 已安装。
软 件 包  samba-winbind-clients-4.11.2-13.el8.x86_64 已安装。
软 件 包  samba-winbind-krb5-locator-4.11.2-13.el8.x86_64 已安装。
软 件 包  samba-winbind-modules-4.11.2-13.el8.x86_64 已安装。
依 赖 关 系 解 决 。
无 需 任 何 处 理 。
完 毕 !
```

（2）给操作系统增加一个新的用户，用于从网络上访问 Samba 服务器的共享目录，用户名为smbuser，并把新创建的系统用户加入 Samba 用户中，且设置这个用户的 Samba 密码。这样，就可以通过这个用户访问共享目录了。

```
[root@server25 ~]# useradd smbuser
[root@server25 ~]# smbpasswd -a smbuser
New SMB password:
Retype new SMB password:
Added user smbuser.
```

注意：使用 smbpasswd 命令为创建的 Samba 用户设置密码时，要添加-a 参数。

（3）在/home 目录中创建一个目录，其名称为 share，用于 Samba 服务器共享目录。在 share目录中创建一个文本文件 hello.txt，其内容为 "hello,world."。

```
[root@server25 ~]# mkdir /home/share
[root@server25 ~]# echo 'hello,world.' > /home/share/hello.txt
[root@server25 ~]# cat /home/share/hello.txt
hello,world.
```

（4）编辑 Samba 服务器的配置文件 smb.conf，设置以下指令。

```
[root@server25 ~]# vim /etc/samba/smb.conf

# max protocol = used to define the supported protocol. The default is NT1.
# can set it to SMB2 if you want experimental SMB2 support.
#
        workgroup = MYGROUP
        server string = Samba Server Version %v

;       netbios name = MYSERVER

;       interfaces = lo eth0 192.168.12.2/24 192.168.13.2/24
;       hosts allow = 127. 192.168.12. 192.168.13.

;       max protocol = SMB2
```

（5）在配置文件 smb.conf 中加入以下内容，Samba 服务器就可以提供这个目录的共享了。

```
[public]
        comment = Public File
        path = /home/share
        public = yes
        writable = yes
```

（6）启动 Samba 服务器，使更改的配置文件生效，并使服务随系统启动。

```
[root@server25 ~]# systemctl restart smb
[root@server25 ~]# systemctl enable smb
```

（7）在局域网上另一个安装 Windows 系统的计算机上，打开"我的电脑"，输入共享服务器地址\\10.1.10.225，按 Enter 键，打开图 12-1 所示的"Windows 安全中心"对话框，输入正确的用户名和密码，单击"确定"按钮。这时在图 12-2 所示的窗口中就可以看到在 Samba 服务器上共享的目录 public，双击打开目录，可以看到 hello.txt 文件。

图 12-1　Samba 用户登录

图 12-2　查看 Samba 服务器共享目录下的文件

（8）如果是用 RHEL 系统的计算机访问 Windows 服务器的共享目录，或者访问 RHEL 服务器的 Samba 共享目录，用户可以使用图形化界面访问，选择"位置"→"浏览网络"，如图 12-3 所示。

图 12-3　浏览网络

（9）如果是使用命令行访问，用户可以使用 smbclient 命令。

使用 smbclient 命令访问 Samba 服务器上共享目录的基本格式如下：

```
smbclient [选项][网络资源]
```

其中，[网络资源]的格式为：

```
//服务器名称或 IP 地址/资源共享名称
```

常用选项说明如下。

-L：显示服务器端所共享出来的所有资源。

-U <用户名称>：指定用户名称。

查看 Windows 服务器共享目录，可以看到 Windows 服务器的所有共享目录信息，如图 12-4 所示。

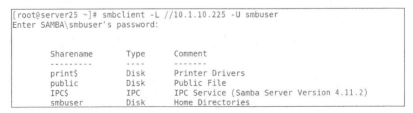

图 12-4　Windows 服务器的所有共享目录信息

访问 Windows 服务器共享目录 public 的操作如图 12-5 所示。

```
                                              root@localhost:~                          _  □  ×
文件(F)  编辑(E)  查看(V)  搜索(S)  挂载(T)  帮助(H)
[root@server25 ~]# smbclient //10.1.10.225/public -U smbuser
Enter SAMBA\smbuser's password:

Try "help" to get a list of possible commands.
smb: \> ls
  .                                   D        0  Sun Jan 31 22:08:08 2021
  ..                                  D        0  Sun Jan 31 22:07:36 2021
  hello.txt                           N       13  Sun Jan 31 22:08:08 2021

                17811456 blocks of size 1024. 13162564 blocks available
smb: \> get hello.txt
getting file \hello.txt of size 13 as hello.txt (2.5 KiloBytes/sec) (average 2.5 Kil-
oBytes/sec)
smb: \> quit
[root@server25 ~]# ls
公共  视频  文档  音乐  anaconda-ks.cfg  initial-setup-ks.cfg
模板  图片  下载  桌面  hello.txt
[root@server25 ~]#
```

图 12-5　访问 Windows 服务器共享目录 public

（10）smbclient 命令提供了一个类似于 FTP 的交互式窗口，用户可以使用类似于 FTP 中的命令下载文件；更多的命令可以使用 help 命令查看。虽然 smbclient 命令提供了一种类似于 FTP 的交互式环境，但是如果下载目录中的所有文件，就会非常麻烦。此时，用户可以使用 mount 命令将共享目录进行挂载，然后只要具有相应的权限，就可以使用 cp、cd、mv、rm 和 df 等命令对磁盘或文件进行相应的操作了。

使用 mount 命令挂载 Samba 服务器上共享目录的基本格式如下：

mount ［选项］ //服务器名称或 IP 地址/共享目录 本地挂载目录

常用选项说明如下。

-o username=用户名：指定登录 Samba 服务器的用户名。

下面的操作是将 Windows 主机（192.168.0.101）上的 share 共享目录挂载到/mnt 目录。

#mount -o username=administrator //192.168.0.101/share /mnt

12.3　自动挂载网络存储服务

12.3.1　自动挂载（AutoFS）服务概述

AutoFS 服务

想要在 RHEL 中使用任何文件系统，用户必须先将其挂载至目录树的某个目录下；当该文件系统不再被使用时，用户还需要将其卸载。在 RHEL 中，一般使用 mount 与 umount 命令来完成挂载和卸载功能。但是 mount/umount 命令只能手工挂载，那么有没有一种方法可以实现目录的自动挂载呢？即：当需要这个目录时，就可以直接访问；当不需要时，就自动卸载该目录。RHEL 提供了一种这样的服务，就是 AutoFS 服务。

AutoFS 与 mount/umount 的不同之处在于，它是一种服务程序，如果检测到用户正试图访问一个尚未挂载的文件系统，它就会自动检测该文件系统，如果存在，那么它会自动将其挂载；另外，如果它检测到某个已挂载的文件系统在一段时间内没有被使用，那么它会自动将其卸载。因此，一旦运行了 AutoFS 后，用户就不再需要手动完成文件系统的挂载和卸载。

1. 安装 AutoFS 服务器

使用 yum install –y autofs 命令可以安装 AutoFS 服务器。

```
[root@server25 ~]# yum install - y autofs
```

2. 启动服务器命令

停止/启动 AutoFS 服务器，默认系统已经运行 AutoFS 服务器。

```
[root@server25 ~]# systemctl stop autofs
[root@server25 ~]# systemctl start autofs
```

3. 永久启动服务

使用如下命令使 AutoFS 服务在下次启动时随系统启动而启动。

```
[root@server25 ~]# systemctl enable autofs
```

12.3.2　配置 AutoFS 服务

AutoFS 需要从/etc/auto.master 文件中读取配置信息。该文件中可以同时指定多个挂载点，由 AutoFS 来挂载文件系统。文件中的每个挂载点单独用一行来定义，每一行可包括 3 个部分，分别为挂载点位置、挂载时需使用的配置文件及所挂载文件系统在空闲多长时间后自动被卸载。/etc/auto.master 文件示例如下。

```
#
# Sample auto.master file
# This is an automounter map and it has the following format
# key [ - mount- options- separated- by- comma ] location
# For details of the format look at autofs(5).
#
/misc    /etc/auto.misc
#
# NOTE: mounts done from a hosts map will be mounted with the
#       "nosuid" and "nodev" options unless the "suid" and "dev"
#       options are explicitly given.
#
/net     - hosts
#
# Include /etc/auto.master.d/*.autofs
#
+dir:/etc/auto.master.d
#
# Include central master map if it can be found using
# nsswitch sources.
```

1. 特殊映射/net

默认情况下，AutoFS 服务运行时，存在一个名为/net 的特殊目录，但是该目录将显示为空。当访问该目录中以当前系统能够解析的主机名作为子目录名的子目录时，会使用自动挂载器创建该子目录，并显示该 NFS 服务器上的所有 NFS 共享目录，有时称为"浏览"共享。当/net 子目录中的访问停止使用，并超过默认使用时间 300s 后，AutoFS 将共享目录解除挂载并删除空的子目录。

访问主机 classroom.example.com 的/net 目录中的 classroom 子目录，可以看到主机的 NFS 共享目录中的文件内容。

```
[root@server0 ~]# showmount -e classroom.example.com
Export list for classroom.example.com:
/home/guests 172.25.0.0/255.255.0.0
[root@server0 ~]# cd /net
[root@server0 net]# ls
[root@server0 net]# cd classroom
[root@server0 classroom]# ls
home
```

2. 间接映射任意目录

除了使用/net 目录，还可以手动配置任意目录，以便在访问时在其子目录上"按需"挂载特定共享。要实现以上目标，用户需要在配置文件/etc/auto.master 中添加一行配置信息。

例如在/etc/auto.master 文件中添加如下一行：

```
/server        /etc/auto.server
```

其中，第一部分指定一个挂载点/server；第二部分指定该挂载点的配置文件/etc/auto.server。

文件/etc/auto.server 的示例如下：

```
public   -ro      classroom.example.com:/home/nfs
```

以上内容表示指定将主机 classroom.example.com 的/home/nfs 目录挂载到本地的/server/public 目录中，挂载的方式为只读挂载，在 mount 命令中能使用的挂载选项同样适用于这里。

如果想将 NFS 服务器的某个目录下的所有文件挂载到挂载点上，用户可以使用通配符，即前面的挂载目录使用"*"，后面的共享目录使用"&"就可以了。

文件/etc/auto.server 的示例如下：

```
*   -ro      classroom.example.com:/home/nfs/&
```

12.3.3 AutoFS 服务配置实例

创建 AutoFS 服务器的过程如下。

（1）检查当前操作系统中是否安装 AutoFS 软件，以及显示已安装软件的组件和版本。

```
[root@server25 ~]# yum install autofs -y
Updating Subscription Management repositories.
Unable to read consumer identity
This system is not registered to Red Hat Subscription Management. You can use
 subscription-manager to register.
上次元数据过期检查：0:31:19 前，执行于 2021年03月24日 星期三 16时40分02秒。
软件包 autofs-1:5.1.4-40.el8.x86_64 已安装。
依赖关系解决。
无需任何处理。
完毕！
```

（2）查看主机 172.25.0.110 的 NFS 共享。

```
[root@server25 ~]# showmount -e 172.25.0.110
Export list for 172.25.0.110:
/home/nfs 172.25.0.0/255.255.255.0
```

（3）修改/etc/auto.master 文件，添加/server 挂载点和配置文件。画横线的部分是添加的内容。

```
[root@server25 ~]# cat /etc/auto.master
#
# Sample auto.master file
# This is an automounter map and it has the following format
# key [ -mount-options-separated-by-comma ] location
# For details of the format look at autofs(5).
#
/misc   /etc/auto.misc
/server /etc/auto.server
# NOTE: mounts done from a hosts map will be mounted with the
#       "nosuid" and "nodev" options unless the "suid" and "dev"
#       options are explicitly given.
#
/net    -hosts
#
# Include /etc/auto.master.d/*.autofs
#
```

（4）创建/etc/auto.server 文件，挂载主机 172.25.0.110 的/home/nfs 目录，将其挂载到本地的/server/public 目录中（此目录不需要手工创建，由系统生成）。

```
[root@server25 ~]# cat /etc/auto.server
public  -ro    172.25.0.110:/home/nfs
```

（5）重新启动 AutoFS 服务，设置 AutoFS 服务在下次启动时随系统启动而启动。

```
[root@server25 ~]# systemctl restart autofs
```

（6）进入/server/public 目录下，查看文件内容。

```
[root@server25 ~]# cd /server/public
[root@server25 public]# ls
hello.txt
[root@server25 public]# cat hello.txt
hello,world.
```

第 13 章
Linux 安全管理

安全管理是 Linux 中非常重要的组成部分，它涉及防火墙系统、SELinux 系统、救援模式和 Podman 容器等技术，用来保护系统免受侵害。

本章主要介绍 firewalld 作为系统防火墙的应用示例、SELinux 的概念与常用管理方法、修复系统的引导错误和系统救援模式的应用、podman 容器的管理与应用技术。

13.1 Linux 防火墙的基本设置

随着 Internet 规模的迅速扩大，安全问题也越来越重要，而构建防火墙是保护系统免受侵害的最基本手段。虽然防火墙并不能保证系统绝对安全，但由于它简单易行、工作可靠、适应性强，还是得到了广泛应用。

firewalld
防火墙管理

netfilter/iptables 是 RHEL 6 系统提供的一个非常优秀的防火墙工具，它完全免费、功能强大、使用灵活、占用系统资源少，可以对经过的数据进行非常细致的控制。在 RHEL 8 中，使用的是与 netfilter 交互的动态防火墙 firewalld，firewalld 更侧重于动态的服务限制，将所有网络流量分为多个区域，以简化防火墙管理。

13.1.1 Linux 防火墙概述

Linux 系统的防火墙功能是由内核实现的。firewalld 是 Linux 新一代的防火墙工具，它支持网络/防火墙区域（zone）定义网络链接以及接口安全等级的动态防火墙管理。

firewalld 可以动态管理防火墙，不需要重启整个防火墙便可进行更改，因而也就没有必要重载所有内核防火墙模块。不过，要使用 firewalld 就要求防火墙的所有变更都要通过 firewalld 守护进程来实现，以确保守护进程中的状态和内核里的防火墙是一致的。另外，firewalld 无法解析由 iptables 和 ebtables 命令行工具添加的防火墙规则。图 13-1 为 firewalld 防火墙堆栈示意图。

firewalld 守护进程通过 D-Bus 提供当前激活的防火墙设置信息，也通过 D-Bus 接受使用 PolicyKit 认证方式进行的更改。

应用程序、守护进程和用户可以通过 D-Bus 请求启用一个防火墙特性。特性可以是预定义的防火墙功能，如：服务、端口和协议的组合、端口/数据报转发、伪装、ICMP 拦截或自定义规则等。该功能可以启用确定的一段时间，也可以再次停用。

firewalld 守护进程也可作为 FTP、Samba 和 TFTP 等服务的防火墙助手，还可作为预定义服务的一部分，而附加助手的装载不作为当前接口的一部分。由于一些助手只有在由模块控制的所有连接都关闭后才可装载，因而跟踪连接信息很重要，用户需要将其列入考虑范围。

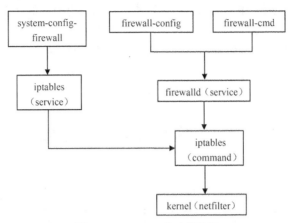

图 13-1　firewalld 防火墙堆栈

另外，firewalld 通过将网络划分成不同的区域（通常情况下称为 zones），制定出不同区域之间的访问控制策略来控制不同区域间传送的数据流。

13.1.2　firewalld 区域管理

1．网络区域介绍

网络区域定义了网络连接的可信等级。这是一个一对多的关系，意味着一次连接可以仅仅连接一个区域的一部分，而一个区域可以用于很多连接。一个 IP 可以看作一个区域，一个网段可以看作一个区域，局域网、互联网都可以看作一个区域。

在现代网络应用中，假设互联网是不可信任的区域，而内部网络是高度信任的区域，为避免安全策略中禁止的一些通信，firewalld 在信任度不同的区域有各自基本的控制任务。

典型的区域包括互联网（一个没有信任的区域）和一个内部网络（一个高信任的区域）。最终目标是在不同信任度的区域，在安全政策的运行和连通性模型之间，根据最少特权原则提供连通性。例如：公共 Wi-Fi 网络连接应该不信任，而家庭有线网络连接就应该完全信任。网络安全模型可以在安装、初次启动和首次建立网络连接时选择初始化。该模型描述了主机所连的整个网络环境的可信级别，并定义了新连接的处理方式。在/etc/firewalld/的区域设定中，定义了一系列可以被快速执行到网络接口的预设定，有以下 9 种初始化区域。

（1）drop（丢弃）：任何接收的网络数据包都被丢弃，没有任何回复，仅能由发送出去的网络连接。

（2）block（限制）：任何接收的网络连接都被 IPv4 的 icmp-host-prohibited 信息和 IPv6 的 icmp6-adm-prohibited 信息所拒绝。

（3）public（公共）：该区域是系统默认区域，在公共区域内使用。不能相信网络内的其他计算机不会造成危害，只能接收经过选取的连接。

（4）external（外部）：特别为路由器启用了伪装功能的外部网。不能信任来自网络的其他计算机，只能接收经过选择的连接。

（5）dmz（非军事区）：用于非军事区内的计算机，在此区域内可公开访问，可以有限地进入使用者的内部网络，仅仅接收经过选择的连接。

（6）work（工作）：用于工作区，可以基本相信网络内的其他计算机不会危害使用者的计算机，仅仅接收经过选择的连接。

（7）home（家庭）：用于家庭网络，可以基本信任网络内的其他计算机不会危害使用者计算机，仅仅接收经过选择的连接。

（8）internal（内部）：用于内部网络，可以基本上信任网络内的其他计算机不会威胁使用者的计算机，仅仅接收经过选择的连接。

（9）trusted（信任）：可接收所有的网络连接。

2. 如何选用区域

例如，公共的 Wi-Fi 连接应该为不受信任的，家庭的有线网络应该是相当可信任的，根据与所使用的网络最符合的区域进行选择。

3. 如何配置或者增加区域

用户可以使用任何一种 firewalld 配置工具来配置或者增加区域，以及修改配置，如 firewall-config 图形界面工具、firewall-cmd 命令行工具和 D-Bus 接口；也可以在配置文件目录中创建或者复制区域文件，/lib/firewalld/zones 被用于默认和备用配置，/etc/firewalld/zones 被用于用户创建和自定义配置文件。

4. 如何为网络连接设置或者修改区域

区域设置以 zone 选项存储在网络连接的 ifcfg 文件中，如果这个选项缺失或者为空，firewalld 将使用配置的默认区域。

如果这个连接受到 NetworkManager 的控制，也可以使用 nm-connection-editor 来修改区域。

防火墙不能够通过 NetworkManager 显示的名称来配置网络连接，只能配置网络接口。因此在网络连接之前，NetworkManager 将配置文件所述连接对应的网络接口告诉 firewalld。如果在配置文件中没有配置区域，接口将配置到 firewalld 的默认区域。如果网络连接使用了不止一个接口，所有的接口都会应用到 firewalld。接口名称的改变也将由 NetworkManager 控制并应用到 firewalld。

如果一个接口断开了，NetworkManager 也将告诉 firewalld 从区域中删除该接口；当 firewalld 由 systemd 或者 init 脚本启动/重启后，firewalld 将通知 NetworkManager 把网络连接增加到区域。

13.1.3　firewall–cmd 命令行工具

firewall-cmd 支持防火墙的所有特性，系统管理者可以用它来改变系统或用户策略；通过 firewall-cmd，用户可以配置防火墙允许通过的服务、端口、伪装、端口转发、ICMP 过滤器和调整 zone（区域）设置等功能。

firewall-cmd 工具支持两种策略管理方式：运行时和永久设置，用户需要分别设置。

处理运行时区域，运行时模式下对区域进行的修改不是永久有效的，但是即时生效，重新加载或者重启系统后修改将失效。

处理永久区域，永久选项不直接影响运行时的状态，这些选项仅在重载或者重启系统时可用。

（1）启动防火墙：systemctl start firewalld。

（2）查询防火墙状态：systemctl status firewalld。

（3）开机启动防火墙：systemctl enable firewalld。

（4）停止防火墙：systemctl stop firewalld。

（5）开机关闭防火墙：systemctl disable firewalld。

防火墙管理命令的格式如下：

```
firewall-cmd [Options…]
```

firewall-cmd 支持上百种参数，表 13-1 为其常用选项说明。

表 13-1　　　　　　　　　　　　firewall-cmd 命令常用选项说明

选项（Options）	说明
--permanent	处理永久区域选项，是永久设置的第一个参数
--get-default-zone	查询当前默认区域
--set-default-zone=<ZONE>	设置默认区域，会更改运行时和永久配置
--get-zones	列出所有可用区域
--get-active-zones	列出正在使用的所有区域（具有关联的接口或源）机器接口和源信息
--add-source=<CIDR> [--zone=<ZONE>]	将来自 IP 地址或网络/子网掩码<CIDR>的所有流量路由到指定区域
--remove-source=<CIDR> [--zone=<ZONE>]	从指定区域中删除用于路由来自 IP 地址或网络/子网掩码<CIDR>的所有流量的规则
--add-interface=<INTERFACE> [--zone=<ZONE>]	将来自<INTERFACE>的所有流量路由到指定区域
--change-interface=<INTERFACE> [--zone=<ZONE>]	将接口与<ZONE>而非其当前区域关联
--list-all [--zone=<ZONE>]	列出<ZONE>的所有已配置接口、源、服务和端口
--list-all-zones	检索所有区域的所有信息（接口、源、端口、服务等）
--add-service=<SERVICE> [--zone=<ZONE>]	允许到<SERVICE>的流量
--add-port=<PORT/PROTOCOL> [--zone=<ZONE>]	允许到<PORT/PROTOCOL>端口的流量
--remove-service=<SERVICE> [--zone=<ZONE>]	从区域允许列表中删除<SERVICE>
--remove-port=<PORT/PROTOCOL> [--zone=<ZONE>]	从区域允许列表中删除<PORT/PROTOCOL>端口
--reload	丢弃运行时配置，并应用持久配置

1. 查询示例

（1）获取 firewalld 状态

```
firewall-cmd --state
```

（2）获取支持服务列表（firewalld 内置服务支持）

```
firewall-cmd --get-services
```

支持服务列表：

```
amanda-client bacula bacula-client dhcp dhcpv6 dhcpv6-client dns ftp high-availabili-
tyhttp https imaps ipp ipp-client ipsec kerberos kpasswd ldap ldaps libvirt libvirt-tls
mdns mountd ms-wbt mysql nfs ntp openvpn pmcd pmproxy pmwebapi pmwebapis pop3s postgresql
proxy-dhcp radius rpc-bind samba samba-client smtp ssh telnet tftp tftp-client
transmission-client vnc-server wbem-https
```

（3）获取支持的区域列表

```
firewall-cmd --get-zones
```

（4）列出全部启用区域的特性

```
firewall-cmd --list-all-zones
```

（5）显示防火墙当前服务

```
firewall-cmd --list-services
```

2. 运行时区域策略设置示例

以下示例中不加 zone 的为默认区域 public。

（1）允许 SSH 服务通过

```
firewall-cmd-add-service=ssh
```

（2）禁止 SSH 服务通过

```
firewall-cmd -remove-service=ssh
```

（3）临时允许 Samba 服务通过 600s

```
firewall-cmd --add-service=samba --timeout=600
```

（4）允许 HTTP 服务通过 work 区域

```
firewall-cmd --add-service=http --zone=work
```

（5）从 work 区域打开 HTTP 服务

```
firewall-cmd --zone=work --add-service=http
```

（6）在内部区域（internal）打开 443/TCP 端口

```
firewall-cmd --zone=internal --add-port=443/tcp
```

（7）在内部区域（internal）关闭 443/TCP 端口

```
firewall-cmd --zone=internal --remove-port=443/tcp
```

（8）打开网卡 eth0

```
firewall-cmd --add-interface=eth0
```

（9）关闭网卡 eth0

```
firewall-cmd --remove-interface=eth0
```

3. 永久区域策略设置示例

①以下示例中不加 zone 的为默认区域 public。
②以下示例中永久设置均需重新加载防火墙策略或重启系统。

（1）重新加载防火墙策略

```
firewall-cmd --reload
```

（2）永久允许 FTP 服务通过

```
firewall-cmd --permanent --add-service=ftp
```

（3）永久禁止 FTP 服务通过

```
firewall-cmd --permanent --remove-service =ftp
```

（4）永久允许 HTTP 服务通过外部区域（external）

```
firewall-cmd --permanent --add-service=http --zone=external
```

（5）永久从 work 区域移除 HTTP 服务

```
firewall-cmd --permanent --zone=work --remove-service=http
```

（6）在内部区域（internal）永久打开 111/TCP 端口

```
firewall-cmd --permanent --zone=internal --add-port=111/tcp
```

（7）在内部区域（internal）永久关闭 111/TCP 端口

```
firewall-cmd --permanent --zone=internal --remove-port=111/tcp
```

（8）永久打开网卡 eth0

```
firewall-cmd --permanent --add-interface=eth0
```

（9）永久关闭网卡 eth0

```
firewall-cmd --permanent --remove-interface=eth0
```

13.1.4 firewall–config 图形界面工具

firewall-config 也支持防火墙的所有特性，并具有与 firewall-cmd 命令行工具相同的功能，只是该图形界面工具可以使防火墙设置更加自由、安全和强健。

firewall-config 工作界面如图 13-2 所示。

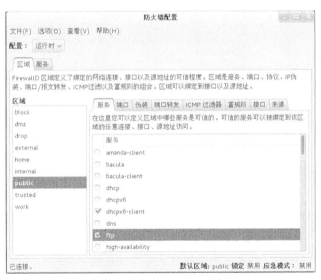

图 13-2　firewall-config 工作界面

firewall-config 工作界面分成 3 个部分：左上角是主菜单，中间是配置选项卡（包括"区域"选项卡、"服务"选项卡），底部是状态栏。状态栏从左到右依次是连接状态、默认区域、锁定状态、应急模式。在状态栏左侧的文本"已连接。"标志着 firewall-config 工具已经连接到用户区后台程序 firewalld。

firewall-config 主菜单包括 4 个菜单："文件"菜单、"选项"菜单、"查看"菜单、"帮助"菜单。其中"选项"菜单是最主要的菜单，它包括以下几个部分。

重载防火墙：重载防火墙规则。例如设置所有现在运行的配置规则如果没有在永久配置中操作，那么系统重载后会丢失。

更改连接区域：更改网络连接的默认区域。

改变默认区域：更改网络连接的所属区域和接口。

应急模式：应急模式意味着丢弃所有的数据包。

锁定：锁定可以对防火墙配置进行加锁，只允许白名单上的应用程序进行改动。锁定特性为 firewalld 增加了锁定本地应用程序或者服务配置的简单配置方式。它是一种轻量级的应用程序策略。

1. firewall-config 配置选项卡的配置规则

firewall-config 配置选项卡包括：运行时和永久两种配置规则。

运行时：运行时配置为当前使用的配置规则。运行时配置并非永久有效，在重新加载时可以被恢复，而系统或者服务重启、停止时，这些选项将会丢失。

永久：永久配置规则在系统或者服务重启时使用。永久配置存储在配置文件中，每次系统重启或者服务重启、重新加载时将自动恢复。

2. firewall-config "区域" 选项卡

"区域"选项卡是一个主要设置界面，firewalld 提供了 9 种预定义的区域，区域配置选项和通用配置信息可以在 firewall.zone(5) 的手册里查到。"区域"选项卡有 8 个子选项卡，分别是"服务""端口""伪装""端口转发""ICMP 过滤器""富规则""接口""来源"，如图 13-3 所示。

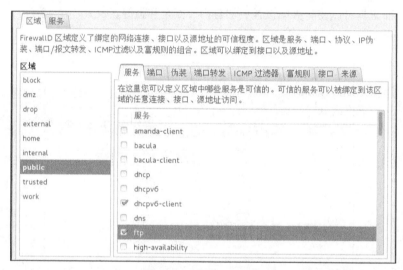

图 13-3 "区域"选项卡

（1）服务：定义区域中哪些服务是可信的。

（2）端口：定义区域中允许访问的主机或网络访问的附加端口/端口范围。

（3）伪装：NAT 伪装，设置是否启用 IP 转发（是地址转发的一种），仅支持 IPv4。

（4）端口转发：NAT 转发，将指向单个端口的流量转发到相同计算机上的不同端口，或者转发到不同计算机的端口。

（5）ICMP 过滤器：设置可通过的 ICMP 数据包类型。

（6）富规则：它是一种表达性语言，可表达 firewalld 基本语法中未涵盖的自定义防火墙规则、基本的允许/拒绝规则，还可用于配置记录（面向 syslog 和 auditd）及端口转发、伪装和速率限制。

（7）接口：增加入口到区域。

（8）来源：绑定来源地址或范围。

3. firewall-config "服务" 选项卡

firewall 预定义了几十种重要服务，用户可通过 firewall -cmd--get-services 命令查询服务，服务是端口、协议、模块和目标地址的集合。firewall-config "服务" 选项卡只能在永久配置规则下修改服务，不能在运行时配置规则下修改。

"服务" 选项卡包含 "端口和协议" "模块" "目标地址" 3 个子选项卡，如图 13-4 所示。

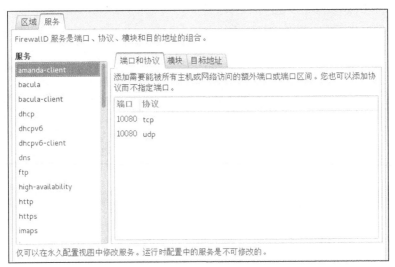

图 13-4　"服务" 选项卡

（1）端口和协议：定义需要被所有主机或网络访问的额外端口/端口区间，还有协议。

（2）模块：添加网络过滤辅助模块。

（3）目标地址：如果指定了目的地址，服务项目将仅限于目的地址和类型。

4．配置示例

在 work 区域永久开启 HTTPS 服务，步骤如下。

（1）配置选择 "永久"，如图 13-5 所示。

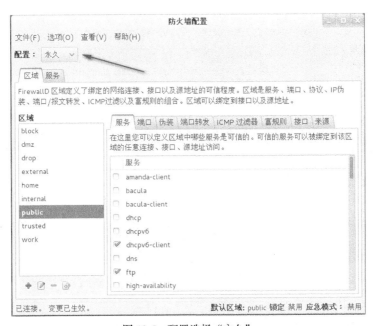

图 13-5　配置选择 "永久"

（2）在"区域"选项卡中选择"work"区域，如图13-6所示。

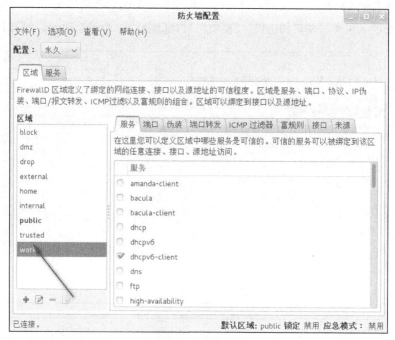

图13-6　选择区域

（3）选择"服务"子选项卡，如图13-7所示。

图13-7　选择"服务"子选项卡

（4）勾选"https"服务，如图13-8所示。

（5）选择"选项"→"重载防火墙"（见图13-9），重载防火墙使配置永久生效，结束配置。

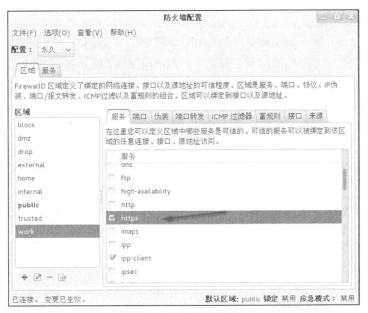

图 13-8　选择可信的服务

图 13-9　重载防火墙

13.2　SELinux 管理

13.2.1　SELinux 介绍

　　SELinux（Security-Enhanced Linux）是美国国家安全局（NSA）对于强制访问控制的实现，是 Linux 上杰出的安全子系统。SELinux 是在 Linux 社区的帮助下开发的一种访问控制体系，在这种访问控制体系的限制下，进程只能访问那些在其任务中所需要的文件。
SELinux 从 RHEL 4 开始，默认被安装在 RHEL 系统中，并且提供一个可定制的
安全策略，还提供很多用户层的库和工具，它们都可以使用 SELinux 的功能。

SELinux 管理

虽然比起 Windows 来说，Linux 的可靠性、稳定性要好得多，但是与其他的
UNIX 一样，Linux 也有以下不足之处。

（1）存在特权用户 root。任何人只要得到 root 的权限，对整个系统都可以为所欲为，这一点
Windows 也一样。另外，对文件访问权限的划分不够细。

（2）SUID 程序的权限升级。如果设置 SUID 权限的程序有了漏洞，这些漏洞很容易被攻击
者所利用。

（3）DAC（Discretionary Access Control）问题。文件目录的所有者可以对文件进行所有的操
作，这给系统整体管理带来不便。

对于以上这些不足，防火墙、入侵检测系统都是无能为力的。在这种背景下，对访问权限大
幅强化的 SELinux，其魅力是无穷的。

SELinux 系统比起通常的 Linux 系统来说，安全性能要高得多。它基于最小权限原则，即使
受到攻击后进程或者用户权限被夺去，也不会对整个系统造成重大影响。

1. SELinux 的特点

（1）MAC（Mandatory Access Control）——对访问的控制彻底化

对所有的文件、目录、端口这类资源的访问都可以是基于策略设定的，这些策略是由系统管
理员定制的，一般用户是没有权限更改的。

（2）TE（Type Enforcement）——对于进程只赋予最小的权限

TE 概念在 SELinux 里非常重要。它的特点是对所有的文件都赋予一个叫 type 的文件类型标
签，对所有的进程都赋予一个叫 domain 的标签。domain 标签能够执行的操作也是由 access vector
在策略里定好的。

我们熟悉的 Apache 服务器，httpd 进程只能在 httpd_t 里运行，这个 httpd_t 的 domain 能执行一
些操作，比如能将读网页内容文件赋予 httpd_sys_content_t 标签、将密码文件赋予 shadow_t 标签、
将 TCP 的 80 端口赋予 http_port_t 标签等，如果在 access vector 里不允许 http_t 对 http_port_t 进行操
作，Apache 启动都启动不了。反过来说，只允许 80 端口、只允许读取被标为 httpd_sys_content_t
的文件，httpd_t 就不能用别的端口，也不能更改那些被标为 httpd_sys_content_t 的文件（read only）。

（3）domain 迁移——防止权限升级

在用户环境里运行点对点下载软件 azureus，当前的 domain 是 fu_t，但是考虑到安全问题，
打算让它在 azureus_t 里运行；要是在 terminal 里用命令启动 azureus，它的进程的 domain 就会默
认继承正在运行 Shell 的 fu_t。

有了 domain 迁移，就可以让 azureus 在所指定的 azureus_t 里运行。在安全方面，这种做法更
可取，不会影响到 fu_t 的值。

下面是 domain 迁移指示的例子。

```
domain_auto_trans(fu_t, azureus_exec_t, azureus_t)
```

上条语句的含义就是，当在 fu_t domain 里执行了被标为 azureus_exec_t 的文件时，domain 从
fu_t 迁移到 azureus_t。

（4）RBAC（Role Base Access Control）——对于用户只赋予最小的权限

将用户划分成一些 ROLE，即使是 root 用户，只要不在 sysadm_t 里，也还是不能执行 sysadm_t 管理操作的，因为哪些 ROLE 可以执行哪些 domain 也是在策略里设定的。ROLE 也是可以迁移的，但是只能按策略规定迁移。

值得注意的是，SELinux 在传统的 DAC 后执行。换言之，进程必须在传统的权限下，拥有读取能力后，Linux 内核才会利用 SELinux 判断进程是否可以读取。如果传统的权限禁止读取，则 Linux 内核将不会通过 SELinux 进行读取控制。

2. SELinux 的特殊词汇

（1）对象

在 SELinux 中，所有可以被读取的对象，例如文件、目录、进程、外部装置，甚至网络 Socket，都称为对象（Object）。

（2）主体

SELinux 把进程（Process）称为主体（Subject）。

（3）类型

SELinux 允许为系统中的每一个主体或者对象定义一个类型（Type）。例如，RHEL 为网站服务器（Web Server）定义了一个名为 httpd_t 的类型，而用户的主目录也会有一个名为 user_home_t 的类型。

（4）领域

定义进程的类型，称为领域（Domain）。例如，httpd 就是 httpd_t 领域的进程。

（5）用户

SELinux 通过用户（User）代表某一些账号的识别数据，例如 system_u 代表系统上所有的服务器账号的识别数据。

（6）角色

角色（Role）用来代表某一些用户或对象的组合，例如 object_r 这个角色就代表文件或设备的系统对象。

（7）安全原则

安全原则（Security Policy）则用来定义主体读取对象的规则数据库。安全原则中可以存储多条规则，每一条规则将记录哪个类型的主体使用哪个方法读取哪一个对象时是被允许还是被禁止。SELinux 默认不允许主体读取任何的对象。

目前 RHEL 提供 targeted、strict 和 mls 共 3 个安全原则，每一个安全原则的功能、用途和定位都不同。

①targeted：用来保护常见的网络服务。

②strict：用来提供符合 RBAC 机制的安全性。

③mls：提供符合 MLS 机制的安全性。

默认 RHEL 会自动安装 targeted 安全原则。

（8）安全上下文

安全上下文（Security Context）是一组与某一个进程或对象有关的安全属性。SELinux 系统中的每一个进程与对象都会记录一条安全上下文。

13.2.2　SELinux 模式

如果想要使用 SELinux 子系统，必须先启用 SELinux；如果不想使用 SELinux，则必须先停用 SELinux。启用 SELinux 后，用户还可以选择强制模式或允许模式两种模式。

1. SELinux 的两类状态及模式

（1）启用状态

当启用（enabled）SELinux 时，Linux 内核才会在判断传统权限模式后，通过 SELinux 子系统进行读取控制。因此，如果需要享用 SELinux 带来的好处，则必须先启用 SELinux 子系统。

另外，SELinux 启用后，会提供两种执行模式。

①强制模式（Enforcement Mode）：只要违反 SELinux 规则的定义，就强制禁止读取。

②允许模式（Permissive Mode）：即使违反 SELinux 规则的定义，还是允许读取。允许模式有时候又被称为警告模式（Warning Mode）。

不管是强制模式还是允许模式，只要禁止读取，SELinux 就会将违规事件通过系统日志服务（System Log Daemon）记录于/var/log/messages 中。

（2）停用状态

当停用（disabled）SELinux 时，Linux 内核将不会加载 SELinux 子系统，这会导致 RHEL 无法利用 SELinux 进行读取控制动作。

值得注意的是，切换启用与停用的状态，必须要重新开机；然而启用之后，修改成为强制模式或允许模式时，不需重新开机即可切换执行的模式。

2. 查看 SELinux 状态

如果想要查看目前 SELinux 的状态及使用哪一个 SELinux 安全原则，用户可以使用 sestatus 命令。其格式如下：

```
sestatus [-v]
```

其中，-v 参数代表显示更详细的信息。以下是使用 sestatus 查看目前的 SELinux 子系统状态的示范。

```
[root@server25 ~]# sestatus
SELinux status:                 enabled
SELinuxfs mount:                /sys/fs/selinux
SELinux root directory:         /etc/selinux
Loaded policy name:             targeted
Current mode:                   enforcing
Mode from config file:          enforcing
Policy MLS status:              enabled
Policy deny_unknown status:     allowed
Max kernel policy version:      28
```

SELinux status：SELinux 启动的状态。

SELinuxfs mount：SELinuxfs 文件系统挂载点。

Current mode：目前 SELinux 的执行模式。

Mode from config file：配置文件中定义的 SELinux 启用模式。

Max kernel policy version：使用中的 SELinux 安全原则版本。

如果执行 sestatus 时显示如下的结果，那么表示 RHEL 已经停用 SELinux 了。

```
[root@server25 ~]# sestatus
SELinux status:                 disabled
```

3. 改变 SELinux 状态

RHEL 允许在需要使用 SELinux 时启用 SELinux；不需要 SELinux 的功能时停用 SELinux。除了在安装 RHEL 时设置是否启用 SELinux 外，还可以通过 SELinux 配置文件的方式启用或停用 SELinux。

让 RHEL 能自动启用或停用 SELinux 的方法，就是修改 SELinux 的配置文件。在 RHEL 8 系统中，SELinux 配置文件为/etc/sysconfig/selinux。

以下是/etc/sysconfig/selinux 的内容。

```
[root@server25 ~]# cat /etc/sysconfig/selinux

# This file controls the state of SELinux on the system.
# SELINUX= can take one of these three values:
#     enforcing - SELinux security policy is enforced.
#     permissive - SELinux prints warnings instead of enforcing.
#     disabled - No SELinux policy is loaded.
SELINUX=disabled
# SELINUXTYPE= can take one of these two values:
#     targeted - Targeted processes are protected,
#     minimum - Modification of targeted policy. Only selected p
rocesses are protected.
#     mls - Multi Level Security protection.
SELINUXTYPE=targeted
```

在 SELinux 配置文件中，提供了下列两个参数。

（1）SELINUX=STATUS：指定是否要启用 SELinux 子系统。STATUS 为 SELinux 的状态，其说明如下。

enforcing：启用强制性的 SELinux 系统。当违反 SELinux 的原则时，将强制禁止读取。

permissive：启用宽容性的 SELinux 系统。当违反 SELinux 的原则时，仍允许读取，但会显示警告信息。

disabled：停止使用 SELinux 子系统。

（2）SELINUXTYPE=POLICY：指定要使用的 SELinux 安全原则，其中 POLICY 为 SELinux 安全原则名称。

在修改了/etc/sysconfig/selinux 文件后，必须重新启动 RHEL，才能调用最新的修改。这是因为 RHEL 只有在启动时才会依照这个配置文件来决定是否要加载（启用）SELinux 子系统。所以当重新设置/etc/sysconfig/selinux 后，别忘记重新启动 RHEL。

4. 修改 SELinux 模式

在启用 SELinux 后，用户可以手动修改 SELinux 的执行模式。手动切换 SELinux 执行模式不需要重新开机，一旦成功地修改执行模式，则 SELinux 会立即改变执行的方法。

如果要查看目前 SELinux 的执行模式，除了 sestatus 命令，还可以利用 getenforce 命令，如下所示。

```
[root@server25 ~]# getenforce
Permissive
```

以上输出结果显示 RHEL 目前以允许模式执行 SELinux 子系统。

如果要修改 SELinux 的执行模式，使用 setenforce 命令。其格式如下：

```
setenforce [VALUE]
```

其中，VALUE 可以使用以下两种模式（如果当前 SELinux 是停用的话，将无法使用 setenforce 命令修改执行模式）。

Enforcing 或 1：修改为强制模式。

Permissive 或 0：修改为允许模式。

```
[root@server25 ~]# setenforce 1
[root@server25 ~]# getenforce
Enforcing
[root@server25 ~]# setenforce 0
[root@server25 ~]# getenforce
Permissive
```

13.2.3　安全上下文

RHEL 中的每一个对象都会存储其安全上下文（Security Context），并将其作为 SELinux 判断进程能否读取对象的依据。

1. 安全上下文格式

SELinux 定义安全上下文的格式如下：

```
USER:ROLE:TYPE[:LEVEL][:CATEGORY]
```

以下为上述每一个字段的详细介绍。

（1）USER 字段：这个字段用来记录用户的身份，也就是用户登录系统后所属的 SELinux 身份。不过，在 targeted 安全原则中尚未支持 USER 字段，因此，在 targeted 安全原则下，这个字段没有太大意义。

（2）ROLE 字段：在使用 RBA 架构的 strict 与 mls 原则的 SELinux 环境中，用来存储进程、领域或对象所扮演的角色（Role）信息。SELinux 可以用 ROLE 代表一些 TYPE 的组合。

（3）TYPE 字段：这个字段是 SELinux 安全上下文中最常用、也最重要的字段。TYPE 字段用来定义该对象的类别（Type），通常以-t 为后缀。

（4）LEVEL 与 CATEGORY 字段：LEVEL 与 CATEGORY 字段用来定义其隶属的层级（Level）或分类（Category）。这两个字段在 targeted 与 strict 安全原则下将自动隐藏，不会显示出来。换言之，只有在 mls 安全原则下，才会看得到这两个字段。其中，LEVEL 代表隶属的安全等级（Security Level），目前已经定义的安全等级为 s0～s15，共 16 个，其中 s0 安全等级最低，而最高则为 s15；CATEGORY 则代表隶属的分类（Category），目前已经定义的分类为 c0～c1023，共 1024 个。这两个字段可以使用下列的方式定义等级与分类。

①单个：s0 或 s15:c1023。

②范围：s0-s3 或 s0-s3:c0-cl28。

除此以外，在 SELinux 中也会将上述的数值代号转换成为人类可以识别的文字。用户可以使用下列方法查阅。

```
[root@localhost ~]# semanage translation -l

Level              Translation

s0
s0-s0:c0.c1023     SystemLow-SystemHigh
s0:c0.c1023        SystemHigh
```

以上显示结果说明如下几点。

①s0 将显示为空字符串。

②s0-s0:c0.c1023 将显示为 SystemLow-SystemHigh。

③s0:c0.c1023 将显示为 SystemHigh。

2. 查看对象的安全上下文

在 RHEL 中，如果想要查看某一个对象设置的安全上下文，可以使用下列命令。

（1）使用 id -Z 查看账号的安全上下文。

（2）使用 ls -Z 查看文件的安全上下文。

（3）使用 ps -Z 查看进程的安全上下文。

以下是使用上述 3 个命令查看对象安全上下文的示范。

```
[root@server25 ~]# id -Z
unconfined_u:unconfined_r:unconfined_t:s0-s0:c0.c1023
[root@server25 ~]# ls -Z /etc/passwd
-rw-r--r--. root root system_u:object_r:passwd_file_t:s
0 /etc/passwd
[root@server25 ~]# ps -Z
LABEL                           PID TTY          TIME
 CMD
unconfined_u:unconfined_r:unconfined_t:s0-s0:c0.c1023 3
801 pts/0 00:00:00 bash
unconfined_u:unconfined_r:unconfined_t:s0-s0:c0.c1023 7
136 pts/0 00:00:00 ps
```

3．修改对象的安全上下文

（1）要直接修改对象的安全上下文，可以使用 chcon 命令。

```
chcon [OPTION] CONTEXT FILES
chcon [OPTION] --reference = REF_FILES FILES
```

其中，CONTEXT 为要设置的安全上下文，而 FILES 则是要配置的文件名称。如果不想自己指定完整的 CONTEXT 来设置对象的安全上下文，也可以使用 REF_FILES 表示参照（Reference）的对象文件作为 FILES 的安全上下文。最后，OPTION 则是 chcon 的参数，常用的参数如下。

-u USER：修改安全上下文的用户配置。

-r ROLE：修改安全上下文的角色配置。

-t TYPE：修改安全上下文的类型配置。

-R：递归地修改对象的安全上下文。

-f：强制修改（即使有错误，也不提示）。

-v：显示详细信息。

下面是将一个指定文件的安全上下文修改为 httpd_t 类型的示范。

```
[root@server25 ~]# touch test.html
[root@server25 ~]# ls -Z test.html
-rw-r--r--. root root unconfined_u:object_r:admin_home_t:s0 test.html
[root@server25 ~]# chcon -t httpd_t test.html
[root@server25 ~]# ls -Z test.html
-rw-r--r--. root root unconfined_u:object_r:httpd_t:s0 test.html
```

（2）要把原有对象的安全上下文进行修复或者还原，可以使用 restorecon 命令。

```
restorecon [OPTIONS…] [FILES…]
```

其中，FILES 为要修复文件的路径名称，而 OPTIONS 则是参数，常用参数如下。

-i：忽略不存在的文件。

-v：显示已还原文件的安全上下文。

下面是将刚才修改的文件的安全上下文还原为原有类型的示范。

```
[root@server25 ~]# touch test.html
[root@server25 ~]# ls -Z test.html
-rw-r--r--. root root unconfined_u:object_r:admin_home_t:s0 test.html
[root@server25 ~]# chcon -t httpd_t test.html
[root@server25 ~]# ls -Z test.html
-rw-r--r--. root root unconfined_u:object_r:httpd_t:s0 test.html
[root@server25 ~]# restorecon test.html
[root@server25 ~]# ls -Z test.html
-rw-r--r--. root root unconfined_u:object_r:admin_home_t:s0 test.html
```

4．安全上下文与程序控制

当某一个进程（在 SELinux 中称为主体）试图去读取某一个磁盘的文件（在 SELinux 中称为对象）时，Linux 内核会先以进程的 UID 与 GID 配合被读取文件的权限模式（Permission Mode），判断该进程是否可以拥有所需的权限。如果没有读取的权限，则 Linux 内核会直接返回拒绝不符合权限操作（Permission Denied）的提示错误信息，并结束进程读取的动作。

如果进程允许读取该文件且已经启用 SELinux 子系统，则 Linux 内核会利用下列的步骤来判断这个进程是否可以读取指定的文件。

（1）SELinux 会先找出进程与被读取的文件的安全上下文。

（2）用这两个安全上下文查询加载的安全原则中是否已定义相关的规则。为了加快这个步骤的查询速度，SELinux 并不直接搜寻存储安全原则的安全服务器（Security Server），而是先向读取向量缓存（Access Vector Cache，AVC）查询是否已缓存该项规则。如果读取向量缓存保存了该项规则，则直接返回该规则；如果读取向量缓存回报查无此数据，SELinux 才会向安全服务器查询，并将查询后的结果存入读取向量缓存中。

（3）若不符合任何规则，SELinux 直接返回禁止的结论给 Linux 内核；否则，SELinux 需返回规则中定义的结果，也就是允许（Allow）或者禁止（Deny）。

（4）Linux 内核获得查询结果后，如果是禁止读取，则立即将错误信息传给系统日志服务（System Log Daemon），系统日志服务再被存入记录文件中；如果 SELinux 模式为强制模式（Enforcement Mode），则强制禁止读取该文件。

以下是 Apache 服务器访问时的安全上下文示范。

```
[root@server25 ~]# echo "hello" > test.html
[root@server25 ~]# ls -Z test.html
-rw-r--r--. root root unconfined_u:object_r:admin_home_t:s0 test.html
[root@server25 ~]# mv test.html /var/www/html/
[root@server25 ~]# ls -Z /var/www/html/test.html
-rw-r--r--. root root unconfined_u:object_r:admin_home_t:s0 /var/www/html/test.html
[root@server25 ~]# setenforce 1
[root@server25 ~]# links --dump http://localhost/test.html
                         Forbidden

    You don't have permission to access /test.html on this server.
```

由以上可知，在用户主目录下创建 test.html 文件，将文件移动到 Apache 主目录下，查看文件的安全上下文，开启 SELinux 的 Enforcing 模式访问文件，出现访问被拒绝的提示。

```
[root@server25 ~]# restorecon /var/www/html/test.html
[root@server25 ~]# ls -Z /var/www/html/test.html
-rw-r--r--. root root unconfined_u:object_r:httpd_sys_content_t:s0 /var/www/html
/test.html
[root@server25 ~]# links --dump http://localhost/test.html
    hello
```

由以上可知，修改 test.html 文件的安全上下文，设置为与 Apache 的主目录安全上下文相同，再次访问，文件能够被正常查看。

13.2.4　SELinux 布尔值

SELinux 提供了一些变量，可以让我们快速启用或停用 SELinux 的某些能力。就像电灯的开关一样，我们打开开关，房间的电灯就会亮；关闭开关，电灯就会熄灭。这些用来启用或停用 SELinux 功能的变量，称为 "SELinux 布尔值"（SELinux Boolean）。

1. 查看 SELinux 布尔值

使用 getsebool 命令查看 SELinux 的布尔值。其格式如下：

```
getsebool{-a|SEBOOLEAN}
```

其中，-a 用来查看所有的 SELinux 布尔值。如果只想查看某一个布尔值，用户可以在 getsebool

后直接加上该布尔值的名称。以下是使用 getsebool 查看 SELinux 布尔值的示范。

```
[root@server25 ~]# getsebool -a |grep ftp
ftp_home_dir --> off
ftpd_anon_write --> off
ftpd_connect_all_unreserved --> off
ftpd_connect_db --> off
ftpd_full_access --> off
ftpd_use_cifs --> off
ftpd_use_fusefs --> off
ftpd_use_nfs --> off
ftpd_use_passive_mode --> off
httpd_can_connect_ftp --> off
httpd_enable_ftp_server --> off
sftpd_anon_write --> off
sftpd_enable_homedirs --> off
sftpd_full_access --> off
sftpd_write_ssh_home --> off
tftp_anon_write --> off
tftp_home_dir --> off
```

2. 修改 SELinux 布尔值

使用 setsebool 命令修改 SELinux 布尔值。其格式如下：

```
setsebool [-P] SEBOOLEAN VALUE
```

其中，-P 表示永久修改，如果没有加上-P 参数，则 setsebool 只会暂时地修改 SELinux 布尔值，等到下次重新开机后，就会恢复默认值；当加上-P 参数时，setsebool 便会把修改后的 SELinux 布尔值存储到 SELinux 安全原则的相关设置文件中，下次重新开机 SELinux 加载其安全原则时，便会加载定义于配置文件中的 SELinux 布尔值。SEBOOLEAN 为 SELinux 布尔值的名称，VALUE 则是该 SELinux 布尔值的值。VALUE 部分可使用以下两项。

（1）1 或 on：代表启动该布尔值。

（2）0 或 off：代表停用该布尔值。

以下是使用 setsebool 修改 SELinux 布尔值的示范。

```
[root@server25 ~]# getsebool -a | grep ftp_home
ftp_home_dir --> off
tftp_home_dir --> off
[root@server25 ~]# setsebool -P ftp_home_dir on
[root@server25 ~]# getsebool -a | grep ftp_home_dir
ftp_home_dir --> on
tftp_home_dir --> off
```

将 ftp_home_dir 的值改为 on，表示 FTP 服务器允许本地用户访问自己的主目录。

3. SELinux 布尔值访问实例

默认 FTP 服务器中，如果开启 SELinux 强制模式，SELinux 布尔值参数中将会禁止用户在自己的主目录创建文件（即没有写入权限），创建会出现禁止的提示错误信息，如下所示。

```
[root@server25 ~]# ftp localhost
Trying ::1...
Connected to localhost (::1).
220 (vsFTPd 3.0.2)
Name (localhost:root): user
331 Please specify the password.
Password:

230 Login successful.
Remote system type is UNIX.
Using binary mode to transfer files.
ftp> mkdir abc
550 Create directory operation failed.
ftp> exit
221 Goodbye.
```

这时，用户修改 SELinux 布尔值中的 ftp_home_dir 参数，将其设置为 on 开启()，再次访问，就可以正常在用户主目录进行创建文件的操作了。

```
[root@server25 ~]# setsebool -P ftp_home_dir on
[root@server25 ~]# ftp localhost
Trying ::1...
Connected to localhost (::1).
220 (vsFTPd 3.0.2)
Name (localhost:root): user
331 Please specify the password.
Password:
230 Login successful.
Remote system type is UNIX.
Using binary mode to transfer files.
ftp> mkdir abc
257 "/home/user/abc" created
ftp> exit
221 Goodbye.
```

13.2.5　SELinux 服务端口

在 SELinux 系统中，用户可以通过对服务端口号的监控来保证服务启动时服务端口是符合要求的，例如，HTTP 服务的默认端口号是 80，如果在启动 HTTP 服务时使用非标准端口，如 808，那么 SELinux 就可以控制服务器的启动；不在规定端口号内的服务不能启动，这种功能称为 SELinux 服务端口控制。

1. 查看 SELinux 服务端口

使用 semanage 命令可以查看 SELinux 的服务端口号。其格式如下：

```
semanage port -l
```

其中，-l 用来查看所有的 SELinux 服务的端口号。如果只想查看某一个服务的端口，用户可以在命令后通过管道命令进行字符串查找。以下是使用 semanage 命令查看 SELinux 服务端口号的示范。

```
[root@server25 ~]# semanage port -l |grep http
http_cache_port_t              tcp      8080, 8118, 8123, 10001-10010
http_cache_port_t              udp      3130
http_port_t                    tcp      80, 81, 443, 488, 8008, 8009,
 8443, 9000
pegasus_http_port_t            tcp      5988
pegasus_https_port_t           tcp      5989
```

2. 修改 SELinux 服务端口

使用 semanage 命令可以修改 SELinux 的服务端口。其格式如下：

```
semanage port -a -t http_port_t -p tcp ×××
```

其中，-a 表示添加端口，-t 后面添加需要修改的网络服务端口，-p 后面添加协议和端口号。此外，-d 可以删除端口。

以下是使用 semanage 命令修改 SELinux 服务端口的示范。

```
[root@server25 ~]# semanage port -a -t http_port_t -p tcp 808
[root@server25 ~]# semanage port -l |grep http
http_cache_port_t              tcp      8080, 8118, 8123, 10001-10010
http_cache_port_t              udp      3130
http_port_t                    tcp      808, 80, 81, 443, 488, 8008,
8009, 8443, 9000
pegasus_http_port_t            tcp      5988
pegasus_https_port_t           tcp      5989
```

将 http_port_t 的值添加为 808 端口，表示 HTTP 服务器允许使用 808 端口进行访问。执行以上命令时，内存占用比较多，且需要等待一段时间；如果内存太小，命令可能不会被成功执行。

救援模式

13.3　救援模式

13.3.1　救援模式介绍

救援模式是 RHEL 的安装程序 Anaconda 提供的一项功能，可以利用安装用启动介质上的启动加载器进行开机，并执行启动介质上的 Linux 内核来启动计算机，取代硬盘中错误或故障的启动加载器或 Linux 内核，避开 Systemd 服务执行前所有发生的错误。如此一来，通过救援模式，可解决 Systemd 服务前所有的错误。

不过，要顺利进入救援环境，必须符合下列的条件。

（1）安装用启动介质。必须准备一个安装用的启动介质，如用户可以使用系统安装光盘，也可以使用网络 PXE 环境。

（2）根文件系统必须正常。RHEL 的根文件系统必须能正常使用，如果根文件系统无法使用，就无法使用救援模式。

注意

在进入救援模式时，Anaconda 会试着去寻找硬盘中的 RHEL 系统，如果 Anaconda 可以寻找到硬盘中的 RHEL 系统，则会自动将硬盘的系统挂载到救援模式的 /mnt/sysimage/ 目录下。

13.3.2　启动救援模式

要启动救援模式，需准备好安装用的启动介质，并使用安装用启动介质启动计算机。此时，跟安装、升级 RHEL 一样，会看到图 13-10 所示的界面（13.3 节均以 RHEL8.2 为例进行介绍）。

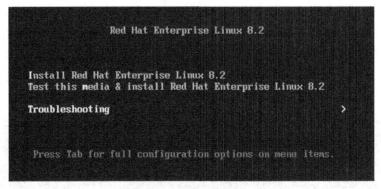

图 13-10　引导界面

选择 "Troubleshooting" 选项并按 Enter 键，模式选择界面如图 13-11 所示。

Troubleshooting
Install Red Hat Enterprise Linux 8.2 in basic graphics mod
Rescue a Red Hat Enterprise Linux system
Run a memory test
Boot from local drive
Return to main menu
Press Tab for full configuration options on menu items.
If the system will not boot, this lets you access files
and edit config files to try to get it booting again.

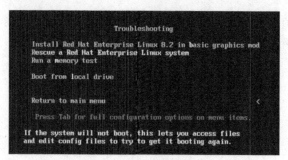

图 13-11　救援模式

选择“Rescue a Red Hat Enterprise Linux system”，进入文件系统搜寻及挂载参数选择界面，如图 13-12 所示。

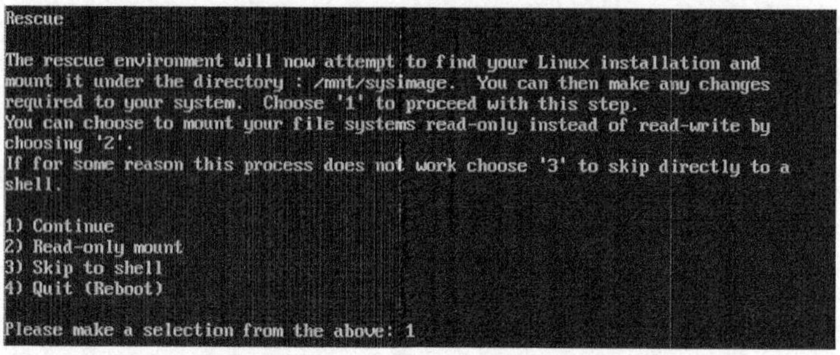

Rescue
The rescue environment will now attempt to find your Linux installation and
mount it under the directory : /mnt/sysimage. You can then make any changes
required to your system. Choose '1' to proceed with this step.
You can choose to mount your file systems read-only instead of read-write by
choosing '2'.
If for some reason this process does not work choose '3' to skip directly to a
shell.
1) Continue
2) Read-only mount
3) Skip to shell
4) Quit (Reboot)
Please make a selection from the above: 1

图 13-12　搜索文件系统

在这个步骤里，救援环境提供下列 4 个选项。

（1）Continue：告知 Anaconda 需寻找硬盘中的 RHEL，如果寻获则以可读可写方式挂载到硬盘的 RHEL 系统。

（2）Read-only mount：告知 Anaconda 需寻找硬盘中的 RHEL，但以只读方式挂载到/mnt/sysimage/目录下。

（3）Skip to shell：不要寻找，手动挂载。

（4）Quit（Reboot）：退出，并重启。

一般来说，如果需要修改硬盘中 RHEL 的任何一个配置文件，选择“Continue”，即输入 1；如果不需修改任何配置文件，但需读取硬盘的 RHEL 环境，选择“Read-only mount”，即输入 2；如果硬盘的 RHEL 系统损坏，或者打算手动挂载，只能选择“Skip to shell”，即输入 3，跳过寻找并挂载硬盘环境的步骤。如果不做任何修改，选择“Quit（Reboot）”，退出并重启。

选择完后，救援环境会依照指定的方式处理硬盘的根目录环境。如果成功地完成这个步骤，则 Anaconda 接着会显示图 13-13 所示的界面。

Rescue Shell
Your system has been mounted under /mnt/sysimage.
If you would like to make the root of your system the root of the active system,
run the command:
chroot /mnt/sysimage
When finished, please exit from the shell and your system will reboot.
Please press ENTER to get a shell:

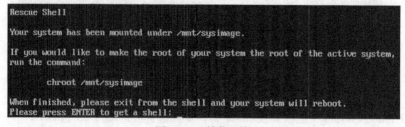

图 13-13　挂载环境

当出现这个界面时，Anaconda 已经成功地将硬盘中的 RHEL 挂载到/mnt/sysimage/目录中了。另外，只要结束目前的 Shell，就会结束救援环境，而计算机也将会重新开机。

如图 13-14 所示，表示已经在 RHEL 提供的救援环境下了。

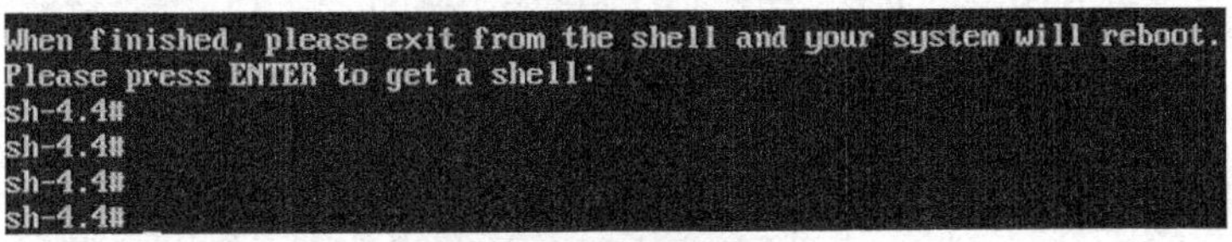

图 13-14　进入救援模式

13.3.3　切换硬盘环境

当进入救援环境时，Anaconda 会寻找硬盘中的 RHEL，并将其挂载到/mnt/sysimage/目录中，因此，可以在救援环境的/mnt/sysimage/目录中读取硬盘的 RHEL 环境。

不过，某些管理工具只能在硬盘的环境中执行，此时如果要顺利执行这些管理工具，需要先切换到硬盘的 RHEL 环境中。

要切换到硬盘的环境，用户可以利用 chroot 命令来修改救援环境的根目录。

```
chroot DIRECTORY [COMMANDS]
```

其中，DIRECTORY 为新根目录的路径名称，而 COMMANDS 则是修改根目录后要执行的命令。如果省略 COMMANDS，则默认值为 bash。

图 13-15 是切换至硬盘的 RHEL 环境的示范。

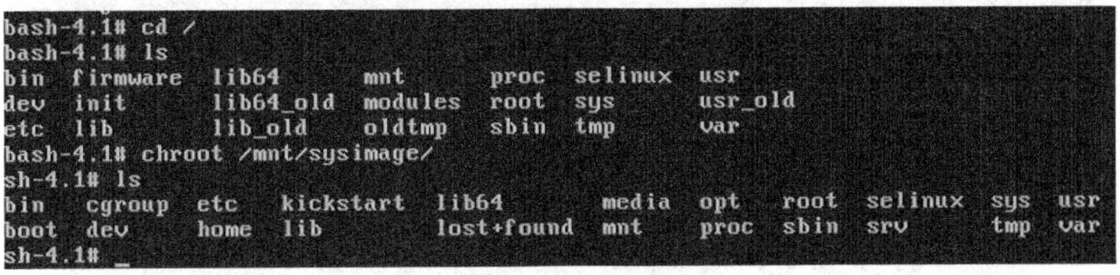

图 13-15　切换硬盘环境

由图 13-15 中的输出结果可以看到整个磁盘的目录结构，然后用户就可以在根目录下执行系统的其他操作了，如安装系统、修改配置文件等，而不需要再次重新安装系统了。

13.3.4　修复常见启动问题

系统启动过程中，可能因为之前用户做了某些错误的设定，而导致系统无法正常启动。常见的错误设定一般来说就是系统磁盘挂载配置错误及忘记用户密码，而大部分非引导问题或内核问题都能够通过进入中断模式重新挂载根分区来进行挽救。

中断模式即从 initramfs 运行的脚本在某些点暂停，提供 root Shell，然后在该 Shell 存在的情况下继续调试系统，也可用于恢复 root 密码等操作。

1.　进入中断模式

下面是修改内核参数，进入中断模式的示范，如图 13-16 所示。

在内核选择界面选择内核，如图 13-17 所示。

按 e 键，进入内核参数修改模式，如图 13-18 所示。

选择"linux"行末尾输入"rd.break"（在 initramfs 向实际系统移交控制权前，该操作会中断，故称为中断模式），按 Ctrl+x 组合键，进入中断模式，如图 13-19 所示。

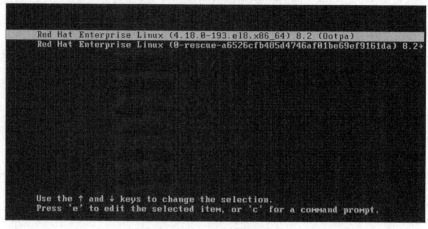

图 13-16　进入中断模式

```
Red Hat Enterprise Linux (4.18.0-193.el8.x86_64) 8.2 (Ootpa)
Red Hat Enterprise Linux (0-rescue-a6526cfb485d4746af01be69ef9161da) 8.2→
```

图 13-17　选择内核

```
linux ($root)/vmlinuz-4.18.0-193.el8.x86_64 root=/dev/mapper/rhel-root ro cras\
hkernel=auto resume=/dev/mapper/rhel-swap rd.lvm.lv=rhel/root rd.lvm.lv=rhel/s\
wap rhgb quiet   rd.break
```

图 13-18　内核参数修改模式

```
[   1.033007] Failed to access perfctr msr (MSR c1 is 0)

Generating "/run/initramfs/rdsosreport.txt"

Entering emergency mode. Exit the shell to continue.
Type "journalctl" to view system logs.
You might want to save "/run/initramfs/rdsosreport.txt" to a USB stick or /boot
after mounting them and attach it to a bug report.

switch_root:/# _
```

图 13-19　进入中断模式

中断模式默认以只读的方式挂载系统根目录，需要手动重新以读写的方式挂载系统根目录，才能对当前系统信息进行修改操作，如图 13-20 所示。

```
switch_root:/# mount -o rw,remount /sysroot/
```

图 13-20　手动修改系统信息

重新挂载，使用 chroot 命令进入根目录后，即可进行修复操作，如图 13-21 所示。

```
switch_root:/# chroot /sysroot/
sh-4.2#
```

图 13-21　使用 chroot 修复

2. 使用中断模式修改 root 密码

如果系统默认开启 SELinux 安全设置，这时不能直接修改 root 用户密码，需要使用 setenforce 0 命令关闭 SELinux，再使用 passwd 命令修改 root 用户密码，如图 13-22 所示。

修改完成后，需要在根目录下创建一个安全标签文件，用于 SELinux 对系统文件进行重标记，最后退出并重启即可（重标记过程可能很慢，视硬件性能及文件数量而定），如图 13-23 所示。

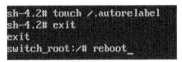

```
sh-4.2# setenforce 0
setenforce: SELinux is disabled
sh-4.2# passwd
Changing password for user root.
New password:
BAD PASSWORD: The password is shorter than 9 characters
Retype new password:
passwd: all authentication tokens updated successfully.
```

图 13-22　修改 root 用户密码

```
sh-4.2# touch /.autorelabel
sh-4.2# exit
exit
switch_root:/# reboot_
```

图 13-23　进行重标记并退出、重启

3. 系统错误：/etc/fstab 文件出现故障

如果由于/etc/fstab 文件出现故障而导致系统不能正常启动，此时会出现图 13-24 所示的文件错误提示。

```
#
# /etc/fstab
# Created by anaconda on Fri Jun  5 22:16:09 2015
#
# Accessible filesystems, by reference, are maintained under '/dev/disk'
# See man pages fstab(5), findfs(8), mount(8) and/or blkid(8) for more info
#
/dev/mapper/rhel-root   /                       xfs     defaults        1 1
UUID=43003380-f72d-4c7d-a209-5eb5a625ff5b /boot                   xfs     defaults        1 2
/dev/mapper/rhel-swap   swap                    swap    defaults        0 0
/dev/mapper/vol-home    /vol                   ext4    defaults        0 0
/dev/sda5        swap     swap     default 0 0_
```

图 13-24　文件错误提示

系统启动后，错误提示如图 13-25 所示。

```
Checking filesystems
/dev/mapper/GLSvg-GLSroot: clean, 94843/262144 files, 647454/1048576 blocks
fsck.ext4: Unable to resolve 'iUUID=5ea383e2-237b-4c3e-b23c-594d935bbf42'
/dev/mapper/GLSvg-GLShome: clean, 463/65536 files, 13087/262144 blocks
/dev/mapper/GLSvg-GLStmp: clean, 39/131072 files, 25408/524288 blocks
GLS-reload: clean, 2866/655360 files, 1565202/2621440 blocks
/dev/mapper/GLSvg-GLSvar: clean, 10359/131072 files, 65826/524288 blocks
/dev/mapper/GLSvg-GLSpub: clean, 482/720896 files, 170243/2883584 blocks
                                                            [FAILED]

*** An error occurred during the file system check.
*** Dropping you to a shell; the system will reboot
*** when you leave the shell.
Give root password for maintenance
(or type Control-D to continue): _
```

图 13-25　错误提示

除了通过中断模式修复外，还可以在该界面直接输入 root 用户密码，进入修复模式，如图 13-26 所示。

```
[    4.899195] sd 0:0:0:0: [sda] Assuming drive cache: write through
You are in emergency mode. After logging in, type "journalctl -xb" to view
system logs, "systemctl reboot" to reboot, "systemctl default" or "exit"
to boot into default mode.
Give root password for maintenance
(or press Control-D to continue):
[root@server ~]#
```

图 13-26　输入 root 用户密码进入修改模式

这时，用户可以开始修改/etc/fstab 文件，但现在的根文件系统是以只读方式挂载的，不能够对文件内容进行修改和保存。用户要先使用 mount -o remount,rw /命令重新挂载根文件系统，才能够修改文件内容。

13.4 Podman 容器管理

13.4.1 Podman 容器介绍

Podman 容器
管理

1. Podman 简介

Podman 是一个开源项目，可在大多数 Linux 平台上使用并开源在 GitHub 上。Podman 是一个无守护进程的容器引擎，用于在 Linux 系统上开发、管理和运行 Open Container Initiative（OCI）容器和容器镜像。Podman 提供了一个与 Docker 兼容的命令行前端，它可以简单地作为 Docker 命令行工具，即可以直接添加别名 alias docker = podman 来使用 Podman。

Podman 控制下的容器可以由 root 用户运行，也可以由非 root 用户运行。Podman 管理整个容器的生态系统，如 pod、容器、容器镜像和使用 libpod library 的容器卷。Podman 专注于帮助用户维护和修改 OCI 容器镜像的所有命令和功能，例如拉取和标记，并且它允许用户在生产环境中创建、运行和维护从这些镜像创建的容器。图 13-27 是 Podman 的标志。

图 13-27　Podman 标志

2. Podman 和 Docker 的不同之处

（1）Docker 需要在我们的系统上运行一个守护进程（docker daemon），而 Podman 不需要。

（2）启动容器的方式不同。

docker cli 命令通过 API 跟 Docker Engine（引擎）交互，告诉它想创建一个 container，然后 Docker Engine 才会调用 OCI container runtime（runc）来启动一个 container。这代表 container 的 process（进程）不是 Docker CLI 的子进程，而是 Docker Engine 的子进程。

Podman 是直接与 OCI container runtime（runc）进行交互来创建 container 的，所以 container process 直接是 Podman 的子进程。

（3）因为 Docker 有 docker daemon，所以 Docker 启动的容器支持--restart 策略，但是 Podman 不支持；在 k8s 中就不存在这个问题，其可以设置 pod 的重启策略，在系统中可以采用编写 Systemd 服务来完成自启动。

13.4.2　Podman 安装与使用

1. 默认使用 RHEL 8 的安装源进行部署

```
[root@server25 system]# yum install podman -y
Updating Subscription Management repositories.
Unable to read consumer identity
This system is not registered to Red Hat Subscription Management. You

 can use subscription-manager to register.
上次元数据过期检查: 0:26:38 前，执行于 2021年03月24日 星期三 17时57分
13秒。
软件包 podman-1.6.4-10.module+el8.2.0+6063+e761893a.x86_64 已安装。
依赖关系解决。
无需任何处理。
完毕！
[root@server25 system]# podman version
Version:           1.6.4
RemoteAPI Version: 1
Go Version:        go1.13.4
OS/Arch:           linux/amd64
```

2. 配置镜像加速器

因为使用 Podman 容器需要订阅、注册 RHEL 8 系统，所以这里使用阿里云镜像加速器。

```
[root@server25 yum.repos.d]# cp /etc/containers/registries.conf{,.bak}
[root@server25 yum.repos.d]# cat > /etc/containers/registries.conf << EOF
> unqualified-search-registries = ["docker.io"]
> [[registry]]
> prefix = "docker.io"
> location = "uyah70su.mirror.aliyuncs.com"
> EOF
[root@server25 yum.repos.d]# cat /etc/containers/registries.conf
unqualified-search-registries = ["docker.io"]
[[registry]]
prefix = "docker.io"
location = "uyah70su.mirror.aliyuncs.com"
[root@server25 yum.repos.d]#
```

3. Podman 容器镜像使用

（1）下载镜像

```
[root@server25 yum.repos.d]# podman  pull centos
Trying to pull docker.io/library/centos...
Getting image source signatures
Copying blob 7a0437f04f83 [--------------------------------------] 0.0b / 0.0b
Copying config 300e315adb done
Writing manifest to image destination
Storing signatures
300e315adb2f96afe5f0b2780b87f28ae95231fe3bdd1e16b9ba606307728f55
[root@server25 yum.repos.d]#
```

（2）运行容器

```
[root@server25 yum.repos.d]# podman images
REPOSITORY               TAG      IMAGE ID       CREATED        SIZE
docker.io/library/centos latest   300e315adb2f   8 weeks ago    217 MB
[root@server25 yum.repos.d]# podman run -itd --name centos 300e
830e2bd8bf116ba9391138c30cd1dfd6761495e23350b1345d8150fa4c2b1648
[root@server25 yum.repos.d]#
[root@server25 yum.repos.d]# podman  ps -a
CONTAINER ID  IMAGE                             COMMAND     CREATED        STATUS          PORTS     NAMES
830e2bd8bf11  docker.io/library/centos:latest   /bin/bash   8 seconds ago  Up 7 seconds ago          centos
[root@server25 yum.repos.d]#
[root@server25 yum.repos.d]#
```

4. Podman 容器应用

使用 Podman 搭建 httpd 服务器，如图 13-28 所示。

Podman 命令常用参数说明如下。

-t：控制台。

-d：后台运行。

-p：本机端口:容器端口。

--name：Docker 容器名称。

```
[root@server25 ~]# podman images
REPOSITORY                TAG      IMAGE ID      CREATED       SIZE
docker.io/library/httpd   latest   683a7aad17d3  3 weeks ago   142 MB
docker.io/library/centos  latest   300e315adb2f  8 weeks ago   217 MB
[root@server25 ~]# podman run -d -it --name httpd -p 80 docker.io/library/httpd:latest
95bba249fbd9ef78dd7ff631a7693029d93eaaddd0cf628f12dc6e11e2a24c52
[root@server25 ~]# podman ps -a
CONTAINER ID  IMAGE                                 COMMAND           CREATED         STATUS
              PORTS                 NAMES
95bba249fbd9  docker.io/library/httpd:latest  httpd-foreground  23 seconds ago  Up 22
seconds ago  0.0.0.0:80->80/tcp  httpd
[root@server25 ~]# 
```

图 13-28　使用 Podman 搭建 httpd 服务器

第 14 章
常用网络服务器配置

本章主要介绍 Linux 中的以下几种常用网络服务，例如介绍如何在 RHEL 中搭建常用的网络服务，实现基本的网络服务器配置，并通过一个企业服务器搭建案例来进行实际服务器环境搭建模拟。

（1）Web 服务。

（2）FTP 服务。

（3）DNS 服务。

（4）DHCP 服务。

（5）Mail 服务。

（6）iSCSI 服务。

（7）Chrony 时间服务。

（8）SSH 服务。

14.1 Web 服务配置

14.1.1 Apache 服务器

Apache 服务器是在 RHEL 系统上默认使用的 Web 服务器，用户可以从官网下载该服务器软件。

Apache 服务器来源于 NCSA httpd Web 服务器，经过多次修改，它成为世界上最流行的 Web 服务器软件之一。Apache 的名称取自 "a patchy server" 的读音，意思是充满补丁的服务器，因为它是自由软件，所以不断有人来为它开发新的功能、新的特性、修改原来的缺陷。Apache 的特点是简单、速度快、性能稳定，并可作为代理服务器使用。

Apache
服务器配置

Apache 服务器本身已经包含了完整的文档和帮助信息，当安装 Apache 服务器成功后，用户打开浏览器，在地址栏中输入 http://127.0.0.1/manual，就可以看到文档内容了。Apache 软件版本更新很快，用户访问 Apache 官方站点可以获得最新的文档、信息及新闻。以下是在 Apache 服务器配置过程中常用的命令。

1. 安装 Apache 服务器

使用 yum install httpd -y 命令可以安装 Apache 服务器，默认安装的版本是 2.4.37。如下所示，表示软件已经安装成功。

```
[root@server25 ~]# yum install httpd -y
Updating Subscription Management repositories.
Unable to read consumer identity
This system is not registered to Red Hat Subscription Management. You
 can use subscription-manager to register.
上次元数据过期检查: 7:09:26 前，执行于 2021年03月24日 星期三 17时57分
13秒。
软件包 httpd-2.4.37-21.module+el8.2.0+5008+cca404a3.x86_64 已安装。
依赖关系解决。
无需任何处理。
完毕!
```

2. 启动 Apache 服务器

使用 systemctl start httpd 命令可以启动服务，如下所示。

```
[root@server25 桌面]# systemctl start httpd
```

3. 停止 Apache 服务器

使用 systemctl stop httpd 命令可以停止服务，如下所示。

```
[root@server25 桌面]# systemctl stop httpd
[root@server25 桌面]# systemctl status httpd
```

14.1.2　配置 Apache 服务器

Apache 服务器的配置文件是/etc/httpd/conf/httpd.conf，配置目录是/etc/httpd/conf.d/。服务器配置信息全部存储在 httpd.conf 这个文件中，因为把所有的配置信息存储在一个文件中更容易进行维护。如果修改了 Apache 配置文件，那么需要重新启动 Apache 服务器才可以让这些变化生效。

如果想要修改 Apache 服务器的配置文件 httpd.conf，用户使用 Vim 或者其他文本编辑器对它进行修改，就可以配置 Apache 服务器的运行特征。

httpd.conf 文件中包括了许多指令，每一条指令设置了 Apache 服务器的一项配置信息。可以看到，这个文件中还包括了许多以"#"开头的内容，这些信息是帮助信息，其指出了每一个指令的作用及如何设置指令的值。

以下介绍 4 个重要的指令，这些都是配置 Apache 服务器时经常用到的。

1. DocumentRoot 指令

这个指令指出了 Apache 服务器的主目录，即把站点中的文件存储在文件系统中的什么位置，这个指令的值是文件系统中的一个目录。默认情况下为 DocumentRoot "/var/www/html"，即站点的主目录是/var/www/html，其实在浏览器中看到地址 http://127.0.0.1 中显示的默认主页就存储在这个目录中，文件名是 index.html。

2. Listen 指令

这个指令指出了 Apache 服务器进程执行时监听的 TCP 端口号。默认情况下为 Listen 80，即 Apache 服务器进程默认的端口号是 80。其实所有 Web 站点的默认值都是 80，访问服务器时可以省略它。如果修改了这个值，比如把它修改成了 8080，那么在浏览器中访问站点的时候，就应该在地址的后面指出端口号，即应该在地址栏中输入 http://127.0.0.1:8080。

3. ServerName 指令

这个指令指出了 Apache 服务器的名称。这里应该至少设置一个 DNS 域名，或者设置服务器的 IP 地址，也可以指定 TCP 端口号。

4. ServerRoot 指令

这个指令指定了一个目录，在这个目录中存储了 Apache 服务器的配置文件。安装服务器时默

认为 ServerRoot"/etc/httpd"。

更多的指令可以参考相关手册。

14.1.3　创建 Apache 服务器

创建 Apache 服务器的步骤如下。

（1）检查操作系统是否已经安装了 Apache 服务器。这里显示了 Apache 的模块版本信息，说明 Apache 软件已经安装。

```
[root@server25 ~]# yum install httpd -y
Updating Subscription Management repositories.
Unable to read consumer identity
This system is not registered to Red Hat Subscription Management. You
 can use subscription-manager to register.
上次元数据过期检查: 7:09:26 前，执行于 2021年03月24日 星期三 17时57分
13秒。
软件包 httpd-2.4.37-21.module+el8.2.0+5008+cca404a3.x86_64 已安装。
依赖关系解决。
无需任何处理。
完毕!
```

（2）检查配置文件 httpd.conf 中 DocumentRoot 指令的值。以下显示结果说明/var/www/html 是 Web 站点的主目录，网页可以存储在这个目录中。

```
[root@server25 桌面]# grep "^DocumentRoot" /etc/httpd/conf/httpd.conf
DocumentRoot "/var/www/html"
```

（3）检查主机的 IP 地址，从以下显示结果中可以看到主机 IP 地址是 172.25.0.110。

```
[root@server25 桌面]# ip addr
1: lo: <LOOPBACK,UP,LOWER_UP> mtu 65536 qdisc noqueue state UNKNOWN
    link/loopback 00:00:00:00:00:00 brd 00:00:00:00:00:00
    inet 127.0.0.1/8 scope host lo
       valid_lft forever preferred_lft forever
    inet6 ::1/128 scope host
       valid_lft forever preferred_lft forever
2: eno16777736: <BROADCAST,MULTICAST,UP,LOWER_UP> mtu 1500 qdisc pfi
fo_fast state UP qlen 1000
    link/ether 00:0c:29:43:6a:35 brd ff:ff:ff:ff:ff:ff
    inet 172.25.0.110/24 brd 172.25.0.255 scope global eno16777736
       valid_lft forever preferred_lft forever
    inet6 fe80::20c:29ff:fe43:6a35/64 scope link
       valid_lft forever preferred_lft forever
```

（4）启动 Apache 服务器。

```
[root@server25 ~]# systemctl start httpd
[root@server25 ~]# systemctl enable httpd
```

（5）打开浏览器，在地址栏中输入 http://127.0.0.1，或者 http://172.25.0.110、http:// localhost，按 Enter 键，可以看到图 14-1 所示 Apache 服务器的默认网页。

图 14-1　Apache 服务器的默认网页

（6）在目录/var/www/html/中，使用 Vim 文本编辑器创建一个 HTML 文件 index.html，输入以下内容，从而将该网页作为个人创建的第一个网页。

```
[root@server25 ~]# cat /var/www/html/index.html
<html>
    <head>
    <title>hello</title>
    </head>
    <body>
      <h1>hello,apache!</h1>
    </body>
</html>
```

（7）打开浏览器，在地址栏中输入 http://127.0.0.1 或 http://localhost/，可以看到图 14-2 所示的新创建的网页。

图 14-2　Apache 指定首页

（8）停止 Apache 服务器。

```
[root@server25 ~]# systemctl stop httpd.service
```

14.2　FTP 服务配置

14.2.1　FTP 服务器概述

FTP 服务配置

1. vsftpd 服务器介绍

FTP 是文件传输协议，适用于在网络上传输大量的文件。用户可以在 RHEL 服务器上建立一个 FTP 服务器，然后就可以通过网络从服务器下载文件和上传文件。

RHEL 中包含一个应用程序 vsftpd（Very Secure FTP Server）作为 FTP 服务器。使用 yum 命令检查 vsftpd 服务器是否已经安装。如果已经安装，应该显示出 vsftpd 的版本。

```
[root@server25 ~]# yum install vsftpd -y
Updating Subscription Management repositories.
Unable to read consumer identity
This system is not registered to Red Hat Subscription Management. You
 can use subscription-manager to register.
上次元数据过期检查: 7:12:47 前，执行于 2021年03月24日 星期三 17时57分
13秒。
软件包 vsftpd-3.0.3-31.el8.x86_64 已安装。
依赖关系解决。
无需任何处理。
完毕！
```

2. 启动服务命令

使用 systemctl start vsftpd 命令可以启动 vsftpd 服务器。

```
[root@server25 ~]# systemctl start vsftpd
```

14.2.2　配置 vsftpd

vsftpd 服务器的配置文件是/etc/vsftpd/vsftpd.conf。在这个文件中包含了许多指令，用来描述

vsftpd 服务器的特征和功能。下面介绍一些重要的指令。

1. anonymous_enable 指令

anonymous_enable 指令用于设置是否允许匿名访问服务器，默认设置是 anonymous_enable = YES。设置 "YES" 表示允许匿名访问，设置 "NO" 表示不允许匿名访问。

用户可以通过两种方法访问 vsftpd 服务器。一种情况是匿名访问，它是指访问服务器的用户可以不具有操作系统的合法账户。这种情况下，用户名默认是 "anonymous" 或者 "ftp"，密码一般是访问者的电子邮箱地址，或者也可以使用空密码。另一种情况是访问者拥有操作系统的合法账户，用户登录到服务器时，需要提供用户名和密码，访问仅限于用户自己的主目录。

2. local_enable 指令

local_enable 指令用于设置是否允许本地账户访问 FTP。默认的设置是 local_enable = YES，即允许本地账户访问服务器。需要说明的是，允许本地账户访问服务器存在安全方面的问题。本地账户访问服务器时，用户名和密码通过网络传输是不安全的。

3. anon_upload_enable 指令

anon_upload_enable 指令用于设置是否允许匿名用户通过 vsftpd 服务器上传文件。默认值是不允许，如果需要允许匿名用户上传文件，去掉#anon_upload_enable=YES 前面的 "#"，同时还要设置存储上传文件的目录对任何用户赋予写权限。

在访问 vsftpd 服务器时，可以使用图形界面，也可以使用命令行。如果使用图形界面，在浏览器的地址栏中输入 FTP 服务器的地址就可以访问了。如果在服务器本机上访问 FTP 服务器，可以输入地址 ftp://127.0.0.1。另外，用户也可以使用 ftp 命令在命令行上访问 FTP 服务器。

14.2.3　创建 FTP 服务器

创建 FTP 服务器的步骤如下。

（1）检查当前系统中是否已经安装 vsftpd 软件。

```
[root@server25 ~]# yum install vsftpd -y
Updating Subscription Management repositories.
Unable to read consumer identity
This system is not registered to Red Hat Subscription Management. You
 can use subscription-manager to register.
上次元数据过期检查: 7:12:47 前，执行于 2021年03月24日 星期三 17时57分
13秒。
软件包 vsftpd-3.0.3-31.el8.x86_64 已安装。
依赖关系解决。
无需任何处理。
完毕！
```

（2）在 vsftpd 的目录/var/ftp/pub/中，创建一个文本文件 hello.txt。在后面的步骤中，用户可以从局域网上下载这个文件。

```
[root@server25 ~]# cd /var/ftp/pub/
[root@server25 pub]# echo 'hello,world.' > hello.txt
[root@server25 pub]# cat hello.txt
hello,world.
```

（3）检查主机的 IP 地址，并且记下 IP 地址。

```
[root@server25 桌面]# ip addr
1: lo: <LOOPBACK,UP,LOWER_UP> mtu 65536 qdisc noqueue state UNKNOWN
    link/loopback 00:00:00:00:00:00 brd 00:00:00:00:00:00
    inet 127.0.0.1/8 scope host lo
       valid_lft forever preferred_lft forever
    inet6 ::1/128 scope host
       valid_lft forever preferred_lft forever
2: eno16777736: <BROADCAST,MULTICAST,UP,LOWER_UP> mtu 1500 qdisc pfi
fo_fast state UP qlen 1000
```

```
link/ether 00:0c:29:43:6a:35 brd ff:ff:ff:ff:ff:ff
inet 172.25.0.110/24 brd 172.25.0.255 scope global eno16777736
    valid_lft forever preferred_lft forever
inet6 fe80::20c:29ff:fe43:6a35/64 scope link
    valid_lft forever preferred_lft forever
```

（4）启动 vsftpd 软件，此时就可以从其他计算机上访问这个 FTP 服务器了。

```
[root@server25 pub]# systemctl start vsftpd
```

（5）在局域网中的另一个计算机上打开浏览器，输入地址：ftp://172.25.0.110，可以看到浏览器中显示了 pub 目录，如图 14-3 所示。

（6）从本地计算机任意复制一个文件，在浏览器中执行粘贴操作。这时可以看到图 14-4 所示的提示错误信息，这表明不能向 FTP 服务器上传文件，原因是没有足够的权限。

图 14-3　访问 FTP 服务器

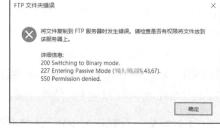

图 14-4　提示错误信息

14.3　DNS 服务配置

14.3.1　DNS 介绍

1. 域名系统

DNS 服务
配置

域名系统（Domain Name System，DNS）提供的网络服务是把域名解析成对应的 IP 地址。在基于 TCP/IP 的网络中，所有连接到网络上的主机都应该具有一个 IP 地址，这样才能使主机使用 TCP/IP 交换数据。对于普通的用户来说，如果总是使用 IP 地址访问网络上的主机是不方便的，因为要记住那么多数字形式的 IP 地址比较困难。有一种解决办法就是为每一个连接在网络上的计算机设置一个容易记忆的域名。在访问主机的时候，用户首先给出域名，然后由 DNS 服务转换成 IP 地址。例如为了访问 Linux 的网站，用户需要记忆 IP 地址 198.182.196.56，但如果采用域名解析的方式，只需记住域名即可完成对其的访问。

2. DNS 域名空间

域名组成一个树状结构。域名结构有一个根域，它没有名字，记作"."。所有的域名都属于根域的分支节点。根域的第一级子节点称为顶级域名，包括 3 种类型域名。

（1）按照域名组织类型划分，如 com、net、org 等。

（2）按照地理位置划分，如 cn、uk、us 等。

（3）反向域名，名称是 in-addr.arpa，用于反向域名解析。反向域名解析的作用是把 IP 地址解析为对应的域名，因为有时候需要询问 DNS 服务器，具有指定 IP 地址的主机名称是什么。

3. unbound 软件

在 RHEL 5、RHEL 6 中 DNS 使用的是 bind 软件包，而在 RHEL 8 中，默认使用 unbound 安装包。相对于 bind 软件包来说，unbound 安装包是一个轻量级的 DNS 配置软件，实现效率也更高。

14.3.2 创建 DNS 服务器

1. 安装 unbound

```
[root@server25 ~]# yum install unbound -y
Updating Subscription Management repositories.
Unable to read consumer identity
This system is not registered to Red Hat Subscription Management. You
 can use subscription-manager to register.
上次元数据过期检查：7:15:15 前，执行于 2021年03月24日 星期三 17时57分
13秒。
软件包 unbound-1.7.3-10.el8.x86_64 已安装。
依赖关系解决。
无需任何处理。
完毕！
```

2. 启动 DNS 服务

```
[root@server25 ~]# systemctl restart unbound
[root@server25 ~]# systemctl enable unbound
```

3. 修改配置文件

unbound 安装好之后，默认配置文件在/etc/unbound/unbound.conf 中。

（1）修改端口监听地址

首先查看默认监听地址，只有本地回环地址，也就是说只有本机可以访问 DNS 服务，其他主机不可以访问 DNS 服务。

```
[root@server25 ~]# netstat -tunlp|grep unbound
tcp        0      0 127.0.0.1:53            0.0.0.0:*               LISTEN      53842/unbound
tcp        0      0 127.0.0.1:8953          0.0.0.0:*               LISTEN      53842/unbound
tcp6       0      0 ::1:53                  :::*                    LISTEN      53842/unbound
tcp6       0      0 ::1:8953                :::*                    LISTEN      53842/unbound
udp        0      0 127.0.0.1:53            0.0.0.0:*                           53842/unbound
udp6       0      0 ::1:53                  :::*                                53842/unbound
```

修改监听地址，在 38 行下面添加一行，打开全网监听，重启服务查看。

```
[root@server25 ~]#  vim /etc/unbound/unbound.conf

38          # interface: 0.0.0.0
39          interface: 0.0.0.0
[root@server25 ~]# systemctl restart unbound
[root@server25 ~]# netstat -tunlp|grep unbound
tcp        0      0 0.0.0.0:53              0.0.0.0:*
tcp        0      0 127.0.0.1:8953          0.0.0.0:*
```

（2）修改主机查询范围

找到配置文件/etc/unbound/unbound.conf 的第 177 行，该行默认为注释行，且内容为拒绝访问。复制本行内容到下面一行，去掉注释 "#"，改 "refuse" 为 "allow"。然后保存并退出，重启服务即可。

```
177         # access-control: 0.0.0.0/0 refuse
178         access-control: 0.0.0.0/0 allow
```

（3）主配置文件

RHEL 5.x 和 RHEL 6.x 系统的 bind 软件中，DNS 的解析文件分正向和反向两个解析文件，并且有解析文件的模板文件。但是在 RHEL 8 的 unbound 软件中，正、反向解析文件合并为一个，并且无模板文件，需自己创建，路径可以在主配置文件中查看。

```
454         # local-zone: "local." static
455         # local-data: "mycomputer.local. IN A 192.0.2.51"
456         # local-data: 'mytext.local TXT "content of text record"'
            # 正向解析语法
469         # local-data-ptr: "192.0.2.3 www.example.com"
            # 反向解析语法
471         include: /etc/unbound/local.d/*.conf
# 此句规定了解析文件的位置在/etc/unbound/local.d下，并且必须以".conf"结尾
```

（4）解析文件

创建解析文件，如下所示。

```
[root@server25 ~]# cat /etc/unbound/local.d/example.conf
local-zone: "example.com." static
local-data: "example.com. 86400 IN SOA server25.example.com. root 1 1D 1H 1W 1H"
local-data: "server25.example.com.          IN A 172.25.0.110"
local-data: "www.example.com.               IN A 172.25.0.110"
local-data-ptr: "172.25.0.110               server25.example.com."
local-data-ptr: "172.25.0.110               www.example.com."
```

14.3.3　DNS 验证

为了检查 DNS 服务器是否工作正常，或者是否提供正确的域名解析结果，用户可以使用 DNS 测试命令。这里介绍两个常用的命令。

1. 验证配置命令

配置完成后执行如下命令验证 DNS 配置，如果正确无误则可以重启 DNS 服务。

```
[root@server25 ~]# unbound-checkconf
unbound-checkconf: no errors in /etc/unbound/unbound.conf
```

2. nslookup 命令

nslookup 命令也可以查询 DNS 服务器，与 dig 命令的用法类似。输入 nslookup 命令后，前面输出的信息出现提示，然后输入 nslookup 命令进入交互模式，可以输入域名或者 IP 地址，从服务器返回查询的结果。nslookup 命令的提示符是 ">"。需要注意的是，nslookup 命令是早期测试 DNS 服务器的命令，现在推荐使用更好的 dig 命令。

```
[root@server25 ~]# nslookup
> server
Default server: 172.25.0.110
Address: 172.25.0.110#53
> www.example.com
Server:         172.25.0.110
Address:        172.25.0.110#53

Name:    www.example.com
Address: 172.25.0.110
> 172.25.0.110
Server:         172.25.0.110
Address:        172.25.0.110#53

110.0.25.172.in-addr.arpa       name = server25.example.com.
110.0.25.172.in-addr.arpa       name = www.example.com.
>
> exit
```

14.4　DHCP 服务配置

14.4.1　DHCP 服务器介绍

DHCP 服务
配置

DHCP（Dynamic Host Configuration Protocol，动态主机配置协议）用于给某个网络段上的主机进行动态分配 IP 地址和相关网络环境的配置工作。其目的就是减轻 TCP/IP 网络的规划、管理和维护的负担，解决 IP 地址空间缺乏问题。

1. 安装 DHCP 服务器

RHEL 8 中的 DHCP 服务器软件包默认没有安装。使用 yum 命令检查 DHCP 软件包是否已经安装。如果已经安装，应该显示出 DHCP 的版本。

```
[root@server25 ~]# yum install dhcp-server -y
Updating Subscription Management repositories.
Unable to read consumer identity
This system is not registered to Red Hat Subscription Management. You
 can use subscription-manager to register.
上次元数据过期检查: 7:16:57 前，执行于 2021年03月24日 星期三  17时57分
13秒。
软件包 dhcp-server-12:4.3.6-40.el8.x86_64 已安装。
依赖关系解决。
无需任何处理。
完毕！
```

2. 查看配置文件

默认 DHCP 服务的配置文件位置在/etc/dhcp/dhcpd.conf，内容为空，如下所示。

```
[root@server25 ~]# cat /etc/dhcp/dhcpd.conf
#
# DHCP Server Configuration file.
#   see /usr/share/doc/dhcp*/dhcpd.conf.example
#   see dhcpd.conf(5) man page
#
```

用户可以从 /usr/share/doc/dhcp*/dhcpd.conf.sample 文件查看示例文件，也可以直接查看 dhcpd.conf 的帮助手册。

3. 启动服务命令

```
[root@server25 ~]# systemctl start dhcpd
```

14.4.2　配置 DHCP 服务

DHCP 服务器的配置文件是/etc/dhcp/dhcpd.conf，它用来描述 DHCP 服务器的特征和功能。该配置文件通常包括 3 个部分：parameters、declarations、option。

1. DHCP 配置文件中的 parameters（参数）

DHCP 配置文件中的 parameters（参数）表明如何执行任务，是否要执行任务，或将哪些网络配置选项发送给客户。主要内容如表 14-1 所示。

表 14-1　　　　　　　　　　　　　　　DHCP 参数含义

参数	解释
ddns-update-style	配置 DHCP-DNS 互动更新模式
default-lease-time	指定默认租约时间的长度，单位是 s

续表

参数	解释
max-lease-time	指定最大租约时间长度，单位是 s
hardware	指定网卡接口类型和 MAC 地址
server-name	通知 DHCP 客户服务器名称
get-lease-hostnames flag	检查客户端使用的 IP 地址
fixed-address ip	分配给客户端一个固定的地址
authritative	拒绝不正确的 IP 地址的要求

2. DHCP 配置文件中的 declarations（声明）

DHCP 配置文件中的 declarations（声明）用来描述网络布局、提供客户的 IP 地址等，主要内容如表 14-2 所示。

表 14-2   DHCP 声明的含义

声明	解释
shared-network	用来告知是否一些子网络分享相同网络
subnet	描述一个 IP 地址是否属于该子网
range 起始 IP 终止 IP	提供动态分配 IP 地址的范围
host 主机名称	参考特别的主机
group	为一组参数提供声明
allow unknown-clients、deny unknown-clients	是否动态分配 IP 地址给未知的使用者
allow bootp、deny bootp	是否响应激活查询
allow booting、deny booting	是否响应使用者查询
filename	开始启动文件的名称，应用于无盘工作站
next-server	设置服务器从引导文件中装入主机名，应用于无盘工作站

3. DHCP 配置文件中的 option（选项）

DHCP 配置文件中的 option（选项）用来配置 DHCP 可选参数，全部用 option 关键字作为开始，主要内容如表 14-3 所示。

表 14-3   DHCP 选项的含义

选项	解释
subnet-mask	为客户端设定子网掩码
domain-name	为客户端指明 DNS 名称
domain-name-servers	为客户端指明 DNS 服务器 IP 地址
host-name	为客户端指定主机名称
routers	为客户端设定默认网关
broadcast-address	为客户端设定广播地址
ntp-server	为客户端设定网络时间服务器 IP 地址
time-offset	为客户端设定与格林威治时间的偏移时间，单位是 s

14.4.3　创建 DHCP 服务器

创建 DHCP 服务器的步骤如下。

（1）检查当前系统中是否已经安装 DHCP 软件。如果没有安装，使用 yum 命令安装软件包。

```
[root@server25 ~]# yum install dhcp-server -y
Updating Subscription Management repositories.
Unable to read consumer identity
This system is not registered to Red Hat Subscription Management. You
 can use subscription-manager to register.
上次元数据过期检查：7:16:57 前，执行于 2021年03月24日 星期三 17时57分
13秒。
软件包 dhcp-server-12:4.3.6-40.el8.x86_64 已安装。
依赖关系解决。
无需任何处理。
完毕！
```

（2）使用 ip addr 命令，检查主机的 IP 地址，确保使用静态 IP 地址。

（3）修改/etc/dhcp/dhcpd.conf 配置文件，确保文件内容和格式准确无误。下面是一个 DHCP 服务器的示例：地址池为 172.25.0.100～172.25.0.200。

```
[root@server25 ~]# cat /etc/dhcp/dhcpd.conf
default-lease-time 600;
max-lease-time 7200;

subnet 172.25.0.0 netmask 255.255.255.0 {
  range 172.25.0.100 172.25.0.200;
  option domain-name-servers server25.example.com;
  option domain-name ".example.org";
  option routers 172.25.0.254;
  option broadcast-address 172.25.0.255;
  default-lease-time 600;
  max-lease-time 7200;
}
```

（4）启动 DHCP 服务，并设置服务随系统启动，如下所示。

```
[root@server25 ~]# systemctl restart dhcpd
[root@server25 ~]# systemctl enable dhcpd
```

（5）此时，本网段的主机就可以从这台 DHCP 服务器上自动获取 IP 地址了，如图 14-5 所示。

图 14-5　从 DHCP 服务器自动获取 IP 地址

14.5　Mail 服务配置

14.5.1　SMTP 服务器介绍

Mail 服务配置

SMTP（Simple Mail Transfer Protocol，简单邮件传输协议）是一组用于由源地址到目的地址传送邮件的规则，由它来控制邮件的中转方式。SMTP 属于 TCP/IP 协议族，它帮助每台计算机在发送或中转邮件时找到下一个目的地。通过 SMTP 所指定的服务器，就可以把 E-mail 寄到收件人的服务器上了，整个过程只要几分钟。SMTP 服务器则是遵循 SMTP 的发送邮件服务器，用来发送或中转发出的电子邮件。

Postfix 是 RHEL 8 中默认安装的邮件服务器软件，它是在 Internet 中使用最广泛的邮件服务器 Sendmail 的替代产品。Postfix 更快、更容易管理、更安全，同时还与 Sendmail 保持足够的兼容性。

1. 安装 Postfix 服务器

RHEL 8 中的 Postfix 服务器软件包默认已安装。使用 yum 命令检查 Postfix 软件包是否已经安装。如果已经安装，应该显示出 Postfix 的版本。

```
[root@server25 ~]# yum install postfix -y
Updating Subscription Management repositories.
Unable to read consumer identity
This system is not registered to Red Hat Subscription Management. You
 can use subscription-manager to register.
上次元数据过期检查: 7:19:35 前, 执行于 2021年03月24日 星期三 17时57分
13秒。
软件包 postfix-2:3.3.1-12.el8.x86_64 已安装。
依赖关系解决。
无需任何处理。
完毕!
```

2. 启动服务命令

启动 Postfix 服务器。

```
[root@server25 ~]# systemctl restart postfix
```

3. 永久启动服务

使 Postfix 服务在下次启动时随系统启动而启动。

```
[root@server25 ~]# systemctl enable postfix
```

14.5.2　配置 Postfix 服务

Postfix 服务器的配置文件是/etc/postfix/main.cf，它用来描述 Postfix 服务器的特征和功能。默认配置只允许用户在本地收发邮件，不允许在网络中使用。想要系统能够通过网络收发邮件，就需要修改 Postfix 的配置文件。

main.cf 文件中包括了许多指令，每一条指令设置了 Apache 服务器的一项配置信息。可以看到，这个文件中还包括了许多以"#"开头的内容，这些信息是帮助信息，其指出了每一条指令的作用及如何设置指令的值。

下面介绍 4 个配置 Postfix 服务器时经常用到的重要指令。

1. 设置 Postfix 服务监听的网络接口

默认情况下，inet_interfaces 参数的值被设置为 localhost，这表明只能在本地邮件主机上寄信。

如果邮件主机上有多个网络接口，而又不想使全部的网络接口都开放 Postfix 服务，用户就可以用主机名指定需要开放的网络接口。不过，系统通常是将所有的网络接口都开放，以便接收从任何网络接口来的邮件，即将 inet_interfaces 参数的值设置为 "all"，如下所示。

```
inet_interfaces = all
```

2. 安全设置可接收邮件的主机名称或域名

mydestination 参数非常重要，因为只有当发来邮件的收件人地址与该参数值相匹配时，Postfix 才会将该邮件接收下来。通过设置该参数可以过滤掉许多没有经过认证和授权的邮件，从而节省服务器的存储空间，以及节省用户的邮件处理时间。

举一个简单的例子，用户可以将该参数值进行如下设置。

```
accept_domain = test.net
mydestination = $accept_domain
```

以上设置表明只要收件人地址是 X@test.net（其中 X 表示某用户在 test.net 域中的邮件账户名），Postfix 都会接收这些邮件。而除此之外的邮件，Postfix 都不会接收。

3. 安全设置可转发邮件的网络（IP 设置）

用户可以使用 mynetworks 参数来设置可转发邮件的网络，如可将该参数值设置为所信任的某台主机的 IP 地址，也可设置为所信任的某个 IP 子网或多个 IP 子网（采用 ","或者 " " 分隔）。

例如，用户可以将 mynetworks 参数值设置为 172.168.96.0/24，则表示这台邮件主机只转发子网 172.168.96.0/24 中的客户端所发来的邮件，而拒绝为其他子网转发邮件。

```
mynetworks = 172.168.96.0/24
```

除了 mynetworks 参数外，还有一个用于控制网络邮件转发的参数是 mynetworks-style，它主要用来设置可转发邮件网络的方式。这些方式通常有以下 3 种。

（1）class：在这种方式下，Postfix 会自动根据邮件主机的 IP 地址得知它所在的 IP 网络类型（即 A 类、B 类或是 C 类），从而开放它所在的 IP 网段。

（2）subnet：subnet 是 Postfix 的默认方式，Postfix 会根据邮件主机的网络接口上所设置的 IP 地址、子网掩码来得知所要开放的 IP 网段。

（3）host：在这种方式下，Postfix 只会开放本机。

通常，用户一般不需要设置 mynetworks-style 参数，而是直接设置 mynetworks 参数。如果对这两个参数都进行了设置，那么 mynetworks 参数的设置有效。

4. 设置可转发邮件的网络（域名设置）

上面介绍的 mynetworks 参数是针对邮件来源的 IP 来进行设置的，而 relay_domains 参数则是针对邮件来源的域名或主机名来进行设置的。其实从原理上来说，它们是一致的，不过是区分了 IP 地址和域名而已。另外，relay_domains 参数还需要依赖 DNS 这个基础服务进行解析。

例如，用户可以将 relay_domains 参数值设置为 test.net，则表示任何由域 test.net 发来的邮件都会被认为是信任的，Postfix 会自动对这些邮件进行转发，如下所示。

```
relay_domains = test.net
```

那么，要使 Postfix 能在实际网络中更好地转发邮件，还必须进行相应的 DNS 设置。用户需要在该网络的 DNS 服务器上定义一个主区域 test.net，并在该区域配置文件中定义以下记录。

//定义邮件服务器的 IP 地址

patterson.test.net.IN A 172.168.96.254

//定义邮件服务器的别名

mail.test.net.IN CNAME patterson.test.net.

//定义优先级别

test.net.IN MX 10 mail.test.net.

上述记录只对邮件服务器进行了定义，还有诸如 SOA、NS 等的定义，在这里就不再介绍。

14.5.3 创建 Postfix 服务器

创建 Postfix 服务器的步骤如下。

（1）检查当前系统中是否已经安装 Postfix 软件。如果没有安装，使用 yum 命令安装软件包。

```
[root@server25 ~]# yum install postfix -y
Updating Subscription Management repositories.
Unable to read consumer identity
This system is not registered to Red Hat Subscription Management. You
 can use subscription-manager to register.
上次元数据过期检查: 7:19:35 前，执行于 2021年03月24日 星期三 17时57分
13秒。
软件包 postfix-2:3.3.1-12.el8.x86_64 已安装。
依赖关系解决。
无需任何处理。
完毕!
```

（2）使用 nslookup 命令，检查主机的 IP 地址，确保使用静态 IP 地址。修改 DNS 服务器配置，添加主机解析和 MX 记录，并能够正确地解析域名。

```
[root@server25 ~]# cat /etc/unbound/local.d/example.conf
local-zone:  "example.com." static
local-data:  "example.com. 86400 IN SOA server25.example.com. root 1 1D 1H 1W 1H"
local-data:  "server25.example.com.              IN A 172.25.0.110"
local-data:  "www.example.com.                   IN A 172.25.0.110"
local-data:  "example.com.                       IN MX 10 mail.example.com."
local-data:  "mail.example.com.                  IN A 172.25.0.110"
local-data-ptr: "172.25.0.110                    server25.example.com."
local-data-ptr: "172.25.0.110                    www.example.com."

[root@server25 ~]# nslookup
> mail.example.com
Server:         172.25.0.110
Address:        172.25.0.110#53

Name:    mail.example.com
Address: 172.25.0.110
> set type=mx
> example.com
Server:         172.25.0.110
Address:        172.25.0.110#53

example.com     mail exchanger = 10 mail.example.com.
```

（3）修改/etc/postfix/main.cf 配置文件，以下没有 "#" 注释的部分，是修改的内容。

```
#myhostname = host.domain.tld
#myhostname = virtual.domain.tld
myhostname = server25.example.com
# The mydomain parameter specifies the local internet domain name.
# The default is to use $myhostname minus the first component.
# $mydomain is used as a default value for many other configuration
# parameters.
#
#mydomain = domain.tld
mydomain = example.com

#inet_interfaces = all
#inet_interfaces = $myhostname
#inet_interfaces = $myhostname, localhost
inet_interfaces = all

# Enable IPv4, and IPv6 if supported
inet_protocols = all
```

（4）修改完配置文件后，重新启动 Postfix 服务，并设置服务随系统启动，如下所示。

```
[root@server25 ~]# systemctl restart postfix.service
[root@server25 ~]# systemctl enable postfix
```

（5）此时，本网段的主机就可以使用这台 Postfix 邮件服务器进行邮件的收发了，如下所示。

```
[root@server25 ~]# mail root@server25.example.com
Subject: test
hello!
EOT
[root@server25 ~]# mail
Heirloom Mail version 12.5 7/5/10.  Type ? for help.
"/var/mail/root": 1 message 1 new
>N  1 root                  Mon Jan 25 10:56  18/619   "test"
& 1
Message 1:
From root@server25.example.com Mon Jan 25 10:56:58 2016
Return-Path: <root@server25.example.com>
X-Original-To: root@server25.example.com
Delivered-To: root@server25.example.com
Date: Mon, 25 Jan 2016 10:56:58 +0800
To: root@server25.example.com
Subject: test
User-Agent: Heirloom mailx 12.5 7/5/10
Content-Type: text/plain; charset=us-ascii
From: root@server25.example.com (root)
Status: R

hello!
```

14.6　iSCSI 服务配置

14.6.1　iSCSI 服务器介绍

iSCSI 服务配置

Internet 小型计算机系统接口（Internet Small Computer System Interface，iSCSI）是一个基于 TCP/IP，用于通过 IP 网络仿真 SCSI 高性能本地存储总线，从而为远程块存储设备提供数据传输和管理，用作存储区域网络（Storage Area Network，SAN）协议。iSCSI 跨本地和广域网络（LAN、WAN 及 Internet）扩展 SAN，通过分布式服务器和数组提供独立位置的数据存储检索。

iSCSI 协议的运行方式类似于客户端—服务器配置。客户端系统将启动器软件配置为将 SCSI 命令发送到远程服务器存储目标。访问的 iSCSI 目标在客户端系统上显示为本地且未格式化的 SCSI 块设备，等同于通过 SCSI 布线、FC 直连或 FC 交换光纤连接的设备。

iSCSI 组件相关术语如下。

（1）启动器：一个 iSCSI 客户端，通常以软件形式被提供，但也可用 iSCSI HBA 卡来实现；必须为启动器授予唯一名称（IQN）。

（2）ACL：访问权限控制列表，一种使用节点 IQN（通常是 iSCSI 启动器名称）来验证启动器的访问权限的访问限制。

（3）目标：一个 iSCSI 存储资源，针对来自 iSCSI 服务器的连接而配置；必须为目标授予唯一名称 IQN。目标提供一个或多个带有编号的块设备，称为逻辑单元号（Logical Unit Number，LUN）。一个 iSCSI 服务器可以同时提供多个目标。

（4）IQN：iSCSI 限定名称（iSCSI Qualified Name），一个全球唯一名称，用强制命名格式来识别启动器和目标。

格式：iqn.YYYY-MM.com.example.domain[:optional_string]

iqn：表示此名称将使用域作为其标识符。

YYYY-MM：拥有域名的第一个月。

com.example.domain：此 iSCSI 名称创建组织的逆向域名。

:optional_string：以冒号为前缀的可选字符串，按需求可自由被分配，且全球唯一。

（5）登录：向目标或 LUN 进行身份验证，以开始使用客户端块设备。

（6）LUN：逻辑单元号，带有编号的块设备，连接到目标且通过目标来使用。可以有一个或多个 LUN 连接到单个目标，但通常一个目标仅提供一个 LUN。

（7）节点：任何 iSCSI 启动器或 iSCSI 目标，由其 IQN 来标识。

（8）门户：目标或启动器上用于建立连接的 IP 地址和端口。一些 iSCSI 将门户和节点互换使用。

（9）TPG：目标门户组，某个特定 iSCSI 目标将要侦听的接口 IP 地址和 TCP 端口的集合。可以将目标配置（例如 ACL）添加到 TPG 以协调多个 LUN 的设置。

iSCSI 中，SCSI 总线是在 IP 网络中仿真，目标可以是网络附加存储机柜中的专用物理设备，也可以是网络存储服务器上 iSCSI 软件配置的逻辑设备。

iSCSI 使用 ACL 来执行 LUN 屏蔽，从而管理相应目标和 LUN 对启动器的可访问性。在目标服务器上，可以在 TPG 级别设置 ACL 以保护 LUN 组，也可为 LUN 单独设置。

在 iSCSI 中，LUN 显示为目标的连续编号磁盘驱动器，但是目标通常仅有一个 LUN。启动器执行 SCSI 与目标的协商，以建立与 LUN 的连接。

LUN 作为仿真 SCSI 的磁盘块设备来响应，磁盘块能以原始形式使用，连接的 iSCSI 块设备显示为本地 SCSI 块设备（SDX），也可以通过客户端支持的文件系统进行格式化。

与本地块设备不同的是，iSCSI 网络访问块设备可通过众多远程启动器发现。典型的本地文件系统（如 ext4、XFS 和 BtrFS）不支持同时多系统挂载，这会导致严重的文件系统损坏。集群系统利用全局文件系统 GFS2 解决多系统访问权限，其旨在提供分布式文件锁定和并发多节点文件系统挂载。

1. 安装配置 iSCSI 服务器

RHEL 8 中使用的 targetcli 既是命令行实用工具，也是一个交互式 Shell，在其中可以创建、删除和配置 iSCSI 目标组件。

```
[root@server25 ~]# yum install targetcli -y
Updating Subscription Management repositories.
Unable to read consumer identity
This system is not registered to Red Hat Subscription Management. You
 can use subscription-manager to register.
上次元数据过期检查: 7:21:10 前，执行于 2021年03月24日 星期三 17时57分
13秒。
软件包 targetcli-2.1.51-1.el8.noarch 已安装。
依赖关系解决。
无需任何处理。
完毕！
```

2. 启动 iSCSI 服务

```
[root@server25 ~]# systemctl start target
[root@server25 ~]# systemctl enable target
```

3. 启动程序工具

运行 targetcli（不带任何参数）命令，直接进入交互模式，目标堆栈对象分组为对象的层级树，以便能够轻松地进行浏览和上下文配置。在此 Shell 中可以使用我们熟悉的 Linux 命令，如

cd、ls、pwd 和 set，还支持 Tab 键补全。

```
[root@server25 ~]# targetcli
Warning: Could not load preferences file /root/.targetcli
/prefs.bin.
targetcli shell version 2.1.fb34
Copyright 2011-2013 by Datera, Inc and others.
For help on commands, type 'help'.

/> ls
o- / ........................................... [...]
  o- backstores ................................ [...]
  | o- block ...................... [Storage Objects: 0]
  | o- fileio ..................... [Storage Objects: 0]
  | o- pscsi ...................... [Storage Objects: 0]
  | o- ramdisk .................... [Storage Objects: 0]
  o- iscsi ............................... [Targets: 0]
  o- loopback ............................ [Targets: 0]
/>
```

14.6.2　创建 iSCSI 存储目标

iSCSI 后备存储目标有如下 4 种类型可选。

（1）block：服务器上定义的块设备，如磁盘驱动器、磁盘分区、逻辑卷、多路径设备及服务器上定义的任何类型的块设备。

（2）fileio：在服务器的文件系统中创建一个指定大小的文件，此类型类似于使用镜像文件作为虚拟机磁盘镜像的存储。

（3）pscsi：物理 SCSI，即允许连接到服务器的物理 SCSI 设备。通常不使用此后备存储类型。

（4）ramdisk：在服务器上的内存中创建一个指定大小的 ramdisk 设备（裸磁盘），这种类型的存储将不会持久存储数据。当服务器重启时，ramdisk 定义将在目标实例化时返回，但是所有数据都将丢失。

想要创建块设备，需要先进入后备存储及相应的 block 目录，操作如下。

```
/> cd /backstores/block
/backstores/block>
```

然后选择一块空闲磁盘（分区或 LVM），进行 block 存储对象创建，这里使用的是/dev/sdb，10GB 大小，操作如下：

```
/backstores/block> create name=block1 dev=/dev/sdb
Created block storage object block1 using /dev/sdb.
/backstores/block> ls
o- block ........................ [Storage Objects: 1]
  o- block1 [/dev/sdb (10.0GiB) write-thru deactivated]
/backstores/block>
```

注意

"name" 及 "dev" 等参数名称可以省略，直接使用参数值即可。

后备 block 存储对象创建完成，block1 即为第一个目标，然后需要为该目标创建 iSCSI IQN（唯一标识）；创建 IQN 时，会默认在下面创建一个默认 TPG，TPG 为 iSCSI 的详细配置及映射信息。操作如下：

```
/backstores/block> cd /
/> cd iscsi
/iscsi> create iqn.2015-12.com.example.com:server25
Created target iqn.2015-12.com.example.com:server25.
Created TPG 1.
```

```
/iscsi> ls
o- iscsi ................................ [Targets: 1]
  o- iqn.2015-12.com.example.com:server25 .... [TPGs: 1]
    o- tpg1 ................... [no-gen-acls, no-auth]
      o- acls ............................... [ACLs: 0]
      o- luns ............................... [LUNs: 0]
      o- portals .......................... [Portals: 0]
/iscsi>
```

在 TPG 中，需要创建 ACL 供客户端使用，用来指定或限制可映射的用户客户端。因为默认全局参数 auto_add_mapped_luns=true，所以 TPG 中任何现有的 LUN 在创建后都将映射到每个 ACL。操作如下：

```
/iscsi> cd iqn.2015-12.com.example.com:server25/tpg1/acls
/iscsi/iqn.20...r25/tpg1/acls> create iqn.2015-12.com.ex-
ample:client
Created Node ACL for iqn.2015-12.com.example:client
/iscsi/iqn.20...r25/tpg1/acls> ls
o- acls ................................ [ACLs: 1]
  o- iqn.2015-12.com.example:client ... [Mapped LUNs: 0]
/iscsi/iqn.20...r25/tpg1/acls>
```

设置 ACL 仅接收来自目标 iqn.2015-12.com.example:client 作为启动器 IQN（启动器名称）的客户端连接。

在 TPG 中，为现有后备 block 存储对象创建 LUN，该操作还将会激活所有后备存储。另外，由于 TPG 存在 ACL，因此 ACL 将映射到每个创建的 LUN。操作如下：

```
/iscsi/iqn.20...r25/tpg1/acls> cd /iscsi/iqn.2015-12.com
.example.com:server25/tpg1/luns
/iscsi/iqn.20...r25/tpg1/luns> create /backstores/block/
block1
Created LUN 0.
Created LUN 0->0 mapping in node ACL iqn.2015-12.com.exa-
mple:client
/iscsi/iqn.20...r25/tpg1/luns> ls /iscsi/iqn.2015-12.com
.example.com:server25/
o- iqn.2015-12.com.example.com:server25 ...... [TPGs: 1]
  o- tpg1 ...................... [no-gen-acls, no-auth]
    o- acls ............................... [ACLs: 1]
    | o- iqn.2015-12.com.example:client [Mapped LUNs: 1
]
    |   o- mapped_lun0 ....... [lun0 block/block1 (rw)]
    o- luns ............................... [LUNs: 1]
    | o- lun0 .............. [block/block1 (/dev/sdb)]
    o- portals .......................... [Portals: 0]
/iscsi/iqn.20...r25/tpg1/luns>
```

在 TPG 中，创建一个门户配置以指定侦听 IP 地址和端口。使用系统的公共网络创建映射输出接口，如果不指定端口将使用默认标准的 3260 端口，指定 IP 地址为 172.25.0.11。操作如下：

```
/iscsi/iqn.20...r25/tpg1/luns> cd /iscsi/iqn.2015-12.com
.example.com:server25/tpg1/portals
/iscsi/iqn.20.../tpg1/portals> create 172.25.0.11
Using default IP port 3260
Created network portal 172.25.0.11:3260.
/iscsi/iqn.20.../tpg1/portals> ls /iscsi/iqn.2015-12.com
.example.com:server25/
o- iqn.2015-12.com.example.com:server25 ...... [TPGs: 1]
  o- tpg1 ...................... [no-gen-acls, no-auth]
    o- acls ............................... [ACLs: 1]
    | o- iqn.2015-12.com.example:client [Mapped LUNs: 1
]
    |   o- mapped_lun0 ....... [lun0 block/block1 (rw)]
    o- luns ............................... [LUNs: 1]
    | o- lun0 .............. [block/block1 (/dev/sdb)]
    o- portals .......................... [Portals: 1]
      o- 172.25.0.11:3260 ......................... [OK]
/iscsi/iqn.20.../tpg1/portals>
```

 注意　如果未指定 IP 地址，则将使用 0.0.0.0 作为 IP 地址，即允许服务器上定义的所有网络接口的所有连接。

最后，查看以下完整配置，确保没问题，然后退出 targetcli 工具，targetcli 将自动保存所有配置。

注意　配置将以 JavaScript 对象表示法存储在/etc/target/saveconfig.json 中。

```
/iscsi/iqn.20.../tpg1/portals> cd /
/> ls
o- / .......................................... [...]
  o- backstores .............................. [...]
  | o- block ...................... [Storage Objects: 1]
  | | o- block1 [/dev/sdb (10.0GiB) write- thru activate-
d]
  | o- fileio ..................... [Storage Objects: 0]
  | o- pscsi ...................... [Storage Objects: 0]
  | o- ramdisk .................... [Storage Objects: 0]
  o- iscsi ........................... [Targets: 1]
  | o- iqn.2015-12.com.example.com:server25 .. [TPGs: 1]
  |   o- tpg1 ................... [no-gen- acls, no- auth]
  |     o- acls .......................... [ACLs: 1]
  |     | o- iqn.2015-12.com.example:client [Mapped LUN-
s: 1]
  |     |   o- mapped_lun0 .... [lun0 block/block1 (rw)]
  |     o- luns .......................... [LUNs: 1]
  |     | o- lun0 .......... [block/block1 (/dev/sdb)]
  |     o- portals ..................... [Portals: 1]
  |       o- 172.25.0.11:3260 ................. [OK]
  o- loopback ........................ [Targets: 0]
/> exit
Global pref auto_save_on_exit=true
Last 10 configs saved in /etc/target/backup.
Configuration saved to /etc/target/saveconfig.json
[root@server25 ~]#
```

至此，iSCSI 所有配置完成，server25 主机的/dev/sdb 将作为一个 iSCSI 存储目标映射给172.25.0.11，设置的端口为 3260，所以在防火墙中需要开放 3260 端口，如下所示。

```
[root@server25 ~]# firewall- cmd -- permanent -- add- port=3260/tcp
success
[root@server25 ~]# firewall- cmd -- reload
success
```

14.6.3　访问 iSCSI 存储

在 RHEL 8 中，iSCSI 启动器通常在软件中实施，并且功能类似于硬件 iSCSI HBA 卡从远程存储服务器访问目标。使用基于软件的 iSCSI 启动器需要连接到有足够带宽的现有以太网网络，以满足期望的存储流量需求。

用硬件启动器（在专用主机总线适配器中包含必需的协议）来实施 iSCSI 时，iSCSI HBA 卡和 TCP 卸载引擎（TOE 卡）（其中包括以太网 NIC 上的 TCP 网络堆栈）将 iSCSI/TCP 开销和以太网终端的处理转移给硬件，从而减轻系统 CPU 的负载。

一般来讲，使用的是软件启动器，配置软件 iSCSI 客户端启动器需要安装 iscsi-initiator-utils 软件包，其中包含 iscsi 和 iscsid 服务及/etc/iscsi/iscsid.conf 和/etc/iscsi/initiatorname.iscsi 配置文件。

/etc/iscsi/iscsid.conf 文件包含了在新目标发现期间创建的节点记录的默认设置，设置包括iSCSI 超时、重试参数和身份验证用户名及密码。更改此文件需要重启 iSCSI 服务，重启命令如下：

```
systemctl restart iscsi
```

配置文件/etc/iscsi/initiatorname.iscsi 包含了该主机的 IQN 号，需要修改为 iSCSI 所指定的iqn.2015-12.com.example:client 方可访问服务器所提供的目标。

在另一个 RHEL 8 系统中，安装 iscsi-initiator-utils 软件包，如下所示。

```
[root@client ~]# yum install iscsi-initiator-utils -y
Updating Subscription Management repositories.
Unable to read consumer identity
This system is not registered to Red Hat Subscription Management. You
 can use subscription-manager to register.
上次元数据过期检查：7:24:12 前，执行于 2021年03月24日 星期三 17时57分
13秒。
软件包 iscsi-initiator-utils-6.2.0.878-4.gitd791ce0.el8.x86_64 已安装。
依赖关系解决。
无需任何处理。
完毕！
```

修改 IQN 号为 iqn.2015-12.com.example:client，如下所示。

```
[root@client ~]# cat /etc/iscsi/initiatorname.iscsi
InitiatorName=iqn.2015-12.com.example:client
```

iSCSI 启动器流程如下。

（1）在设备连接和使用前，需要先发现 iSCSI 目标，发现过程中将目标节点信息和设置存储在/var/lib/iscsi/nodes 目录中，并且使用/etc/iscsi/iscsid.conf 中的默认值，同一个目标可以存在于多个门户上，将每户存储节点记录下来。

```
[root@client ~]# iscsiadm --mode discovery --type sendtargets --portal 172.25.0.11 --discover
172.25.0.11:3260,1 iqn.2015-12.com.example.com:server25
```

（2）在登录模式中，可以查看到登录到服务器的状态信息，以下是登录目标操作。

```
[root@client ~]# iscsiadm --mode node --targetname iqn.2015-12.com.example.com:server25 --portal 172.25.0.11:3260 --login
Logging in to [iface: default, target: iqn.2015-12.com.example.com:server25, portal: 172.25.0.11,3260]
Login to [iface: default, target: iqn.2015-12.com.example.com:server25, portal: 172.25.0.11,3260] successful.
```

（3）指定端口是可选操作，如果目标存在于多个门户上（例如在多路径、冗余服务器配置中），在指定门户的情况下进行登录将会链接到接收此目标名称的每个端口节点。登录目标后，在/dev/下会出现 sdb 这一设备（设备标识视当前主机环境而定），即可进行分区格式化操作，如下所示。

```
[root@client ~]# fdisk /dev/sdb
Welcome to fdisk (util-linux 2.23.2).

Changes will remain in memory only, until you decide to write them.
Be careful before using the write command.

Device does not contain a recognized partition table
Building a new DOS disklabel with disk identifier 0x6bc0c155.

Command (m for help): p

Disk /dev/sdb: 10.7 GB, 10737418240 bytes, 20971520 sectors
Units = sectors of 1 * 512 = 512 bytes
Sector size (logical/physical): 512 bytes / 512 bytes
I/O size (minimum/optimal): 512 bytes / 512 bytes
Disk label type: dos
Disk identifier: 0x6bc0c155

   Device Boot      Start         End      Blocks   Id  System

Command (m for help):
```

（4）一旦退出，就删除节点记录，以便在不执行其他发现的情况下，不会再次进行手动或自动登录。如果不指定门户，则将删除所有相关门户的目标节点记录，如下所示。

```
[root@client ~]# iscsiadm --mode node --targetname
iqn.2015-12.com.example.com:server25 --portal 172.25.
0.11:3260 --logout
```

退出操作后，设备也相应被删除，如下所示。

```
[root@client ~]# fdisk /dev/sdb
fdisk: cannot open /dev/sdb: No such file or directory
[root@client ~]#
```

14.7　使用 Chrony 同步时间

14.7.1　Chrony 简介

Chrony 是一个开源的自由软件，它能保持系统时钟与时钟服务器同步（NTP），以此让时间保持精确。它由两个程序组成，分别是 chronyd 和 chronyc。chronyd 是一个后台运行的守护进程，用于调整内核中运行的系统时钟与时钟服务器同步，它确定计算机增减时间的比例，并对时间进行补偿；chronyc 提供了一个用户界面，用于监控性能并进行多样化的配置，它可以在 chronyd 实例控制的计算机上工作，也可以在不同的远程计算机上工作。

使用 Chrony
同步时间

在 RHEL 8 操作系统上，已经默认安装有 Chrony。

1．安装 Chrony 服务

使用 yum install chrony -y 命令安装服务，默认系统已经安装，如下所示。

```
[root@server25 ~]# yum install chrony -y
Updating Subscription Management repositories.
Unable to read consumer identity
This system is not registered to Red Hat Subscription Management. You
 can use subscription-manager to register.
上次元数据过期检查：0:36:47 前，执行于 2021年03月24日 星期三 16时40分
02秒。
软件包 chrony-3.5-1.el8.x86_64 已安装。
依赖关系解决。
无需任何处理。
完毕！
```

2．启动服务命令

启动 Chrony 服务。

```
[root@server25 ~]# systemctl start chronyd
```

3．永久启动服务

配置 Chrony 服务在下次启动时随系统启动而启动。

```
[root@server25 ~]# systemctl enable chronyd
```

14.7.2　配置 Chrony 服务

1．配置/etc/chrony.conf

当 Chrony 启动时，它会读取/etc/chrony.conf 配置文件中的设置。Chrony 服务上最重要的设置如下。

server：该参数可以多次用于添加时钟服务器，且必须以 server 格式使用。一般而言，想添加多少服务器，就可以添加多少服务器。

```
server 0.rhel.pool.ntp.org iburst
server 1.rhel.pool.ntp.org iburst
server 2.rhel.pool.ntp.org iburst
server 3.rhel.pool.ntp.org iburst
```

stratumweight：该参数设置当 chronyd 从可用源中选择同步源时，每个层应该添加多少

距离到同步距离。默认情况下，RHEL 8 中该参数设置为 0，让 chronyd 在选择源时忽略源的层级。

driftfile：chronyd 的主要行为之一，就是根据实际时间计算出计算机增减时间的比例。将它记录到一个文件中是最合理的，它会在重启后为系统时钟做出补偿，甚至会从时钟服务器获得较好的估值。

rtcsync：该参数将启用一个内核模式，在该模式中系统时间每 11min 会被复制到实时时钟（RTC）。

allow/deny：允许指定一台主机、子网，或者网络以允许或拒绝 NTP 连接到扮演时钟服务器的机器。

```
allow 192.168.4.5
deny 192.168.0.0/16
```

cmdallow/cmddeny：跟上面相类似，只是用户可以指定哪个 IP 地址或哪台主机能够通过 chronyd 使用控制命令。

bindcmdaddress：该参数允许限制 chronyd 监听哪个网络接口的命令包（由 chronyc 执行）。该指令通过 cmddeny 机制提供了一个除上述限制以外可用的访问控制等级。

```
bindcmdaddress 127.0.0.1
bindcmdaddress ::1
```

2. 使用 chronyc

用户可以通过运行 chronyc 命令来修改设置，其常用选项说明如下。

accheck：检查 NTP 访问是否对特定主机可用。

activity：显示有多少 NTP 源在线/离线。

```
[root@server25 ~]# chronyc activity
200 OK
0 sources online
0 sources offline
0 sources doing burst (return to online)
0 sources doing burst (return to offline)
4 sources with unknown address
```

add server：手动添加一台新的 NTP 服务器。

clients：在客户端报告已访问到服务器。

delete：手动移除 NTP 服务器或对等服务器。

settime：手动设置守护进程时间。

tracking：显示系统时间信息。

14.7.3　Chrony 实例

配置系统时间与服务器 classroom.example.com 同步，过程如下。

（1）检查当前操作系统中是否已安装 Chrony，以及显示已安装软件的组件和版本。

```
[root@server25 ~]# yum install chrony -y
Updating Subscription Management repositories.
Unable to read consumer identity
This system is not registered to Red Hat Subscription Management. You
 can use subscription-manager to register.
上次元数据过期检查: 0:36:47 前, 执行于 2021年03月24日 星期三 16时40分
02秒。
软件包 chrony-3.5-1.el8.x86_64 已安装。
依赖关系解决。
无需任何处理。
完毕!
```

（2）查看 NTP 服务是否开启。

```
[root@server0 ~]# timedatectl
      Local time: Sat 2016-01-23 18:19:03 CST
  Universal time: Sat 2016-01-23 10:19:03 UTC
        RTC time: Sat 2016-01-23 18:19:03
        Timezone: Asia/Shanghai (CST, +0800)
     NTP enabled: yes
NTP synchronized: no
 RTC in local TZ: no
      DST active: n/a
```

（3）修改/etc/chrony.conf 文件，添加同步时间服务器，这里已用横线标出。

```
[root@server0 ~]# cat /etc/chrony.conf
# Use public servers from the pool.ntp.org project.
# Please consider joining the pool (http://www.pool.ntp.org/join.html).
#server 0.rhel.pool.ntp.org iburst
#server 1.rhel.pool.ntp.org iburst
#server 2.rhel.pool.ntp.org iburst
#server 3.rhel.pool.ntp.org iburst
server classroom.example.com iburst
# Ignore stratum in source selection.
stratumweight 0

# Record the rate at which the system clock gains/losses time.
driftfile /var/lib/chrony/drift
```

（4）重新启动服务，设置服务在下次启动时随系统启动而启动。

```
[root@server0 ~]# systemctl restart chronyd.service
[root@server0 ~]# systemctl enable chronyd
```

（5）时间同步需要一定的时间，如果需要立即同步到时间服务器，执行 chronyc 命令，输入 waitsync 即可。

```
[root@server0 ~]# chronyc
chrony version 1.29.1
Copyright (C) 1997-2003, 2007, 2009-2013 Richard P. Curnow and others
chrony comes with ABSOLUTELY NO WARRANTY.  This is free software, and
you are welcome to redistribute it under certain conditions.  See the
GNU General Public License version 2 for details.

chronyc> waitsync
try: 1, refid: 172.25.254.254, correction: 0.000000723, skew: 1.133
```

14.8　管理 SSH 服务

14.8.1　SSH 服务简介

　　SSH（Secure Shell）是强化安全的远程登录方式。过去使用的 RSH 和 Telnet，因为其登录时的 ID 和密码数据没有加密就传到网络上，故存在安全上的问题；即使在内部网上，也存在因特网上的窃取和篡改等风险性。而 SSH 将包括密码在内的所有数据都已进行了加密处理，以便进行更安全的远程操作。在 SSH 中，由于协议标准的不同而存在 SSH1 和 SSH2 两个不同的版本。SSH2 是为了回避 SSH1 所使用的加密算法的许可证问题而开发的（现在这一许可证问题已经不存在了）。RHEL 中作为安装 SSH 协议的应用程序采用了开放源码的 OpenSSH，OpenSSH 与 SSH1 和 SSH2 的任何一个协议都能对应，但默认使用 SSH2。

管理 SSH
服务

1. 安装 SSH 服务

　　使用 yum install openssh -y 命令可以安装 SSH 服务器，如下所示。一般系统默认已经安装该服务器。

```
[root@server25 ~]# yum install openssh -y
Updating Subscription Management repositories.
Unable to read consumer identity
This system is not registered to Red Hat Subscription Management. You
 can use subscription-manager to register.
上次元数据过期检查：0:40:12 前，执行于 2021年03月24日 星期三 16时40分
02秒。
软件包 openssh-8.0p1-4.el8_1.x86_64 已安装。
依赖关系解决。
无需任何处理。
完毕！
```

2. 启动服务命令

启动 SSH 服务器。

```
[root@server25 ~]# systemctl start sshd
```

3. 永久启动服务

想要 SSH 服务在下次启动时随系统启动而启动，用户可以使用如下命令进行配置。

```
[root@server25 ~]# systemctl enable sshd
```

14.8.2 配置 SSH 服务

OpenSSH 的配置文件和公钥、私钥文件存放在/etc/ssh/目录中。各文件的概述见表 14-4。

表 14-4 OpenSSH 设置文件

文件名	说明
/etc/ssh/sshd_config	SSH 服务器的配置文件
/etc/ssh/ssh_config	SSH 客户机的配置文件
/etc/ssh/ssh_host_rsa_key	SSH2 用的 RSA 算法私钥
/etc/ssh/ssh_host_rsa_key.pub	SSH2 用的 RSA 算法公钥
/etc/ssh/ssh_host_ecdsa_key	SSH2 用的 ECDSA 算法私钥
/etc/ssh/ssh_host_ecdsa_key.pub	SSH2 用的 ECDSA 算法公钥
/etc/ssh/ssh_host_ed25519_key	SSH2 用的 ED25519 算法私钥
/etc/ssh/ssh_host_ed25519_key.pub	SSH2 用的 ED25519 算法公钥

SSH 服务器守护程序 sshd 的设置文件是/etc/ssh/sshd_config，SSH 客户机的设置文件是/etc/ssh/ssh_config。常用的配置如下。

1. 设置 SSH 服务监听的端口号

Port 选项定义了 SSH 服务监听的端口号，SSH 服务默认监听的端口号是 22。

```
Port 22
```

2. 设置使用 SSH 协议的顺序

Protocol 选项定义 SSH 服务器使用 SSH 协议的顺序。默认先使用 SSH2 协议，如果不成功则使用 SSH1 协议。

```
Protocol 2,1
```

3. 设置 SSH 服务器绑定的 IP 地址

ListenAddress 选项定义 SSH 服务器绑定的 IP 地址，默认绑定服务器所有可用的 IP 地址。

```
ListenAddress 0.0.0.0
```

4. 设置是否允许 root 管理员登录

PermitRootLogin 选项定义是否允许 root 管理员登录，默认允许管理员登录。

```
PermitRootLogin yes
```

5. 设置是否允许空密码用户登录

PermitEmptyPasswords 选项定义是否允许空密码的用户登录。出于服务器安全的考虑，应该禁止空密码用户登录。默认禁止空密码用户登录。

```
PermitEmptyPasswords  no
```

6. 设置是否使用口令认证方式

PasswordAuthentication 选项定义了是否使用口令认证方式。如果准备使用公钥认证方式，用户可以将其设置为 no。

```
PasswordAuthentication yes
```

14.8.3　SSH 的管理

使用 SSH 登录远程服务器有两种方法：第一种，知道远程服务器上的登录用户名和密码，使用密码登录，这是最常用的方法；第二种，不知道远程服务器上的登录用户密码，使用 SSH 的密钥验证登录。

1. 使用密码验证登录服务器

使用 SSH 命令可以直接登录到服务器，命令格式如下：

```
SSH [选项] 远程用户名@远程主机名/IP 地址
```

常用选项说明如下。

-l login_name：指定登录于远程主机上的使用者，若没加这个选项，而直接打 ssh host 也是可以的。它是以目前的使用者去做登录的动作。

-p port：连接远程主机上的 port。不用这个选项，默认就是 22。

-L listen-port:host:port：指派本地的 port 到达端主机地址上的 port。

-R listen-port:host:port：指派远程上的 port 到本地地址上的 port。

-2：强制 SSH 去使用协议版本 2。

-4：强制 SSH 去使用 IPv4 地址。

-6：强制 SSH 去使用 IPv6 地址。

第一次登录远程服务器需要商议公钥传输，要输入 yes（不能简写为 y），然后输入远程主机的登录用户名，就可以连接到远程服务器上了。

```
[root@server25 ~]# ssh root@172.25.0.11
The authenticity of host '172.25.0.11 (172.25.0.11)' can't be established.
ECDSA key fingerprint is eb:24:0e:07:96:26:b1:04:c2:37:0c:78:2d:bc:b0:08.
Are you sure you want to continue connecting (yes/no)? yes
Warning: Permanently added '172.25.0.11' (ECDSA) to the list of known hosts.
root@172.25.0.11's password:
Last login: Mon Nov 16 22:08:33 2015
```

2. 使用公钥对验证登录服务器

（1）生成密钥对

在客户机上使用下面的命令可以生成客户机用户的公钥/私钥对，然后将公钥上传到服务器的指定登录的用户目录下，这时登录服务器就不需要知道服务器上的用户密码。服务器验证登录用户的私钥，与数据库中的公钥进行对比，如果能够验证成功，就可以直接登录服务器了。生成公钥对的命令是 ssh-keygen，可以使用-t 参数选择加密方式。

```
[root@server25 ~]# ssh-keygen -t rsa
Generating public/private rsa key pair.
Enter file in which to save the key (/root/.ssh/id_rsa):
Created directory '/root/.ssh'.
Enter passphrase (empty for no passphrase):
Enter same passphrase again:
Your identification has been saved in /root/.ssh/id_rsa.
Your public key has been saved in /root/.ssh/id_rsa.pub.
The key fingerprint is:
63:cd:32:b9:94:04:43:46:67:56:8c:61:c8:d5:5b:93 root@server25
The key's randomart image is:
+-[ RSA 2048]----+
|    +*oB*.       |
|    .oB. o E     |
|    . . o .      |
|     . =.        |
|      S o        |
|     o =         |
|      .          |
|                 |
|                 |
+-----------------+
```

在出现提示时，直接按 Enter 键确认就可以了。生成的公钥/私钥的保存路径默认情况下为用户主目录下的.ssh 目录，文件名为 id_rsa.pub（公用密钥）和 id_rsa（私人密钥）。现在用户有一对密钥：公用密钥要分发到所有用户想用 SSH 登录的远程主机上去；私人密钥要好好地保管，以防止别人知道。

如果用户怀疑自己的密钥已经被别人知道了，应该马上生成一对新的密钥。当然，这样做之后还需要重新分发一次公用密钥，才能正常使用。

（2）分发公用密钥

在每一个用户需要用 SSH 连接的远程服务器上，用户都要在自己的主目录下创建一个.ssh 的子目录，把用户的公用密钥 id_rsa.pub 复制到这个目录下并把它重命名为 authorized_keys。

如果用户想从不同的计算机登录到远程主机，authorized_keys 文件也可以有多个公用密钥。在这种情况下，必须在新的计算机上重新生成一对密钥，然后把生成的 id_rsa.pub 文件内容复制并粘贴到远程主机的 authorized_keys 文件里。当然，在新的计算机上用户必须有一个账号，而且密钥是用口令保护的。有一点很重要，当用户取消了这个账号之后，必须要把这一对密钥删掉。

可以使用 ssh-copy-id 命令将公钥上传到服务器上，命令格式如下：

```
ssh-copy-id -i 公钥文件名 远程主机用户名@远程主机
```

下面是把公钥上传到服务器 172.25.0.11 上的示范。

```
[root@localhost ~]# cd /root/.ssh/
[root@localhost .ssh]# ssh-copy-id -i id_rsa.pub root@172.25.0.11
The authenticity of host '172.25.0.11 (172.25.0.11)' can't be established.
ECDSA key fingerprint is eb:24:0e:07:96:26:b1:04:c2:37:0c:78:2d:bc:b0:08.
Are you sure you want to continue connecting (yes/no)? yes
/usr/bin/ssh-copy-id: INFO: attempting to log in with the new key(s), to filter
out any that are already installed
/usr/bin/ssh-copy-id: INFO: 1 key(s) remain to be installed -- if you are prompt-
ed now it is to install the new keys
root@172.25.0.11's password:

Number of key(s) added: 1

Now try logging into the machine, with:   "ssh 'root@172.25.0.11'"
and check to make sure that only the key(s) you wanted were added.
```

执行命令之前要进入公钥所在目录，第一次远程连接服务器要使用密码验证，命令执行成功，公钥文件会自动改名为 "authorized_keys"。

（3）登录服务器

当公钥文件被上传到服务器上以后，客户端再次登录服务器，就不需要输入密码进行验证了。

```
[root@server25 .ssh]# ssh root@172.25.0.11
```

14.9　企业服务器搭建案例

某公司是一家中小型企业，应公司业务发展的需要和今后发展的趋势，希望搭建一台企业网络服务器。从资金和安全性方面考虑，决定使用 Linux 操作系统作为服务器；在 ISP 申请的域名为"ibossay.com"，IP 地址为 202.128.X.X/24；企业内的网络服务器包括 DNS、DHCP、Web、FTP、Mail、NFS、SMB、NTP，为保护服务器安全，需要在服务器上安装和部署防火墙及 SELinux 安全设置，并通过配置服务器来满足需要。

14.9.1　物理服务器选型

服务器（Server）是指一个管理资源并为用户提供服务的计算机系统，按照应用场景，可以分为文件服务器（能使用户在其他计算机访问文件）、数据库服务器和应用程序服务器。

物理服务器
选型

服务器的最大特点是运算能力强大，即使是一部简单的服务器系统，通常也至少要有两个处理器构成对称多处理架构，使其能在短时间内完成大量工作，并为大量用户提供服务。

服务器主要为客户机提供 Web 应用、文件下载、数据库存储、打印等服务。

作为一台服务器，首先要求它必须可靠，即"可用性"。因为服务器是为整个网络的客户机提供服务，而不是只为本机登录的用户。只要网络中还有用户，服务器就不能中断。在某些特殊场景中，即使没有用户使用服务器，服务器也不可以中断，因为它必须持续不断地为用户提供服务。有些大型企业的服务器都需要提供 7×24 小时的服务，如网站服务器及供公众用户使用的 Web 服务器等。

为了保证提供业务的高可靠性，服务器还需要具备普通 PC 没有的技术，如双机备份、系统备份、在线诊断、故障预警等。保证在设备不停机的情况下修复服务器故障，这就是"可管理性"。服务器外观如图 14-6 所示。

本次选用了华为 FusionServer Pro 2288 V5（铭牌型号 H22M-05，以下简称 2288 V5），其是华为公司针对互联网、IDC（Internet Data Center）、云计算、企业市场及电信业务应用等需求，推出的具有广泛用途的新一代 2U2 路机架服务器，适用于 IT 核心业务、云计算、虚拟化、高性能计算、分布式存储、大数据、企业或电信业

图 14-6　服务器外观

务应用及其他复杂工作负载，具有低能耗、扩展能力强、高可靠、易管理、易部署等优点，能够满足企业的需求，如图 14-7 所示。

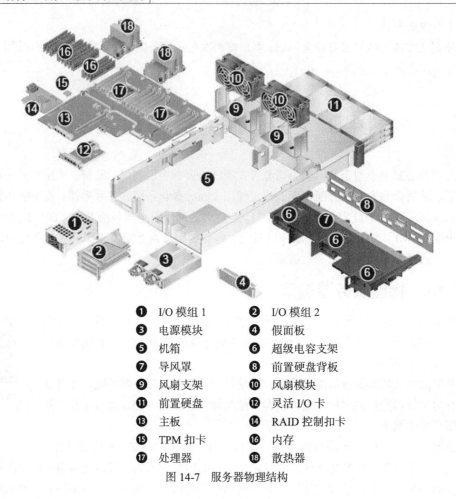

❶	I/O 模组 1	❷	I/O 模组 2
❸	电源模块	❹	假面板
❺	机箱	❻	超级电容支架
❼	导风罩	❽	前置硬盘背板
❾	风扇支架	❿	风扇模块
⓫	前置硬盘	⓬	灵活 I/O 卡
⓭	主板	⓮	RAID 控制扣卡
⓯	TPM 扣卡	⓰	内存
⓱	处理器	⓲	散热器

图 14-7　服务器物理结构

2288 V5 特点如下。

（1）支持一个或二个英特尔®至强®可扩展处理器。

（2）支持 16 条内存。

（3）处理器与处理器之间通过两个 UPI（UltraPath Interconnect）总线互连，传输速率最高可达 10.4GT/s。

（4）处理器通过 PCIe 总线与两个 PCIe Riser 卡相连，通过不同的 PCIe Riser 卡支持不同规格的 PCIe 槽位。

（5）RAID 控制卡通过 PCIe 总线与 CPU1 相连，通过 SAS 信号线缆与硬盘背板相连，通过不同的硬盘背板支持多种本地存储规格。

（6）使用 LBG-2 PCH（Platform Controller Hub），通过 PCH 支持两个板载 10GE 光口。

（7）使用 Hi1710 管理芯片，支持 VGA（Video Graphic Array）、管理网口、调试串口等管理接口。

14.9.2　服务器软件需求

安装 Red Hat 公司的新版操作系统 RHEL 8 系统（截至笔者撰稿时），该系统在裸服务器、虚拟机、IaaS 和 PaaS 方面都得到了加强，更可靠及更强大的数据中心环境可满足各种商业的要求。利用 RHEL 8 可以在数据中心部署物理、虚拟

服务器软件
需求

和云计算，降低复杂性，提高效率，最大限度地减少管理开销，同时充分利用各种技能。RHEL 8 是将当前和未来的技术创新转化为 IT 解决方案的最佳价值和规模的平台。

1. 用户需求

某公司有 60 名员工，分别在 5 个部门工作，每个人工作内容不同。需要在服务器上为每个人创建不同的账号，把相同部门的用户放在一个组中，每个用户都有自己的工作目录，并且需要根据工作性质对每个部门和每个用户在服务器上的可用空间进行限制。

（1）部门名称：shichang、caiwu、renshi、xiaoshou、shengchan。

（2）用户名：user1～user60，每个部门 12 人。

请使用脚本进行用户和组的创建。

2. 磁盘逻辑卷需求

在服务器上新增了一个磁盘 sdb，要求 Linux 的分区能够动态调节磁盘容量。具体操作需要使用 fdisk 命令，在 sdb 这个磁盘上建立 4 个分区，分别是 sdb1、sdb2、sdb5、sdb6，并将这些分区设置为 lvm 类型，然后建立 lvm 的物理卷、卷组和逻辑卷，最后将逻辑卷挂载使用，留作后续服务器部署的空间使用。

（1）磁盘大小为 80GB，分区大小 20GB，sdb5 和 sdb6 为扩展分区。

（2）卷组名称为 vgroup，包含 sdb5 和 sdb6，PE 大小为 8MB。

（3）逻辑卷名称为 wshare，大小为 30GB，格式化为 ext4 文件系统。

（4）挂载点路径为/www。

3. 软件需求

使用 RHEL 8 的光盘镜像文件作为第三方软件源进行配置，能够使用 yum 或者 dnf 命令进行软件的安装和部署，能够使用 GCC 编译器和 make 命令进行源代码的安装和部署。

使用 ntfs-3g 源代码包安装，使系统支持 ntfs 分区。

4. DNS 服务器需求

实现域名与 IP 地址之间的转换，并配置好公司的 Web 站点的域名解析、FTP 站点的域名解析、文件服务器域名解析、OA 办公系统域名解析及内部邮件收发的 MX 解析记录。当出现无法解析的域名时，向 8.8.8.8 申请域名转发解析。

（1）域名为：ibossay.com。使用 192.168.1.100 地址进行解析。

（2）主机名为：caiwu.ibossay.com

shichang.ibossay.com
xiaoshou.ibossay.com
ftp.ibossay.com
oa.ibossay.com
mail.ibossay.com
dns.ibossay.com
www.ibossay.com

5. DHCP 服务器需求

DHCP 服务器配置动态主机 IP 地址，所有工作站主机均需要采用此方式获取 IP 地址，这样可避免在管理员分配 IP 地址时出现错误。当主机数量超过 256 台时，依然能够进行 IP 地址的分配，即需要配合三层交换机进行多网段地址分配，因为其支持多区域分配地址、支持 IP 地址绑定。

区域名称包括 192.168.1.0/24 网段和 192.168.100.0/24 网段。

6. Web 服务器需求

Web 服务器主要实现的功能是能使 Internet 网络通过域名访问公司网站，并建立起财务、销售，以及人事部门的部门网站。各个部门的网站基于虚拟主机实现，财务部因为涉及公司财务安全，所以要求通过身份认证才能进行访问，具体域名需要在 DNS 中进行设置。

7. FTP 服务器需求

FTP 服务器提供公司员工下载和上传资料的服务及为与公司业务往来的客户提供资源下载和上传客户信息等资料的服务。公司员工上传资料将通过虚拟用户的形式登录，而客户的下载通过匿名身份登录，并且将 FTP 目录分别放置在不同的路径下来提高资源的安全性。

（1）匿名用户的主目录为/var/ftp 目录。

（2）虚拟用户的主目录为/www/ftp 目录，虚拟用户为 ftpuser。

8. Mail 服务器需求

Mail 服务器是实现公司员工邮件收发的及时通信工具。在收发邮件时使用自己的用户身份登录邮件系统，需要进行身份认证才能进行邮件的收发。

9. SMB 服务器需求

SMB 服务器适用于 Windows 系统的客户端访问。在公司的共享服务器中，System 组具有管理所有 Samba 空间的权限。各部门拥有自己的空间，除了部门成员及 System 组有权限以外，其他用户不可访问（包括列表、读和写）；所有用户（包括匿名用户）都具有资料库读权限而不具有写入数据的权限；公共临时空间供所有用户可以读取、写入、删除。

10. NFS 服务器需求

NFS 服务器和 SMB 服务器拥有相同的需求和设置，专门用于 Linux 系统和 macOS 用户的访问，用户可以通过挂载的方法访问共享文件。

11. NTP 服务器需求

搭建 NTP 服务器，将 RHEL 8 系统作为整个内部网络的时间服务器，同时允许内部网络的主机使用 RHEL 8 主机作为时间服务器进行访问，上级 NTP 服务器使用 Red Hat 公司的时间服务器作为默认值。

12. SSH 服务器需求

搭建 SSH 服务器访问，但只允许使用密钥对的方式进行访问，不允许通过账号名和密码的方式进行访问。

13. 防火墙设置

启用默认防火墙服务 firewalld，除了以上服务端口以外，不允许其他访问端口开启，允许远程主机通过 SSH 访问服务器。

14. SELinux 设置

为保障服务器访问的安全性，启用 SELinux 安全设置，不允许关闭 SELinux。

15. LAMP 需求

企业搭建 OA 办公自动化系统，需要在服务器上搭建 LAMP 环境，同时，安装 OA 办公自动化系统软件，允许企业内部员工使用 OA 系统，不需要通过外网访问 OA 系统。